R・Pythonによる
統計データ科学

杉山髙一・藤越康祝
［監修］

塚田真一・西山貴弘・首藤信通・村上秀俊・小椋　透
竹田裕一・榎本理恵・櫻井哲朗・土屋高宏・兵頭　昌
中村好宏・川崎玉恵・伊谷陽祐・杉山高聖
［著］

勉誠出版

監修者

杉山髙一   藤越康祝

中央大学名誉教授   広島大学名誉教授

執筆者 （順不同）

塚田真一   明星大学教育学部

西山貴弘   専修大学経営学部

竹田裕一   神奈川工科大学基礎・教養教育センター

首藤信通   神戸大学大学院海事科学研究科

土屋高宏   城西大学理学部

小椋　透   三重大学医学部附属病院

榎本理恵   成蹊大学理工学部

櫻井哲朗   公立諏訪東京理科大学

村上秀俊   東京理科大学理学部

兵頭　昌   大阪府立大学工学部

川崎玉恵   東京理科大学理学部

中村好宏   防衛医科大学校医学教育部

伊谷陽祐   政策研究大学院大学

杉山高聖   東京理科大学大学院

はしがき

　この本は，2009 年に出版された『統計データ解析入門』（杉山高一，藤越康祝編著，みみずく舎）をベースにしています．評価の高い書籍でしたが，出版社の方針変更により，絶版になりました．ぜひ再版してほしいという要望がいろいろな方からあり，杉山高一，藤越康祝が検討しました．前著の刊行から 10 年の年月が経っていますので，題名を『R・Python による 統計データ科学』として，われわれが監修者になり大幅に改訂して勉誠出版から出版していただくことになりました．各章の執筆と付録の PowerPoint（パワーポイント）のスライドの作成は新進気鋭の若い統計学者にお願いしました．監修者の原稿およびスライドの修正要請などに，気持ちよく応じてくださった執筆者の方々に感謝いたします．「R・Python による」という副題をつけましたが，プログラムは日々更新されて，進歩いたします．より良いプログラムに，部分的にいつでも更新できるように，それらはネット上に置きました．プログラム HP 担当の伊谷陽祐氏を中心にして，また執筆者と読者有志により，日々より良い使いやすいものに更新していければと考えています．

　書籍の本文は，わかりやすく書くことを心がけました．PowerPoint は，レベルは気にしないで，より詳しく，限られたページ数で本文では書けなかった証明なども書くようにお願いしました．執筆者の若い先生方の研究成果も入れました．例えば，6 章の「回帰分析」のスライドは 161 枚あり詳しく書かれていますが，多重共線性のときに適用する共線性解決の問題，lasso による重回帰分析，多変数によるロジスティック回帰分析などは，PowerPoint のスライドにも記載していません．あるレベルに限定していることはご了承ください．他の章も同様な方針です．

　統計学の活用分野は，統計調査，マーケティング，経済予測，計量ファイナ

ンス，品質管理，企業経営システム，保険・年金，情報処理システム，環境問題，生命科学，医薬品開発，人口問題，選挙予測等と多岐にわたっています．また，AIの活用が話題に上がりますが，その元のところで統計データ分析法が使われています．企業でAIの活用をされている方々が，われわれが行っている統計科学研究所の講座を学びにきますが，その教育に使うことも考えて編集しました．統計科学研究所で13年間，社会人教育をしてきましたが，その方々の大学の卒業学部は，工学部，理学部だけでなく，文学部，経済学部，商学部，医学部，看護学部，……等，多岐にわたります．その方々の活躍している分野も広く，統計データ分析の裾の広さを感じます．講座が終わった後，参加者とゆっくり話したりするのですが，実にいろいろな場面で統計データ分析が活用されているのを実感します．その方々が実際にデータ分析を行う際には，いくつかある分析法の中から，適切な方法論を選ぶことになります．どの分析法が適切であるかは，統計学の深い知識と，データ分析の経験が必要になります．また，コンピューターから出てきた数値結果はどのような意味を持っているのか，高い信頼をおいて良いか否かの判断が求められます．時間がなくあるいは遠方で講座に参加できない方にとっても，この本が役に立つことを願って作りました．

　統計データ分析では，結果の信頼性が問題になることがあります．データ分析で出てきた数値（結果）は，同じ条件でデータをとったときに，同様の数値（結論）になるのか，このような結果の再現性・信頼性を調べたりする際に，統計的推定，統計的検定の考え方を知っていることが重要になります．統計学では，実際にデータが出てくる対象（母集団）に，確率分布を想定します．確率分布としては，二項分布，ポアソン分布，幾何分布，正規分布，対数正規分布，指数分布，ガンマ分布，ベータ分布，ワイブル分布，多変量正規分布，……などがあり，それぞれで未知母数（パラメータ）が設定されます．現実の現象の近似ですが，それによって問題をシンプルにできます．これは2章の「確率変数と確率分布」で簡潔にまとめています．ベイズ推定は，ベイズの定理がもとになりますが，確率の概念まで含めて1章の「確率」で記述しています．さらにデータを得たときに，データから母数のよい推定量を求める考え方，良い検定統計量の求め方，具体的な推定統計量，検定統計量について記

述します．そのもとになるのが，データの関数として表示された統計量ですが，詳しくは 3 章の「標本分布」に記載します．統計学で最も重要な推定は 4 章で，検定は 5 章で記述しました．4 章，5 章は，統計学のどの書籍でも強調されて書かれている章ですが，ページ数に制限があるので，PowerPoint も参照ください．

　6 章では，知りたい目的変数 y を，いくつかの調査項目，あるいは複数個の観察した項目を用いて，推測する式を求める回帰分析について記述します．また目的変数 y の計測は難しく，計測あるいは観察の容易な複数個の項目から推測したいときにも回帰分析は用いられます．7 章では，分割表などの検定で用いられる適合度検定について，また適合度検定の DNA データへの適用について記載します．DNA データの次元は，50 万次元で，その一部を使ったとしても高次元です．この分野独特な分析法が求められ，その一部分を記述します．

　近年の統計データ分析で重要な位置を占めている「モデル選択法」の基本的な考え方を 8 章で記載します．1973 年に赤池弘次氏が統計モデルの良さを評価するための指標，「モデルの複雑さと，データとの適合度とのバランスを取る」，あるいは「予測に用いたときのモデルの良さ」の指標として提案したのが AIC 基準です．その後非常に有名な統計指標，モデル選択基準として世界中で活用されるようになりました．AIC は統計データ分析のパッケージにも記載されていますので，よく目にされることと思います．

　ここまでの章では，母集団分布が正規分布や特定の分布に従う検定問題を扱ってきましたが，母集団分布に特定の分布を仮定する根拠が見いだせない場合も多く存在します．正規分布や特定の分布を仮定できないような状況の下での仮説検定法としてよく知られている「ノンパラメトリック検定」を 9 章で扱います．ここでは順位に基づく方法を説明しています．

　多くの平均をまとめて比較したり，多くの信頼区間をまとめて構成したいことがあります．このとき，全体としての有意水準や信頼係数が指定された値になるようにするために，個々の有意水準や信頼係数を調整する必要があります．このための方法として「多重比較法」があり，10 章で説明します．この本では，シングルステップ法とステップダウン法の代表的手法と，同時信頼区

間の構成法について記述します.

　11 章の「計算機指向型法」では，1979 年にエフロンが提案したブートストラップ法と，ベイズ統計学の中のベイズ推定法について記述します.ブートストラップ法は，与えられたデータからくり返しリサンプリングを行うことに置き換えて対応する考え方で，複雑で厄介な問題を解決する手法として，近年よく使われています.パソコンの性能が良くなり，簡単に結果を出せるようになりました.ベイズ推定は，推定したいパラメータ θ に対し事前分布を仮定し，与えられたデータから導かれる事後分布によって θ を推定する方法です.ベイズ統計学では，母数 θ を確率変数として扱い，11 章ではその事後分布の平均などを数値的に求めるためのアルゴリズムを説明しています.

　この本で扱うデータは 1 変量ですが，実際のデータは多変量であることが多い.多変量データ解析の考え方の入門として，「2 次元データに対する統計解析法」を 12 章におきました.2 次元でのデータのばらつきが平行四辺形の面積の 2 乗の和で表せること，要因分析の一方法として最もよく使われている主成分分析について，判別分析，クラスター分析についての考え方を記載しました.

　人の成長，家計による所得変動，企業の総投資の予測問題など，観測対象が時間と共にどう変化するか，変化を特徴づけて予測するときに用いられる「経時データ解析入門」を 13 章におきました.近年，研究が進んでいる分野で，高度な分析法ですが，1 つの例を挙げて記述しました.読者は，自分の関心あるデータに置き換えながら読まれるとよいと思います.

　記述統計学については，書籍のページ数の関係で「14 章」として，PowerPoint のスライドだけをホームページに収録しました.これに目を通してから，勉強を始められるとよいと思います.記述統計学は，紀元前 3000 年から 19 世紀まで，また 20 世紀に入っても顔型グラフ，星座図表などによる多次元データの表し方が工夫されたりして，進化しています.この章は塚田真一氏が担当しましたが，塚田氏には「標本分布」「検定」の PowerPoint のスライド作成でも頑張っていただきました.

　R・Python のプログラム掲載のホームページ作成は，政策研究大学院大学の伊谷陽祐氏が担当しました.R も Python も，プログラムは日々より良いも

のが開発されていきます．そこで改訂や追加が容易な形で，読者に提供することにしました．伊谷氏を中心に，当該書籍の執筆者と読者の有志により，より活用しやすいものに，今後も改訂を随時続けてまいります．R・Python のプログラム掲載のホームページは，勉誠出版 https://bensei.jp あるいは統計科学研究所から https://nbviewer.jupyter.org/github/R&Python を開いて下さい．

　今回は PowerPoint の充実も試みました．章によっては，160 頁をこえる PowerPoint のスライドが作られています．本文は限られたページ数で書かないといけないので，コンパクトにまとめましたが，PowerPoint はページ制限ナシで作ってあります．読者にとって役に立つことを願っています．Power Point のスライドと本書の参考文献などは，統計科学研究所（https://statistics.co.jp）の top page の左下に，書籍名を張り付けてありますが，そこから開いて下さい．その際の開くパスワードは，

sTatAi20-RPyTOKi_fuIZsu_Chu-Tus_MV7

です．

　この本の作成に当たり，和泉浩二郎氏はじめ勉誠出版の方々にたいへんお世話になりました．著者を代表して心から御礼を申し上げます．

　2019 年 12 月

杉 山 髙 一・藤 越 康 祝

目　　　次

【執筆分担】

［1 章］　塚田真一

［2 章］　竹田裕一・杉山高聖

［3 章］　塚田真一・土屋高宏

［4 章］　西山貴弘・竹田裕一

［5 章］　塚田真一・土屋高宏

［6 章］　小椋　透・榎本理恵

［7 章］　中村好宏・土屋高宏

［8 章］　櫻井哲朗

［9 章］　村上秀俊

［10 章］西山貴弘・櫻井哲朗

［11 章］櫻井哲朗・首藤信通

［12 章］首藤信通・兵頭　昌

［13 章］櫻井哲朗・川崎玉恵

［14 章］塚田真一（記述統計学について・HP のみ）

［付録］　伊谷陽祐（R・Python の HP 責任監修者）

1

確　　　　率

1.1　標本空間と事象

　偶然をともなう実験や観測を**試行**という．ある試行を行った場合，起こりうるすべての結果の集合を**標本空間**といい，起こりうる結果を**標本点**，標本空間の部分集合を**事象**という．これ以上簡単なものに分解できない最小単位の事象を**根元事象**という．標本空間を1つの事象とみなすとき，これを**全事象**という．

　例えば，サイコロを1回投げる試行において，標本空間 S は

$$S = \{s_1, s_2, s_3, s_4, s_5, s_6\}$$

である．ただし，s_i で「i の目が出る」を表すこととする．偶数の目が出るという事象 A は

$$A = \{s_2, s_4, s_6\}$$

と表せ，5以上の奇数の目が出るという事象 B は

$$B = \{s_5\}$$

と表すことができる．事象 A と事象 B は同時に起こり得ないので排反事象であり，事象 B はこれ以上分解できないので根元事象である．

　2つの事象 A, B に対して，事象 A と事象 B のどちらかが起こる事象を $A \cup B$ で表し，事象 A と事象 B の**和事象**（図1.1）といい，事象 A と事象 B の両方

標本空間

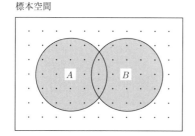

図 1.1　事象 A と事象 B の和事象 $A \cup B$

根元事象

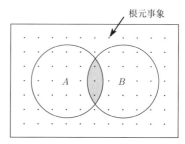

図 1.2　事象 A と事象 B の積事象 $A \cap B$

標本空間　　　　　　　根元事象

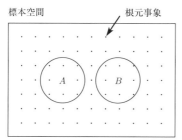

図 1.3　事象 A と B が互いに排反な事象

標本空間　　　　　　　根元事象

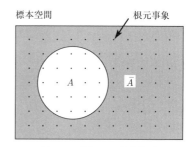

図 1.4　事象 A の余事象 $\bar{A}$

が起こる事象を $A \cap B$ で表し，事象 A と事象 B の**積事象**（図 1.2）という．
事象 A と事象 B が同時に起こらないとき，A と B は**互いに排反**である，ま
たは**排反事象**（図 1.3）という．また，事象 A が起こらない事象を $\bar{A}$ で表し，
事象 A の**余事象**（図 1.4）という．

　赤い正四面体のサイコロと黒い正四面体のサイコロを同時に 1 回投げる試
行において，事象 A は赤いサイコロは 3 以上の目が出るという事象，事象 B
は 2 つのサイコロの目の和が 6 になるという事象とする．赤いサイコロの目
が i で黒いサイコロの目が j であるという結果を (i, j) で表すとき，事象 A と
事象 B の標本点は

$$A = \{(3,1), (3,2), (3,3), (3,4), (4,1), (4,2), (4,3), (4,4)\}$$
$$B = \{(2,4), (3,3), (4,2)\}$$

となる．事象 A と事象 B の和事象は

$$A \cup B = \{(2,4),(3,1),(3,2),(3,3),(3,4),(4,1),(4,2),(4,3),(4,4)\}$$

となり，事象 A と事象 B の積事象は

$$A \cap B = \{(3,3),(4,2)\}$$

事象 A の余事象は

$$\bar{A} = \{(1,1),(1,2),(1,3),(1,4),(2,1),(2,2),(2,3),(2,4)\}$$

となる．

　また，和事象，積事象，余事象については次の等式が成り立つ．

$$A \cup (B \cap C) = (A \cup B) \cap (A \cup C) \tag{1.1}$$

$$A \cap (B \cup C) = (A \cap B) \cup (A \cap C) \tag{1.2}$$

$$\overline{A \cup B} = \bar{A} \cap \bar{B}, \qquad \overline{A \cap B} = \bar{A} \cup \bar{B} \tag{1.3}$$

(1.3) 式はド・モルガンの法則という．

1.2　確率の定義

　確率とは，ある事象の起こる可能性の程度を 0 と 1 の間の数値で表したもので，値が 0 に近いほどその事象の起こる可能性は小さく，1 に近いほどその事象の起こる可能性は大きいと考える．本節では，確率の定義を述べるとともに，さまざまな事象を取り上げ，それが起こる確率について考察する．

　いま，1 つのさいころを投げる試行において，1 の目が出るという事象の確率を考えてみる．実際にさいころを何回か投げてみよう．さいころを 10 回投げたところ，1 の目が 3 回出たとする．このとき，「1 の目の出る確率は 3/10 である」といえるであろうか．実際には，確率という言葉はもっとたくさんの場合を調べてから用いるのが普通である．さいころを再度 10 回投げるとき，1 の目が 3 回出るとは限らないし，10 回中一度も 1 の目が出ないこともあり得るから，試行回数が少ないと，1 の目の出現する割合は大きくばらつくことが予想される．そこで，さいころ投げの回数をもっと増やしてみること

にする．さいころ投げを 10 回，50 回，100 回，500 回，…，250000 回行い，
それぞれの場合に 1 の目の出現する割合を調べたところ，次のようになった．

試行回数	1 の目の出現回数	割合	試行回数	1 の目の出現回数	割合
10	3	0.300	5000	770	0.154
50	8	0.160	10000	1617	0.162
100	14	0.140	25000	4257	0.170
500	96	0.192	50000	8299	0.166
1000	161	0.161	100000	16553	0.166
2500	397	0.159	250000	41630	0.167

　この表をみると，試行回数が少ないときはその割合はばらついているが，回
数が多くなるにつれて次第におよそ 0.16 の値に安定してくる様子がわかる．
250000 回の投げではその割合は $0.167\cdots \fallingdotseq 1/6$ となっている．
　次に，女子の生まれる確率を考えてみよう．次の表は新生児を選んできて，
男児と女児の出生数とその割合を抽出人数ごとに調べたものである．さいこ
ろ投げの実験と同様に，抽出人数の少ないときにはその割合はばらついている
が，人数が多くなるにつれて次第におよそ 0.48 の値に安定してくる様子がみ
てとれる．

抽出人数	女児の人数	割合	抽出人数	女児の人数	割合
50	22	0.440	5000	2441	0.488
100	52	0.520	10000	4835	0.484
500	271	0.542	50000	24209	0.484
1000	474	0.474	100000	48688	0.487

　実際，1998 年から 2002 年に生まれた 5876979 人について調べてみると，
女児は 2860580 人であり，その割合は 0.487 となっている．
　このように，試行回数を増やしたときに，ある事象の起こる割合（これを**相
対頻度**とよぶ）がある一定値に近づくとき，この値をその事象の起こる確率と
定義することができる．さいころ投げの多数回の実験結果から，1 の目の出る
確率は 1/6 であるといってよいであろう．また，大量の統計データに基づく
結果から，女子の生まれる確率は 0.487 といってよいであろう．このような確
率の定義はミーゼス（1928 年）による**頻度的確率**とよばれている．
頻度的確率の定義：一定の条件のもとで試行の系列を考える．はじめの n 回

の試行中，事象 A が A_n 回起こったとする．試行の回数 n を大きくしていったとき，比 A_n/n（相対頻度）がほぼ一定の値 p の近くに安定してくるならば，その p を事象 A の確率という．

これに対して，ラプラスによる古典的な確率の定義（1812 年）は次のように書くことができる．

ラプラスの確率の定義：標本空間 S が N 個の根元事象から成り立っており，どの根元事象の起こり方も同程度に期待され，また，どの 2 つの根元事象も重複して起こることはないとする．ある事象 A の起こり方の数が M 通りであるとき，すなわち事象 A に含まれる根元事象の数が M であるとき，1 回の試行で A の起こる確率を $P(A)$ とすると

$$P(A) = \frac{M}{N}$$

である．

例えば，1 つのさいころを投げる試行において，s_i で i の目が出るという結果を表すと，標本空間 S は $S = \{s_1, s_2, s_3, s_4, s_5, s_6\}$ の 6 個の根元事象から構成される．さいころが正しくつくられていれば，1 から 6 までの目の出方は同程度に期待され，どの出方も重複して起こることはないので，1 の目が出る事象の確率は 1/6 となる．この定義は，各根元事象に“同程度の起こり方”あるいは“起こり方が同様に確からしい”ことを仮定しており，自然現象や社会現象では，このように考えることが困難な場合が多い．女子の出生率を求めるときに，このラプラスによる確率の定義が利用できないことは容易にわかる．

ラプラスによる確率の定義を**数学的確率**という．これに対して，ミーゼスによる確率の定義を**統計的確率**という．

数学的確率は事象の確率を容易に計算できるという長所がある一方で，同様に確からしいという仮定に基づくものであるから，この仮定が成り立たない場合には数学的確率の定義は使用できない．統計的確率は数学的確率の欠点を多数回の試行に基づく実験や調査によって克服しようとするもので，同様に確からしいという仮定が成り立たないような種々の事象に対して，その確率を求めることができる．しかし，統計的確率では試行を無限回くり返すことは困難で

あるので，「多数回」の試行で考えることになる．この「多数回」とは具体的
にどの程度の回数を指しているのであろうか．また，相対頻度が一定値に近づ
かないこともありうると考えられる．このように統計的確率の定義にも限界が
生じることがわかる．したがって，新たな視点で確率の定義を考える必要があ
る．

　こうした欠点を克服するために，事象の集まり（集合族）を数学的に厳密に
定義し，それらの事象に対して確率を定義しようとする方法がコルモゴロフ
(1933) によって提唱された．これを**公理論的な確率**とよぶ．本書では詳細は
省略する．

1.3 確 率 の 性 質

　標本空間 S は有限個の根元事象 E_1, E_2, $\cdots$, E_N から成り立っているとす
る．1つの標本点も含まない事象を**空事象**とよび，これを記号 ϕ（ファイ）で
表す．事象 A の起こる確率を $P(A)$ で表すと，確率の定義から次のことがい
える．
  (a) 任意の事象 A に対して $0 \leq P(A) \leq 1$
  (b) 標本空間 S に対して $P(S) = 1$
  (c) 空事象 ϕ に対して $P(\phi) = 0$
性質（a）は確率が0と1との間の値をとること，性質（b）は試行において
根元事象 E_1, E_2, $\cdots$, E_N のいずれかが必ず起こること，性質（c）は決して
起こらない事象の確率は0であることを意味している．また，事象 A の余事
象に関しては
  (d) $P(\bar{A}) = 1 - P(A)$
である．これは

$$P(A) + P(\bar{A}) = 1 \tag{1.4}$$

とも書ける．一般に，図1.5 より次の関係がいえる．

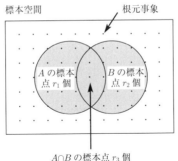

図 1.5 事象 $A \cup B$ の標本点の個数 $= r_1 + r_2 - r_3$

$(A \cup B$ の標本点の数$) = (A$ の標本点の数$) + (B$ の標本点の数$)$
$$- (A \cup B \text{ の標本点の数})$$

両辺を標本空間 S の要素の総数 N で割れば，性質（e）を得る．

（e）　$P(A \cup B) = P(A) + P(B) - P(A \cap B)$

もし，事象 A，B が排反事象であれば

（f）　$P(A \cup B) = P(A) + P(B)$

である．これを**加法定理**という．

1.1 節の赤い正四面体のサイコロと黒い正四面体のサイコロを同時に投げる試行において，赤いサイコロは 3 以上の目が出るという事象 A と 2 つのサイコロの目の和が 6 であるという事象 B で加法定理を確認する．事象 A と事象 B の和事象 $A \cup B$ が起こる確率は

$$P(A \cup B) = \frac{9}{16}$$

であり，事象 A が起こる確率，事象 B が起こる確率，事象 $A \cap B$ が起こる確率はそれぞれ

$$P(A) = \frac{8}{16}, \quad P(B) = \frac{3}{16}, \quad P(A \cap B) = \frac{2}{16}$$

であるので

$$P(A) + P(B) - P(A \cap B) = \frac{8}{16} + \frac{3}{16} - \frac{2}{16} = \frac{9}{16} = P(A \cup B)$$

が成り立つ.

1.4 条 件 付 確 率

事象 A が起こったという条件のもとで,事象 B の起こる確率を $P(B|A)$ で表し,A が起こったときの B の**条件付確率**という.$P(A) > 0$ のとき,条件付確率を

$$P(B|A) = \frac{P(A \cap B)}{P(A)} \tag{1.5}$$

で定義する.(1.5) 式に $P(A)$ をかけて,**確率の乗法定理**

$$P(A \cap B) = P(B|A)P(A) \tag{1.6}$$

を得る.C を事象とすると,条件付確率についても

(a′) $0 \le P(A|C) \le 1$

(d′) $P(\bar{A}|C) = 1 - P(A|C)$

(e′) $P(A \cup B|C) = P(A|C) + P(B|C) - P(A \cap B|C)$

が成り立つ.

例えば,表の出る確率が $1/2$ であるコインを 2 回投げる試行において,1 回目は表であるという事象 A,1 回目と 2 回目の両方が表であるという事象 B,2 回のうち 1 回は表であるという事象 C とする.このとき,1 回目は表であるとき,1 回目と 2 回目の両方が表である確率 $P(B|A)$ は

$$P(B|A) = \frac{P(A \cap B)}{P(A)} = \frac{1/4}{2/4} = \frac{1}{2}$$

であり,2 回のうち 1 回は表であるとき,1 回目と 2 回目の両方が表である確率 $P(B|C)$ は

$$P(B|C) = \frac{P(B \cap C)}{P(C)} = \frac{1/4}{3/4} = \frac{1}{3}$$

である.

1.5 事象の独立

事象 A と事象 B について

$$P(A \cap B) = P(A)P(B) \qquad (1.7)$$

が成り立つとき，事象 A と事象 B は互いに**独立である**という．(1.7) 式が成り立てば，乗法定理 (1.6) より

$$P(B|A) = P(B) \qquad (1.8)$$

であり，また (1.8) 式から (1.7) 式が成り立つことを示すことができる．(1.8) 式は事象 A が起こったということが，事象 B の起こる確率に何の影響も与えていないことを意味している．

1.1 節の赤い正四面体のサイコロと黒い正四面体のサイコロを同時に投げる試行において，赤いサイコロは 3 以上の目が出るという事象 A と 2 つのサイコロの目の和が 6 であるという事象 B で 2 つの事象の独立性を調べる．事象 A，事象 B，事象 $A \cap B$ が起こる確率は

$$P(A) = \frac{8}{16}, \quad P(B) = \frac{3}{16}, \quad P(A \cap B) = \frac{2}{16}$$

であるので

$$P(A)P(B) = \frac{8}{16} \times \frac{3}{16} = \frac{3}{32} \neq \frac{2}{16} = P(A \cap B)$$

となり，事象 A と事象 B は独立ではないことがわかる．

1.6 独立性と等確率性

ゆがみのない正二十面体のさいころがある．そのさいころに，0 から 9 の数字をそれぞれ 2 面ずつ記入する．このさいころを投げることによって，現れた数字を書き出す．得られた数字の列は 0, 1, 2, $\cdots$, 9 のどの数字も等しい確率で出現するという性質を満たしている（**等確率性**）．このようにして得られ

た数字の列が

$$5133\cdots2517\ \square$$

であったとする．次に出現する数字□は，それ以前に現れた数字の列とは無関係に，0から9の各数字が同じ確率で生起するという性質を満たしている（**無規則性**）．すなわち，いかなる規則性も存在しないような数字の表れ方になっている．

数字 $0,1,2,\cdots,9$ をランダムに発生させる方法を述べた．**ランダム**とは，これまでにどのような数字が出現したかということとは独立に，$0,1,2,\cdots,$ 9 の数字が等確率で出現することの意味である．ランダムに出現した数字を**乱数**といい，乱数を並べたものを**乱数列**という．すなわち，乱数は独立性と等確率性の2つの性質を満たしている．乱数は20世紀の代表的な発明の1つであり，その利用場面は多用である．調査における標本の抽出，複雑なモデル等について計算機シミュレーションで新しい知見を得ること，数学的には難解な推定量の良さを調べたり，仮説検定における検出力の大きさを調べたりすること，ブートストラップ法やニューラルネットワークなどでの利用，情報セキュリティでの暗号化など，さまざまな問題解決の場面で威力を発揮している．乱数を活用する場面では，多くの場合，何億，何兆もの乱数が必要であり，等確率性と独立性を満たすような乱数の生成法が1930年以降，いまでも研究が続けられている．現在では Mersenne-Twister 法とよばれている乱数が優れているとされ，その乱数列をプログラム言語 R を使って

```
u <- runif(1000); x <- as.integer(10 * u)
```

で発生させることができる．これは1000個の乱数を発生させるプログラムであり，以下は出力の一部である．

```
4717106495  2676511927  2104554518  5068137822  7762416456
8342942715  3138166648  2865440030  2621241129  0603207117
        ...         ...         ...
8101947322  7733711007  6777435816  2773396577  4989909057
```

この乱数について，各数字の1000回中の頻度は次のようである．

数　　字	0	1	2	3	4	5	6	7	8	9	計
出現度数	102	100	103	103	97	94	101	105	101	94	1000
相対度数	.102	.100	.103	.103	.097	.094	.101	.105	.101	.094	1

　これをみると相対頻度は0.10前後であり，この1000回に関しては等確率性は満たされているようである．表1.1の i 行 j 列の数字は，k 回目に数字 i が出現し，次の $k+1$ 回目に数字 j が出現した回数である．どの組み合わせ (i, j) が現れる確率も0.01であることが要求される．10000回であれば，任意の組み合わせ (i, j) の出現が期待される回数は100回ということになる．同様に3つの数字の組み合わせの例として数字 $(7, 5)$ が出現したとき，続いて数字 $0, 1, 2, \cdots, 9$ が等確率で出現しているか否か等，いろいろな場合について調べなければならない．実際には，等確率性と独立性を調べることは大仕事である．

表 1.1　組み合わせ（k 番目の乱数，$k+1$ 番目の乱数）の出現回数

	0	1	2	3	4	5	6	7	8	9	計
0	93	102	105	89	89	85	109	81	116	88	957
1	109	111	90	105	111	75	99	104	103	109	1016
2	96	106	108	93	108	90	91	97	118	102	1009
3	102	108	105	105	88	106	86	108	107	102	1017
4	105	88	109	95	103	116	96	103	99	93	1007
5	98	110	93	98	83	110	107	95	100	87	981
6	82	93	109	107	108	114	106	102	106	108	1035
7	104	107	98	110	83	104	93	105	99	114	1017
8	90	110	97	102	101	97	103	86	79	105	970
9	98	101	88	113	86	97	98	108	97	105	991
計	977	1036	1002	1017	960	994	988	989	1024	1013	10000

1.7　ベイズの定理

　ある試行によって，事象 $B_1, B_2, \cdots, B_k$ の中のどれか 1 つだけが必ず起こるとする．いいかえれば，S を全事象として

　（ア）　$B_1 \cup B_2 \cup \cdots \cup B_k = S$

　（イ）　$B_1, B_2, \cdots, B_k$ は互いに排反

を満たすものとする．このとき任意の事象 A は（1.2）式を適用して

$$A = S \cap A = (B_1 \cup B_2 \cup \cdots B_k) \cap A$$
$$= (B_1 \cap A) \cup (B_2 \cap A) \cup (B_k \cap A)$$

となる．最後の式に含まれる事象 $B_1 \cap A, B_2 \cap A, \cdots, B_k \cap A$ は互いに排反である．なぜならば，$i \neq j$ のとき B_i と B_j は同時には起こり得ないので，$B_i \cap A$ と $B_j \cap A$ も同時には起こり得ないからである．よって加法定理から

$$P(A) = P(B_1 \cap A) + P(B_2 \cap A) + \cdots + P(B_k \cap A)$$

を得る．ここで，乗法定理 $P(B_i \cap A) = P(A \cap B_i) = P(A|B_i)P(B_i)$ を上式の右辺の各項に適用すると

$$P(A) = P(B_1)P(A|B_1) + P(B_2)P(A|B_2) + \cdots + P(B_k)P(A|B_k) \quad (1.9)$$

となる．

　事象 $B_1, B_2, \cdots, B_k$ に対する仮定（ア），（イ）のもとで，条件付確率 $P(B_j|A)(j = 1, 2, \cdots, k)$ を計算する公式を与えよう．もちろん $P(A) \neq 0$ としておく．いま

$$P(B_j|A) = \frac{P(B_j \cap A)}{P(A)}$$

の分子に乗法定理，分母に（1.9）式を適用すると，

$$P(B_j|A) = \frac{P(B_j)P(A|B_j)}{P(B_1)P(A|B_1) + P(B_2)P(A|B_2) + \cdots + P(B_k)P(A|B_k)}$$
$$(1.10)$$

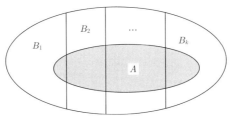

図 1.6 ベイズの定理

を得る. これが $P(B_1), P(B_2), \cdots, P(B_k); P(A|B_1), P(A|B_2), \cdots, P(A|B_k)$ がわかっているときに $P(B_j|A)$ を計算する式で, **ベイズの定理**という. また, $P(B_1), P(B_2), \cdots, P(B_k)$ を**事前確率**, $P(B_1|A), P(B_2|A), \cdots, P(B_k|A)$ を**事後確率**(「事象 A が起こったことを知った後での」の意味) という.

例えば, B_1 を風邪, B_2 を化膿, $\cdots$ というように病気の種類とし (病気に合併症はないとしておく). A を発熱するという事象とすると, ベイズの定理は, 発熱という症状のあったときに, 風邪である確率, 化膿している確率, $\cdots$ を与えてくれる. それぞれの病気のとき発熱という症状を起こす確率 $P(A|B_i)$ をもとに, どの病気であるかの確率を知ることができる. これほど単純ではないにしても, 医師の診断は, 基本的には (1.10) 式で計算される確率の高いものを選び出すことであろう. 実際, 心臓病について試みられた初期の自動診断でも, ベイズの定理にもとづく方法は好成績をあげたと伝えられているし, 最近では, 迷惑メール対策フィルタや人工知能の分野でも応用されている.

例 1.1 ある診療所に来た患者に対し, A を発熱という事象, B_1 を風邪であるという事象, B_2 を化膿しているという事象, B_3 をその他の疾患であるという事象とする. いま

$$P(B_1) = 0.50, \quad P(B_2) = 0.20, \quad P(B_3) = 0.30$$

であり,

$$P(A|B_1) = 0.30, \quad P(A|B_2) = 0.20, \quad P(A|B_3) = 0.10$$

とする. このとき, 発熱したときに風邪である確率は, ベイズの定理より,

$$P(B_1|A) = \frac{P(B_1)P(A|B_1)}{P(B_1)P(A|B_1) + P(B_2)P(A|B_2) + P(B_3)P(A|B_3)}$$
$$= \frac{0.5 \times 0.3}{0.5 \times 0.3 + 0.2 \times 0.2 + 0.3 \times 0.1} = \frac{0.15}{0.22} = 0.68$$

同様の計算により，発熱したときに化膿している確率は $P(B_2|A) = 0.18$，発熱したときにその他の疾患にかかっている確率は $P(B_3|A) = 0.14$ となる.

例 1.2　ある種のガン G を見出す検査法 T がある. ある病院に検査に来た人の中で，G にかかっている人の割合は 3%，G にかかっていない人の割合は 97% であることが，これまでの記録からわかっている. 事象 B を

$$B_1 : G にかかっているという事象$$
$$B_2 : G にかかっていないという事象$$

とする. 検査法 T により，G にかかっていると判定する事象を A として

$$P(A|B_1) = 0.98, \qquad P(A|B_2) = 0.05$$

とする. このとき，検査法 T によって G と判定された人が本当にガン G である確率 $P(B_1|A)$ は，ベイズの定理より次のように求められる.

$$P(B_1|A) = \frac{P(B_1)P(A|B_1)}{P(B_1)P(A|B_1) + P(B_2)P(A|B_2)}$$
$$= \frac{0.03 \times 0.98}{0.03 \times 0.98 + 0.97 \times 0.05} = 0.38$$

同様にして，$P(B_2|A) = 0.62$ となる.

演 習 問 題

　問 1.1　ジョーカーを除いた 52 枚のトランプから 1 枚のカードを引くとき，

事象 A : スペードまたはクラブのカードを引く

事象 B : 絵札を引く

とする. このとき，次の確率を求めよ.

(1)　$P(A \cap B)$,　(2)　$P(A \cup B)$,　(3)　$P(B|A)$,　(4)　$P(A|B)$

問 1.2　ゆがみのないさいころを 2 回投げる試行において，3 つの事象 A, B, C を次のようにする．

　　　　　　事象 A：1 回目に 3 の目が出る

　　　　　　事象 B：1 回目と 2 回目に出た目の和が 4 である

　　　　　　事象 C：2 回目に奇数の目が出る

このとき，事象 A と事象 B，事象 A と事象 C が独立であるかどうかを調べなさい．

問 1.3　3 つの機械 A, B, C で同一の部品を 3 : 2 : 5 の割合で製造している工場で，これらの部品の中から 1 個抽出したところ，不良品であった．機械 A, B, C で作られた部品には，2%，4%，1% の割合で不良品が含まれていることがわかっているとする．

　(1)　これらの部品から抽出された部品が不良品である確率を求めよ．

　(2)　抽出された不良品が機械 A, B, C で作られた確率をそれぞれ求めよ．

問 1.4　3 種の薬品 K_1, K_2, K_3 がある．ある目的でこの薬品を使用するとき，それが無効である確率は，それぞれ 0.10，0.20，0.30 である．また，これらの薬品の効果は，おのおの独立であり，同時に 2 種以上使用しても効力に変わりはないとする．この 3 種の薬品を同時に使用するとき，次の確率を求めよ．

　(1)　それらがすべて無効である確率

　(2)　1 種だけ有効である確率

　(3)　2 種以上の薬品が有効である確率

2

確率変数と確率分布

　日本の出生数は，1949 年に第 1 次ベビーブームで 269.7 万人，1973 年に第
2 次ベビーブームで 209.2 万人であった．それ以降，出生数は毎年減少し，
2016 年に 97.7 万人，2017 年に 94.6 万人になる．2016 年と 2017 年の 2 年間
の合計での女子の出生割合は 0.487 である．男女比でみると，女子 100 人に
対し男子 105.3 人となる．一般に，男女の出生数は，年度，人種に関係なく
100 対 106 程度といわれている．

　以下は，女子の出生割合を 0.487 として話を進める．いま，2 人の子供を持
つ家庭があるとする．このとき考えられる男女の組み合わせは，（第 1 子の性
別，第 2 子の性別）とすると

$$（男，男），（男，女），（女，男），（女，女）$$

である．女子が生まれる事象を A，男子が生まれる事象を B とすると，それ
ぞれの事象の確率は

$$P(A) = 0.487, \qquad P(B) = 0.513$$

と書ける．いま，最初に生まれる子供の性別とは無関係（独立）に，2 番目に
男子あるいは女子が生まれるとする．女子の生まれた人数を X とすると，X
は 0, 1, 2 の値をとり，それぞれの確率は次のようになる．

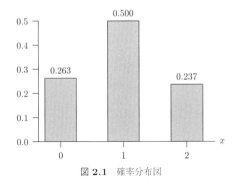

表 **2.1** x の確率分布

x	確率
0	0.263
1	0.500
2	0.237
計	1.000

図 **2.1** 確率分布図

$$P(X = 0) = P(男，男) = P(男) \times P(男) = 0.513 \times 0.513 = 0.263$$

$$P(X = 1) = P(男，女) + P(女，男)$$

$$= 0.513 \times 0.487 + 0.487 \times 0.513 = 0.500$$

$$P(X = 2) = P(女，女) = P(女) \times P(女) = 0.237$$

このように，変数 X がそれぞれの値をとる確率が定まっているとき，この変数を**確率変数**という．また，X の取りうるすべての値について，確率の総和は，常に 1 になる．

$$P(X = 0) + P(X = 1) + P(X = 2) = 1$$

確率変数 X のとる値 $X = 0$，$X = 1$，$X = 2$ に，確率 0.263，0.500，0.237 を対応させたもの（図 2.1，表 2.1）を確率分布という．

　一般に，確率変数 X の取りうるすべての値 $x_1, x_2, \cdots, x_n$ に，確率 p_1，$p_2, \cdots, p_n$ を対応させたものを**確率分布**といい，次の表のように表される．このとき

$$p_1 + p_2 + \cdots + p_n = 1$$

である．このような確率変数は離散型であるとよばれる．

X	x_1	x_2	$\cdots$	x_n	計
確率	p_1	p_2	$\cdots$	p_n	1

確率変数 X が離散型分布に従うとき（図 2.2），累積分布関数は

$$F(x) = \sum_{x_i \leq x} P(X = x_i)$$

と書ける．分布図は図 2.3 のようになる．

次に連続型確率変数について述べる．

2019 年に開催された東京マラソンでは，参加資格の 1 つに「6 時間 40 分以内に完走できる者」という条件がある．2019 年の男子の参加者は 28,663 人で，完走者は 27,230 人である．参加者の 95% が完走した．記録は

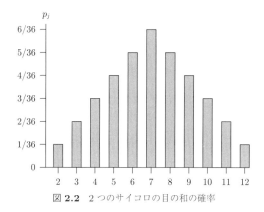

図 **2.2** 2 つのサイコロの目の和の確率

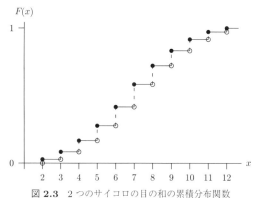

図 **2.3** 2 つのサイコロの目の和の累積分布関数

$$1 \text{ 位} \quad 2{:}04{:}48$$
$$250 \text{ 位} \quad 2{:}34{:}45$$
$$500 \text{ 位} \quad 2{:}42{:}48$$

と続く．完走時間を X とすると，X は連続型確率変数と考えられ，密度関数
は図 2.4，分布図は図 2.5 のように描ける（データが不完全なのでイメージ図）．

なお，一般に連続確率変数 X に，以下の条件

$$f(x) \geq 0, \qquad \int_{-\infty}^{\infty} f(x) = 1$$

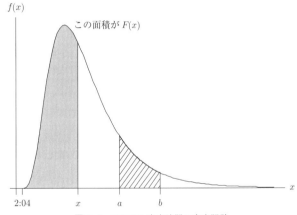

図 **2.4** マラソン完走時間の密度関数

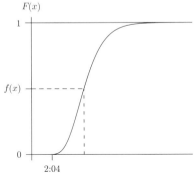

図 **2.5** マラソン完走時間の累積分布関数

を満たす $f(x)$ が存在し，任意の a, b に対し

$$P(a \leq X \leq b) = \int_a^b f(t)\,dt$$

であるとき，$f(x)$ を**確率密度関数**という．$F(x) = P(X \leq x)$ を X の**累積分布関数**という．X が a と b の間にある確率は

$$P(a \leq X \leq b) = F(b) - F(a)$$

と書ける．ここで，$F(-\infty) = 0$, $F(\infty) = 1$ である．

2.2　期待値について

1〜6 の目が等しい確率（1/6）で出現するサイコロを振ったときの出た目として期待される値は 3.5 である．これは

$$1 \times \frac{1}{6} + 2 \times \frac{1}{6} + 3 \times \frac{1}{6} + 4 \times \frac{1}{6} + 5 \times \frac{1}{6} + 6 \times \frac{1}{6} = 3.5$$

のように（出た目）×（その確率）の和によって求められる．確率変数 X が離散型で，取り得る値を $x_1, x_2, \cdots, x_n$ とし，$X = x_1, X = x_2, \cdots, X = x_n$ となる事象の確率を $p_1, p_2, \cdots, p_n$ としたとき，確率変数 X の値として期待される値を $E(X)$ とすると

$$E(X) = x_1 \times p_1 + x_2 \times p_2 + \cdots + x_n \times p_n$$

で求められる．この値を**期待値**または**平均**と呼び，μ という文字で表すことが多い．また，確率変数 X の散らばり具合を表す関数として，分散 $V(X)$ が次のように定義される．

$$V(X) = (x_1 - \mu)^2 p_1 + (x_2 - \mu)^2 p_2 + \cdots + (x_n - \mu)^2 p_n$$

この値は確率変数の実現値と母平均の差の 2 乗に確率をかけたものの和であり，小さいほど確率変数 X の散らばりが少ないといえる．分散 $V(X)$ は σ^2 で表されることが多い．

さらに，上記サイコロの出た目の 2 乗の値として期待値を求める場合，

$$E(X^2) = 1^2 \times \frac{1}{6} + 2^2 \times \frac{1}{6} + 3^2 \times \frac{1}{6} + 4^2 \times \frac{1}{6} + 5^2 \times \frac{1}{6} + 6^2 \times \frac{1}{6} \fallingdotseq 15.17$$

で計算して，約 15.17 であることがわかる．一般に確率変数 X の関数 $g(X)$ の期待値 $E[g(X)]$ の計算は

$$E[g(X)] = g(x_1) \times p_1 + g(x_2) \times p_2 + \cdots + g(x_n) \times p_n$$

で求められる．また，分散の値は確率変数 $(X - \mu)^2$ の平均と考えられるので，$E[(X - \mu)^2]$ のように期待値で書くことができる．

期待値の計算

確率変数 X, Y があるとき，期待値の計算は次のようになる．

(1) 線形性 $E(aX + bY) = aE(X) + bE(Y)$ $(a, b$ は定数$)$

(2) X と Y が独立であれば $E(XY) = E(X)E(Y)$

一般に確率変数の積の期待値は 2 つの期待値の積に分解できないので注意が必要である．期待値の線形性を使うと平均 μ は定数であることから，分散は

$$V(X) = E\{(X - \mu)^2\} = E(X^2 - 2\mu X + \mu^2)$$
$$= E(X^2) - 2\mu E(X) + E(\mu^2)$$
$$= E(X^2) - 2\mu \times \mu + \mu^2 = E(X^2) - \mu^2$$

と書ける．つまり，分散は平均 μ と 2 乗の期待値 $E(X^2)$ の値がわかれば計算できる．

確率変数が連続型の場合の期待値は，確率密度関数 $f(x)$ を使って

$$E[g(x)] = \int_{-\infty}^{\infty} g(x)f(x)\,dx$$

によって表される．この場合でも，期待値の性質は離散型の場合と変わらない．

2.3 確率分布の例

「1 回のコイン投げで表が出る確率と裏が出る確率が等しく 1/2 である」，

「サイコロを振ると 1〜6 の目が出る確率が等しく 1/6 である」というように，実験や観測を行った場合に得られる観測値の出現確率を関数として与えることができる．この節では，一般的に知られている簡単な確率や確率密度関数の例を示し，その平均・分散の値や R の使い方を示す．

2.3.1　ベルヌーイ分布とベルヌーイ試行

コイン投げの実験で「表が出る（成功）」か「裏が出る（失敗）」のように，事象が 2 通りであるような実験について考える．一般に 2 つの事象を A（成功）と $\bar{A}$（失敗）とし，それぞれが起こる確率を

$$P(A) = p, \qquad P(\bar{A}) = 1 - p \qquad (0 \leq p \leq 1)$$

と定義すると，**ベルヌーイ分布**とよばれる確率分布になる．**ベルヌーイ試行**は次の 3 つの条件を満たす実験（試行）である．

(1)　各回の試行で事象 A か $\bar{A}$ か必ず一方のみが起きる．

(2)　各回の試行は独立である．

(3)　各回の試行で $P(A) = p$ は一定である．

2.3.2　幾　何　分　布

ベルヌーイ試行で，初めて事象 A が起こるまでに，事象 $\bar{A}$ が起こった回数を確率変数 X とする．このとき $X = k$ となる事象の確率は，事象 $\bar{A}$ が k 回連続して起こった後，$k + 1$ 回目に初めて事象 A が起こればよいので

$$P(X = k) = p(1 - p)^k \qquad (0 < p \leq 1)$$

となる．このような確率分布を**幾何分布**とよび，$G(p)$ と表す．

幾何分布の平均および分散

$$\text{平均：} \mu = \frac{1 - p}{p}, \qquad \text{分散：} \sigma^2 = \frac{1 - p}{p^2}$$

幾何分布の例

サイコロを振って 1 の目が出るまで振り続けることを考える．このとき，1 以外の目が出た回数は $p = 1/6$ の幾何分布と考えることができる．7 回他の目

が出て 8 回目に初めて 1 の目が出る確率は

$$P(X = 7) = \frac{1}{6}\left(1 - \frac{1}{6}\right)^7 = 0.0465$$

で求められ，1 の目が出るまでに他の目が出る回数の平均は，$(1 - 1/6)/(1/6)$ $= 5$ 回である．

R の関数

幾何分布：確率 `dgeom(x,prob=p)` パラメータ p の省略不可

乱数発生 `rgeom(nr,prob=p)` nr（乱数の個数），p の省略不可

2.3.3 二 項 分 布

ベルヌーイ試行を n 回行ったとき，事象 A が起こった回数を確率変数 X とすると

$$P(X = k) = {}_nC_k \times p^k(1-p)^{n-k} \qquad (k = 0, 1, 2, \cdots, n;\ 0 \le p \le 1)$$

となる．このような確率分布を**二項分布**とよび，$B(n,p)$ と表す．ここで ${}_nC_k$ は n 個の中から k 個取り出す組み合わせの数で

$${}_nC_k = \frac{n!}{k!(n-k)!} \qquad (ただし\ n! = 1 \times 2 \times \cdots \times n,\ \ 0! = 1)$$

によって計算できる（$n!$ は n の階乗と読む）．二項分布の確率は図 2.6 のようになる．

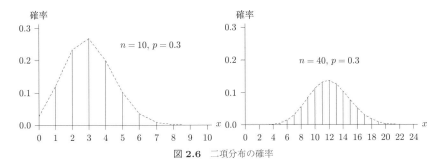

図 **2.6** 二項分布の確率

二項分布の平均および分散

$$平均：\mu = np, \qquad 分散：\sigma^2 = np(1 - p)$$

二項分布の例

サイコロを 12 回振ったときの 1 の目が出た回数を確率変数 X とすると，X は二項分布 $B(12, 1/6)$ に従う．このとき，1 の目が 3 回出る確率は

$$P(X = 3) = {}_{12}C_3 \left(\frac{1}{6}\right)^3 \left(1 - \frac{1}{6}\right)^9 = 0.197$$

であり，1 の目が出る平均回数は 2 回である．

R の関数

二項分布：確率 `dbinom(x,n,prob=p)` パラメータ n, p の省略不可

乱数発生 `rbinom(nr,n,prob=p)` nr（乱数の個数）, n, p の省略不可

2.3.4 ポアソン分布

二項分布において，1000 枚宝くじを購入して 1 枚 1 等が当たる確率のように，1 等が当たる確率 p が非常に小さい場合や，実験回数 n が大きく二項分布の組み合わせの数 ${}_nC_k$ の計算が非常に困難となる場合がある．そのような場合，二項分布における $np = \lambda$ を一定とする条件の下で，n を大きくしたときの極限の分布

$$P(X = k) = \frac{\lambda^k e^{-\lambda}}{k!} \qquad (k = 0, 1, 2, \cdots ; \ \lambda > 0)$$

を用いる．このような確率分布を**ポアソン分布**とよび，$p(\lambda)$ と表す．ごくまれに起こる事象の実験を数多く行った場合，その事象の起こる確率はポアソン分布となる．ポアソン分布の確率は図 2.7 のようになる．

ポアソン分布の平均および分散

$$平均：\mu = \lambda, \qquad 分散：\sigma^2 = \lambda$$

ポアソン分布の例

1 等の確率が 10 万分の 1 であるような宝くじをバラバラに 1000 枚買った場合，$\lambda = 1/100$ のポアソン分布に従うと考えてよい．したがって，1 等が 1

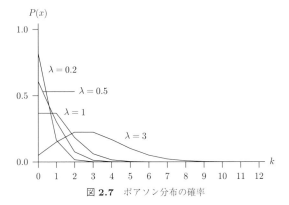

図 **2.7** ポアソン分布の確率

枚も当たらない確率と 1 枚当たる確率は

$$P(X = 0) = \frac{\left(\dfrac{1}{100}\right)^0 e^{-\frac{1}{100}}}{0!} = 0.990$$

$$P(X = 1) = \frac{\left(\dfrac{1}{100}\right)^1 e^{-\frac{1}{100}}}{1!} = 0.00990$$

である.

R の関数

ポアソン分布：確率 dpois(x,λ)　パラメータ λ の省略不可

　　　　　　乱数発生 rbinom(nr,λ)　nr（乱数の個数），λ の省略不可

2.3.5　負の二項分布

負の二項分布は幾何分布を一般化したもので，ベルヌーイ試行をくり返し行ったとき，r 回目の事象 A が起こったときまでに，事象 $\bar{A}$ が起こった回数を確率変数 X とすると

$$P(X = k) = {}_{r+k-1}C_k \; p^r(1-p)^k \qquad (k = 0, 1, 2, \cdots)$$

となる．このような確率分布を**負の二項分布**とよび，$NB(r, p)$ と表す．もちろん $r = 1$ とした場合，幾何分布となる．

負の二項分布の平均および分散

$$\text{平均}: \mu = \frac{r(1-p)}{p}, \qquad \text{分散}: \sigma^2 = \frac{r(1-p)}{p^2}$$

負の二項分布の例

サイコロで 1 の目が 10 回出るまでに，他の目が出る回数を確率変数とすると，$p = 1/6$，$r = 10$ の負の二項分布に従う．例えば，1 の目が 10 回出るまでに，他の目が 30 回出る確率は

$$P(X = 30) = {}_{39}C_{30} \left(\frac{1}{6}\right)^{10} \left(1 - \frac{1}{6}\right)^{30} = 0.0148$$

であり，他の目が出る平均回数は 50 回である．

R の関数

負の二項分布：確率 `dnbinom(x,r,prob=p)` パラメータ r, p の省略不可

乱数発生 `rnbinom(nr,r,prob=p)` nr（乱数の個数），r, p の省略不可

2.3.6 超幾何分布

箱の中に N 個の玉があり，M 個が赤い玉，残り $N - M$ 個が白い玉であるとする．玉を箱から引いて色を調べた後に，玉を元に戻さない非復元抽出で n 回調べたときの赤い玉の個数を確率変数 X とすると

$$P(X = x) = \frac{{}_M C_x \times {}_{N-M} C_{n-x}}{{}_N C_n}$$

となる．ここで，$\max\{0, n - (N - M)\} \leq x \leq \min\{n, M\}$ である．このような確率分布を**超幾何分布**とよび，$Hg(N, M, n)$ で表す．

超幾何分布の平均および分散

$$\text{平均}: \mu = \frac{nM}{N}, \qquad \text{分散}: \sigma^2 = \frac{nM(N - M)(N - n)}{N^2(N - 1)}$$

超幾何分布の例

20 枚のカードのうち，3 枚が当たりくじであるとする．このカードを n 枚引いたときに含まれる当たりの枚数が超幾何分布に従う．例えば，5 枚引いて 1 枚当たる確率は

$$P(X = 1) = \frac{{}_3C_1 \times {}_{17}C_4}{{}_{20}C_5} = \frac{35}{76} = 0.461$$

であり，5 枚引いた場合に含まれる当たりの平均は 3/4 である．

R の関数

超幾何分布：確率 dhyper(x,M,N-M,n) パラメータ M, N, n の省略不可

乱数発生 rhyper(nr,M,N-M,n) nr（乱数の個数），N, n の省略不可

2.3.7 多 項 分 布

1 回の試行で，事象 $A_1, A_2, \cdots, A_k$ のいずれかが起き，これらは互いに排反で，$P(A_i) = p_i (i = 1, \cdots, k)$ とする．この試行を n 回独立にくり返すとき，$A_1, A_2, \cdots, A_k$ の起こる回数をそれぞれ $X_1, X_2, \cdots, X_k$ とする．このとき

$$P(X_1 = x_1, \cdots, X_k = x_k) = \frac{n!}{x_1! x_2! \cdots x_k!} p_1^{x_1} p_2^{x_2} \cdots p_k^{x_k}$$

となる．ここで，x_i は非負な整数で $x_1 + \cdots + x_k = n$ である（$p_1 + \cdots + p_k = 1$）．サイコロを振って出る目は，1～6 の目が互いに排反な事象なので，n 回振ってそれぞれの目が何回出るかを確率変数とすると，**多項分布**に従う．

これまでは離散型確率変数の分布の例を示してきたが，以下では連続型の分布の例を示す．連続型確率分布は，一般に確率密度関数 $f(x)$ で表される．この章の始めでも示したとおり，確率密度関数は非負な値を取る関数で，全区間での積分で示した．

$$f(x) \geq 0, \qquad \int_{-\infty}^{\infty} f(x) \, dx = 1$$

2.3.8 一 様 分 布

確率密度がある区間 (a, b) で一様に分布しているとき，すなわち確率密度関数が常に一定の値であるとき（連続）**一様分布**とよび，$U(a, b)$ で表す（図 2.8，図 2.9）．

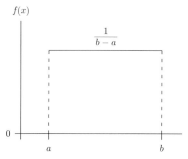

図 **2.8** 区間 (a, b) の一様分布の密度関数

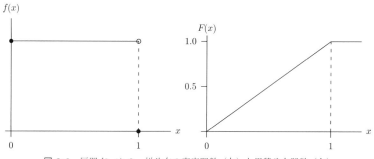

図 **2.9** 区間 $[0, 1)$ の一様分布の密度関数（左）と累積分布関数（右）

確率密度関数：$f(x) = \dfrac{1}{b-a} \quad (a < x < b)$

累積分布関数：$F(x) = \dfrac{x-a}{b-a} \quad (a < x < b)$

平均：$\mu = \dfrac{a+b}{2}$, 分散：$\sigma^2 = \dfrac{(b-a)^2}{12}$

R の関数

（連続）一様分布：確率密度関数 dunif(x,a,b) a, b を省略すると $(0, 1)$ の一
様分布

乱数発生 runif(nr,a,b) nr（乱数の個数）は省略不可

2.3.9 指 数 分 布

指数分布は到着時間間隔の分布や機械の寿命時間の分布などとして使われ，

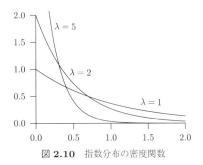

図 2.10 指数分布の密度関数

パラメータは $\lambda \ (> 0)$ である（図 2.10）.

$$確率密度関数： f(x) = \lambda e^{-\lambda x} \quad (x \geq 0)$$
$$累積分布関数： F(x) = 1 - e^{-\lambda x} \quad (x \geq 0)$$
$$平均： \mu = \frac{1}{\lambda}, \qquad 分散： \sigma^2 = \frac{1}{\lambda^2}$$

また，指数分布は無記憶性 $P(X > t + s | X > t) = P(X > s)$ を持っている．これは時刻 t まで事象が起きないという条件のもとで，さらに時刻 $t + s$ まで事象が起きない確率は，時刻 0 から時刻 s まで事象が起きない確率と等しいことを示している．

R の関数

指数分布：確率密度関数 dexp(x,λ)　λ を省略すると $\lambda = 1$ の指数分布
　　　　　乱数発生 rexp(nr,λ)　nr（乱数の個数）は省略不可

2.3.10　正　規　分　布

正規分布は統計で最も用いられる基本的な分布であり，身長，体重や誤差の分布など多くの場面でよく使われる．パラメータは平均 μ と分散 σ^2 で，$N(\mu, \sigma^2)$ と表す（図 2.11）.

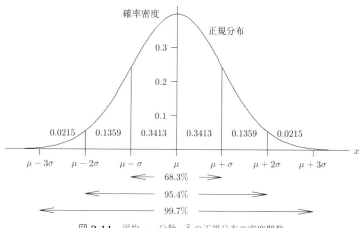

確率密度

正規分布

0.3

0.2

0.1

0.0215   0.1359   0.3413   0.3413   0.1359   0.0215

x

$\mu-3\sigma$ $\mu-2\sigma$ $\mu-\sigma$ μ $\mu+\sigma$ $\mu+2\sigma$ $\mu+3\sigma$

68.3%

95.4%

99.7%

図 **2.11** 平均 μ，分散 σ^2 の正規分布の密度関数

確率密度関数：$f(x) = \dfrac{1}{\sqrt{2\pi}\sigma} e^{-\frac{(x-\mu)^2}{2\sigma^2}}$　$(-\infty < x < \infty)$

累積分布関数：$F(x) = \displaystyle\int_{-\infty}^{x} \dfrac{1}{\sqrt{2\pi}\sigma} e^{-\frac{(t-\mu)^2}{2\sigma^2}}\, dt$

平均：μ，　　分散：σ^2

特に平均 0, 分散 1 の正規分布のことを**標準正規分布** $N(0,1)$ とよぶ．一般に確率変数 X が正規分布 $N(\mu,\sigma^2)$ に従うとき

$$Z = \frac{X - \mu}{\sigma}$$

の変換によって確率変数 Z は標準正規分布に従う．

　正規分布の発見者については，いろいろな説があるが，ガウス（C. F. Gauss, 1777-1855）であるといわれている．ガウスは大量の測定値に伴う誤差を処理する関数として正規分布を考えた．これは当時ガウスの誤差関数と呼ばれていた．身長や座高などの生物学的な長さの測定値は多くの場合に正規分布があてはまる．血液検査の値などは対数をとると正規分布に従うことが多い．また，パラメータの推定や仮説検定で重要な役割を果たす中心極限定理でも正規分布は現れ，統計学では重要な確率分布である．

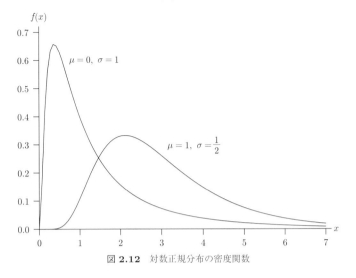

図 2.12 対数正規分布の密度関数

R の関数

正規分布：確率密度関数 dnorm(x,μ,σ) 　μ, σ を省略すると標準正規分布

　　　　　乱数発生 rnorm(nr,μ,σ) 　nr（乱数の個数）は省略不可

2.3.11 対数正規分布

確率変数 $Y = \log X$ が正規分布に従うとき，X は**対数正規分布**に従うという．所得の分布のように，低い方には限度があるが，高い方には限度のないような現象や，ばらつきの大きい寿命時間の分布によくあてはまり，信頼性解析に利用される．また，集団のサイズの分布，小恒星の密度，鉱床の埋蔵量の規模，日本語の分長分布などがあてはまる．

$$確率密度関数：f(x) = \frac{1}{\sqrt{2\pi}\sigma x}e^{-\frac{(\log x - \mu)^2}{2\sigma^2}} \quad (0 < x < \infty)$$

$$平均：\mu = e^{\mu + \frac{\sigma^2}{2}}, \quad 分散：\sigma^2 = e^{2\mu + \sigma^2}(e^{\sigma^2} - 1)$$

2.3.12 ガンマ分布

ガンマ分布は，電子部品の寿命分布，待ち行列のサービス時間の分布，保険

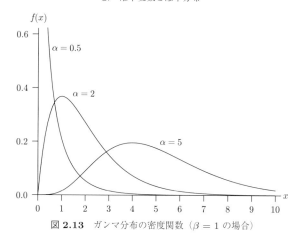

図 **2.13**　ガンマ分布の密度関数（$\beta = 1$ の場合）

金支払額の分布，ウィルスの潜伏期間の分布などがよくあてはまる．

$$確率密度関数：f(x) = \frac{\beta^{\alpha}}{\Gamma(\alpha)} x^{\alpha-1} e^{-\beta x}$$

$$平均：\frac{\alpha}{\beta}, \qquad 分散：\frac{\alpha}{\beta^2}$$

また $\Gamma(\alpha)$ はガンマ関数で $\Gamma(\alpha) = (\alpha-1)\Gamma(\alpha-1)$ という性質をもつ．$\alpha(>0)$ は形状パラメータ，$\beta(>0)$ は尺度パラメータであり，$\beta = 1$ の場合の確率密度関数は図 2.13 のようになる．

2.3.13　ベ ー タ 分 布

ベータ分布は日程計画（OR の PERT）における各作業の所要時間の分布として，順序統計量との関わりで，またベイズ統計学における事前分布としてよく利用されている．

$$確率密度関数：f(x) = \frac{\Gamma(\alpha+\beta)}{\Gamma(\alpha)\Gamma(\beta)} x^{\alpha-1}(1-x)^{\beta-1} \quad (0 \le x \le 1)$$

$$平均：\mu = \frac{\alpha}{\alpha+\beta}, \qquad 分散：\sigma^2 = \frac{\alpha\beta}{(\alpha+\beta)^2(\alpha+\beta+1)}$$

ベータ分布のパラメータ α, β は正の定数であり，$\alpha = \beta = 1$ のときは一様分布 $U(0,1)$ になる（図 2.14）．

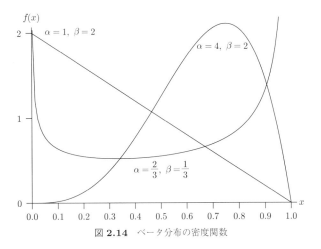

図 **2.14** ベータ分布の密度関数

2.3.14 ワイブル分布

ワイブル分布は，物体の強度の劣化や寿命分布によく使われる．また，企業の倒産のモデル化，病気の術後再発のモデル化などに用いられる．

3パラメータ確率密度関数：$f(t) = \dfrac{m}{\eta}\left(\dfrac{t-\gamma}{\eta}\right)^{m-1} \exp\left[-\left(\dfrac{t-\gamma}{\eta}\right)^{m}\right]$

$$(\gamma \le t < \infty)$$

平均：$\eta \cdot \varGamma\left(1 + \dfrac{1}{m}\right)$

γ は位置パラメータ，η は尺度パラメータ，m は形状パラメータである（図2.15）．この分布に対応する故障率関数は

$$\lambda(t) = \frac{m(t-\gamma)^{m-1}}{\eta^{m}}$$

となる（図2.16，図2.17）．m の値が 1 より小さいときは初期故障期，$m = 1$ のとき偶発故障期，m の値が 1 より大きいときは経年劣化による故障（摩耗故障期）となる．

2.3.15 コーシー分布

コーシー分布は平均をもたない分布として有名である．確率密度関数は

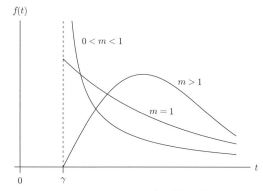

図 **2.15** ワイブル分布の密度関数

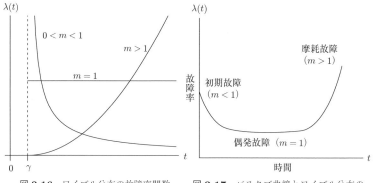

図 **2.16** ワイブル分布の故障率関数　図 **2.17** バスタブ曲線とワイブル分布の
　　　　　　　　　　　　　　　　　　　　　　　形状パラメータ (m) との関係

$$f(x) = \frac{1}{\pi} \cdot \frac{1}{1 + x^2}$$

であり（図 2.18），中央値は 0 であるが，平均および分散をもたない．この分布は後に出てくる自由度 1 の t 分布である．

最後に 2 つの確率変数 X, Y を組として考える 2 変量の確率分布例を示す．

2.3.16　2次元正規分布
確率変数の組 (X, Y) の確率密度関数が

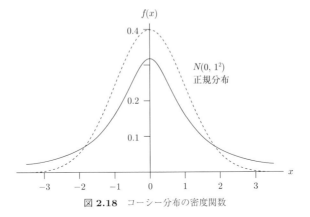

図 **2.18** コーシー分布の密度関数

$$f(x, y) = \frac{1}{2\pi\sigma_x\sigma_y\sqrt{1-\rho^2}} \exp\left[-\frac{1}{2(1-\rho^2)}\right.$$
$$\left. \times \left\{\left(\frac{x-\mu_x}{\sigma_x}\right)^2 - 2\rho\left(\frac{x-\mu_x}{\sigma_x}\right)\left(\frac{y-\mu_y}{\sigma_y}\right) + \left(\frac{y-\mu_y}{\sigma_y}\right)^2\right\}\right]$$

であるとき **2 次元正規分布** に従うという．パラメータはそれぞれの平均 μ_x, μ_y, 分散 σ_x^2, σ_y^2 の他に，x, y の間の関係を表す共分散があり，期待値で表すと $E[(X-\mu_x)(Y-\mu_y)]$ である．一般に 2 変量以上の場合，パラメータをベクトルや行列で表すことが多い．実際に 2 変量正規分布の平均ベクトルと分散共分散行列は，

$$\boldsymbol{\mu} = \begin{pmatrix} \mu_x \\ \mu_y \end{pmatrix}, \qquad \boldsymbol{\Sigma} = \begin{pmatrix} \sigma_x^2 & \rho\sigma_x\sigma_y \\ \rho\sigma_x\sigma_y & \sigma_y^2 \end{pmatrix}$$

である．ここで，$\boldsymbol{\mu}$ は平均ベクトル，$\boldsymbol{\Sigma}$ は分散共分散行列で，$\rho\sigma_x\sigma_y$ は x と y の共分散，ρ は x と y の相関係数をそれぞれ表す．

2.4 いろいろな確率分布のグラフ

この節では R を使って，いろいろな確率分布のグラフを描く．一般的に R でグラフを描く場合，離散型の場合 "plot"，連続型の場合 "curve" という関数が用意されている．ここまで紹介してきたいくつかの確率分布の描き方を

HP に与えるので，パラメータを変更していろいろなグラフを各自で描いてほしい．

演 習 問 題

問 **2.1**　二項分布の平均および分散がそれぞれ $\mu = np$,　$\sigma^2 = np(1-p)$ になることを証明せよ．

問 **2.2**　$p = 1/3$, $r = 5$ の負の二項分布の確率をグラフに描け．

問 **2.3**　20 枚のカードのうち，5 枚が当たりくじであるとする．このカードを 7 枚引いたとき，7 枚中 3 枚が当たりである確率を求めよ．

問 **2.4**　一様分布 $U(0,6)$ の平均および分散を計算せよ．

問 **2.5**　指数分布を $f(x) = 5e^{-5x}$ としたとき，$P(3 < X < 5)$ の値を求めよ．

3

標 本 分 布

3.1 母集団と標本

　あるサッカーの試合が行われていて，その地域の何割がテレビで試合を見ていたかを知りたいとする．ある時点で試合を見ていれば 1，見ていなければ 0 とする．この場合，調べようとしている地域に住んでいる人すべてを**母集団**という．調査あるいは研究の対象である母集団を構成しているのは，この場合は人である．実際には，値 1，0 で表すことができ，母集団を構成する要素は数で表される．母集団全体をもれなく調べる**全数調査**は望ましいが，現実には膨大な費用と時間がかかり難しい．そこで，母集団の一部分を抽出して調べる**標本調査**が行われる．母集団から抽出した**標本**にもとづき，母集団全体を推測することになる．良い推定値を得るためには，母集団の良い縮図になっているような標本，特別なものにかたよらない標本を抽出することが求められる．また，推定値の特性値（比率，分散など）の精度等を知るには，母集団のどの要素も同じ確率で標本に選ばれるように，母集団から無作為に標本を取り出すことが必要である．このような抽出方法を**無作為抽出**とよぶ．現実には集団を構成している人を抽出するのであるが，統計調査で問題とする標本は，その人の腹囲であったり，血糖値であったりと調べる目的によって異なる．今後，標本は数で表されているとする．

　統計学で重要な役割を果たす標本の無作為抽出は，乱数表やコンピューターを用いて行う．第 1 章で述べたように，**乱数表**は 0 から 9 までの各数字が等確率 0.1 で，独立に現れるように作られている．乱数表は上下，左右，斜めの

いずれをとっても確率 0.1 で 0 から 9 の数字が現れるようになっている。実際には，隣り合う数を 3 桁あるいは 4 桁，5 桁の数とみなして使ったりする。また，マスコミ各社が行う世論調査（内閣支持率調査など）では，近年電話による RDD（Random Digit Dialing）方式とよばれる方法が多く採用されている。コンピューターで発生した乱数の番号に電話をかけ，応答した相手に質問を行う方式である。

　母集団からの**無作為標本**を $(X_1, X_2, \cdots, X_n)$ で表す。大文字の X で書いたのは，標本が確率的に変動する標本変量を強調するためである。$(X_1, X_2, \cdots, X_n)$ の観測結果は $(x_1, x_2, \cdots, x_n)$ で表し，**標本値**（**実現値**）とよぶ。統計学では母集団に確率分布を想定する。標本変量 X_i $(i = 1, 2, \cdots, n)$ は添字 i に関係なく同じ確率分布に従い，互いに独立である。

　母集団の構成個体の数が有限のとき**有限母集団**という。これに対し母集団の構成個体の数が無限であると考えられるとき，**無限母集団**という。例えば，ある病気に対する薬の効果を調べたいとき，対象となる集団は未来にわたって薬を服用する人全体と考えられ，また，さいころ投げは多数回実験を試みることができるので，ともに無限母集団とみなされる。ここでは母集団という用語を，無限母集団の意味で使うことにする。母集団の確率分布には，問題によって正規分布や，二項分布，ポアソン分布等を仮定する。

3.2　標 本 分 布

3.2.1　乱数と標本実験

　前節で，母集団から標本を選ぶ際に乱数表を用いた無作為抽出を紹介した。最近では，Excel や R などの統計ソフトにより，さまざまな確率的規則に従う**乱数**を容易に発生させることができる。乱数による実験は理論的に予想できる事柄を確かめたり，逆に理論的予想を試みたりすることができ，統計学において重要な役割を果たしている。

　図 3.1 は Excel を用いて，0 から 9 の整数値がすべて同じ確率で現れるような離散乱数を 1000 個発生させたものである。確率 0.1 を中心に散らばっている様子がわかる。

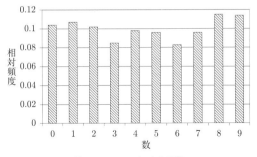

図 **3.1** Excel による乱数

Rでは，`rnorm(n,a,b)` により，正規分布 $N(a, b^2)$ に従う乱数を n 個発生させることができる．これを**正規乱数**とよぶ．

一般に，Y が $(0,1)$ 上の一様分布に従うとき，ある連続型確率分布に従う確率変数の分布関数 $F(x)$ に対し，F の逆関数 F^{-1} を用いて，$X = F^{-1}(Y)$ とおくと，X の分布関数は $F(x)$ である．なぜなら，任意の実数 x に対して，次式が成り立つからである．

$$P(X \leq x) = P(F^{-1}(Y) \leq x) = P(Y \leq F(x)) = F(x).$$

このことから，$F(x)$ に従う乱数 $x_1, x_2, \cdots, x_n$ は $(0,1)$ 上の一様分布に従う乱数 $y_1, y_2, \cdots, y_n$ から変換

$$x_i = F^{-1}(y_i)$$

によって得ることができる．例えば，標準正規分布 $N(0,1)$ の分布関数は

$$\Phi(x) = \int_{-\infty}^{x} \frac{1}{\sqrt{2\pi}} e^{-t^2/2} dt$$

で与えられるから，$N(0,1)$ に従う正規乱数 x_i は一様乱数 y_i を用いて，変換

$$x_i = \Phi^{-1}(y_i)$$

により発生させることができる．

3.2.2 標本平均の分布

3.1 節で述べたように，統計学では母集団に正規分布や二項分布などの確率分布を想定する．これを**母集団分布**とよぶ．一般に，確率分布は未知の母数（パラメータ）を含むから，母集団からの無作為標本に基づいて，未知の母数を推測することになる．これを**統計的推測**とよぶ．例えば，母集団分布に正規分布 $N(\mu, \sigma^2)$ を仮定すると，正規分布は 2 つのパラメータ μ, σ^2 を含むから，これらのパラメータを標本に基づいて推測することにより母集団分布が規定され，母集団の性質・特徴を把握することが可能となる．正規分布を仮定した母集団をとくに**正規母集団**という．

パラメータに関する推測は，無作為標本 $X_1, X_2, \cdots, X_n$ の関数を用いて行われる．これを**統計量**という．例えば，

$$\bar{X} = \frac{1}{n}(X_1 + X_2 + \cdots + X_n)$$
$$S^2 = \frac{1}{n-1}\{(X_1 - \bar{X})^2 + (X_2 - \bar{X})^2 + \cdots + (X_n - \bar{X})^2\}$$

は統計量であり，それぞれ**標本平均**，**標本分散**とよばれる．また，S を**標本標準偏差**という．標本平均と標本分散は，それぞれ母集団分布の平均（母平均）μ と分散（母分散）σ^2 を推測するのに用いられる．母集団分布のパラメータを推測する際に，そのパラメータに対応する統計量の分布を知ることが必要である．統計量の変動の様子を表す分布を**標本分布**とよぶ．

図 3.2 は，標準正規分布 $N(0, 1)$ に従う 5 個の正規乱数を発生し，標本平均値 $\bar{x} = (x_1 + x_2 + \cdots + x_5)/5$ を求めることを 50 回，200 回，1000 回くり返したときの標本実験によるヒストグラムである．

実験の回数が多くなるにつれて凸凹がなくなり，なめらかな曲線に近づいていくことが予想できる．これが標本平均 $\bar{X}$ の分布である．

母集団分布に正規分布を仮定できる場合は，標本平均 $\bar{X}$ の分布を理論的に求めることができる．確率変数 $X_1, X_2, \cdots, X_n$ が独立で同一の正規分布 $N(\mu, \sigma^2)$ に従うとすると

$$E(X_1) = E(X_2) = \cdots = E(X_n) = \mu$$

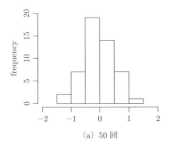

(a) 50 回

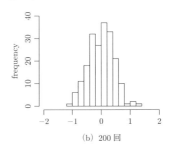

(b) 200 回

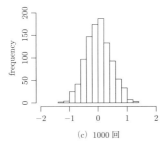

(c) 1000 回

図 **3.2**　標本平均値のヒストグラム

$$V(X_1) = V(X_2) = \cdots = V(X_n) = \sigma^2$$

であるから,

$$E(\bar{X}) = \frac{1}{n}\{E(X_1) + E(X_2) + \cdots + E(X_n)\} = \mu$$

となり, また $X_i\ (i = 1, 2, \cdots, n)$ の独立性から,

$$V(\bar{X}) = \frac{1}{n^2}\{V(X_1) + V(X_2) + \cdots + V(X_n)\} = \frac{\sigma^2}{n}$$

を得る. さらに, 各確率変数が正規分布に従うとき, それらの定数倍の和も正規分布に従うという性質 (正規分布の再生性) から, 標本平均 $\bar{X}$ の分布は正規分布 $N(\mu, \sigma^2/n)$ となる. 標本の大きさ n が大きくなると $\bar{X}$ の分散は小さくなり, 分布は μ のまわりに集中してくることがわかる. このことは, n が大きいほど μ のより精確な推測が可能なことを意味している.

　例題 3.1　20 歳の女性 10 人について, 安静時の最高血圧 (mmHg) を測定

表 3.1　20 歳の安静時の最高血圧（mmHg）

104	92	108	90	118	102	94	98	100	110

した（表 3.1）．標本平均 $\bar{x}$ と標本分散 s^2 を求めよ．

　[解]　$\bar{x} = 101.6$, $s^2 = 76.27$ である．

　例題 3.2　正規母集団 $N(158, 5^2)$ からの大きさ 10 の標本を抽出したとき，標本平均 $\bar{X}$ の分布を求めよ．また，このとき確率 $P(\bar{X} \geq 160)$ を求めよ．

　[解]　$\bar{X}$ の分布は $N(158, 5^2/10)$ である．

$$Z = \frac{\bar{X} - 158}{5/\sqrt{10}}$$

とおくと，Z は標準正規分布に従うから，求める確率は

$$P(\bar{X} \geq 160) = P(Z \geq 1.26) = 0.5 - P(0 \leq Z < 1.26)$$
$$= 0.5 - 0.3962 = 0.1038$$

となる．

3.2.3　カ イ 2 乗 分 布

　標本分布で重要な分布のひとつに**カイ 2 乗（χ^2）分布**がある．χ^2 分布は統計学ではよく出てくる分布であり，「χ^2 検定」という題名の本があることからもわかるように，いろいろな場面で利用されている分布である．いま X_i $(i = 1, 2, \cdots, m)$ が平均値 μ_i，分散 σ_i^2 の正規分布に従い，互いに独立のとき

$$Z_i = \frac{X_i - \mu_i}{\sigma_i}$$

は標準正規分布に従う．いま

$$\chi^2 = Z_1^2 + Z_2^2 + \cdots + Z_m^2$$

とおくと，χ^2 は X_i の関数である．このとき，χ^2 は自由度 m の χ^2 分布に従い，その確率密度関数は

$$f(x) = \frac{1}{2^{m/2} \Gamma(m/2)} x^{m/2-1} e^{-x/2}$$

である．ここで正の整数 a について

$$\Gamma(a) = (a-1)!, \qquad \Gamma\left(a+\frac{1}{2}\right) = \frac{(2a)!\sqrt{\pi}}{a!2^{2a}}$$

である．また，自由度 m の χ^2 分布の期待値と分散は

$$E(\chi^2) = m, \qquad V(\chi^2) = 2m$$

である．

2つの統計量 χ_1^2, χ_2^2 がそれぞれ自由度 m_1, m_2 の χ^2 分布に従って独立に分布するとき，その和 $\chi_1^2 + \chi_2^2$ もやはり χ^2 分布に従い，その自由度は $m_1 + m_2$ になることを示すことができる．これは χ^2 分布の再生性として知られている性質である．

3.2.4 標本分散の分布

3.2.2項で述べたように，正規母集団 $N(\mu, \sigma^2)$ から大きさ n の標本 X_1, $X_2, \cdots, X_n$ を抽出したとき，正規分布の再生性から標本平均 $\bar{X} = \sum_{i=1}^{n} X_i/n$ は正規分布 $N(\mu, \sigma^2/n)$ に従うことがわかった．では，標本分散 $S^2 = \sum_{i=1}^{n}(X_i - \bar{X})^2/(n-1)$ はどのような分布に従うであろうか．

もし，S^2 の式の $\bar{X}$ を μ，$n-1$ を n で置き換えた式 $S_0^2 = \sum_{i=1}^{n}(X_i-\mu)^2/n$ を考えると，$nS_0^2/\sigma^2 = \sum_{i=1}^{n}\{(X_i-\mu)/\sigma\}^2$ は互いに独立に $N(0,1)$ に従う n 個の確率変数 $(X_i-\mu)/\sigma\ (i=1,2,\cdots,n)$ の2乗和となり，自由度 n の χ^2 分布に従うことになる．しかし，S^2 における $X_i - \bar{X}\ (i=1,2,\cdots,n)$ は互いに独立ではない．そこで，S^2 における2乗和を式変形してみる．

$$\begin{aligned}
(n-1)S^2 &= \sum_{i=1}^{n}(X_i - \bar{X})^2 = \sum_{i=1}^{n}\{(X_i - \mu) - (\bar{X} - \mu)\}^2 \\
&= \sum_{i=1}^{n}(X_i - \mu)^2 - 2(\bar{X} - \mu)\sum_{i=1}^{n}(X_i - \mu) + \sum_{i=1}^{n}(\bar{X} - \mu)^2 \\
&= \sum_{i=1}^{n}(X_i - \mu)^2 - n(\bar{X} - \mu)^2
\end{aligned}$$

となるから，

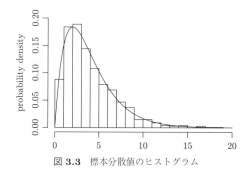

図 3.3　標本分散値のヒストグラム

$$\sum_{i=1}^{n}\left(\frac{X_i-\mu}{\sigma}\right)^2 = \frac{(n-1)S^2}{\sigma^2} + \left(\frac{\bar{X}-\mu}{\sigma/\sqrt{n}}\right)^2 \tag{3.1}$$

を得る．ここで，$\{(\bar{X}-\mu)/(\sigma/\sqrt{n})\}^2$ は自由度 1 の χ^2 分布に従うことがわかる．したがって，**コクランの定理**とよばれる定理を用いると，(3.1) 式の右辺第 1 項 $(n-1)S^2/\sigma^2$ は自由度 $n-1$ の χ^2 分布に従うことが示される．

　図 3.3 は，標準正規分布 $N(0,1)$ に従う 5 個の正規乱数を発生し，標本分散値 $s^2 = \sum_{i=1}^{n}(x_i-\bar{x})^2/(n-1)$ を求めることを 1000 回くり返したときの標本実験によるヒストグラムである．$(5-1)\times s^2 = 4s^2$ のヒストグラムに自由度 4 の χ^2 分布の曲線がよく当てはまっている様子がわかる．

3.3　大 標 本 分 布

3.3.1　硬貨投げの実験と大数の法則

　偏りのない 1 枚の硬貨を何回も投げるとき，表の出る割合を考えてみる．硬貨を 10 回投げるとき，表が 6 回以上あるいは 4 回以下出る確率は，表の出る回数を X として，それぞれ二項分布の式より

$$P(X \geq 6) = \sum_{k=6}^{10} {}_{10}C_k \left(\frac{1}{2}\right)^{10} = 0.377$$

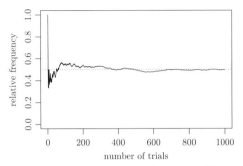

図 **3.4** 離散乱数による実験（1 の相対頻度）

$$P(X \leq 4) = \sum_{k=0}^{4} {}_{10}C_k \left(\frac{1}{2}\right)^{10} = 0.377$$

となる．これに対し，硬貨を 100 回投げるとき，表が 60 回以上あるいは 40 回以下出る確率は

$$P(X \geq 60) = P(X \leq 40) = 0.028$$

となり，非常に小さい．ともに表の出る割合が 0.6 以上あるいは 0.4 以下の確率を示しているのであるが，回数が多くなるとその確率は小さくなっていくことがわかる．さらに硬貨を 1000 回投げるとき，表の出る割合が 0.6 以上あるいは 0.4 以下となる確率はほぼ 0 となる．以上のことから，硬貨を投げる回数を多くすると，表の出る割合は 0.5 に近づくことが予想される．

図 3.4 は 1 と 0 がそれぞれ等確率で出現するような離散乱数を多数回発生させて，硬貨を投げる模擬実験を行った結果である．1（あるいは 0）の相対頻度は回数が多くなるにつれて 0.5 に近づいていく様子がわかる．このような性質を**大数の法則**という．

大数の法則は理論的に以下のように記述することができる．まずは準備として，任意の正の数 ε に対して，次の不等式が成り立つ．

$$P\{|X - \mu| \leq \varepsilon\} > 1 - \frac{V(X)}{\varepsilon^2} \tag{3.2}$$

これを**チェビシェフ（Chebyshev）の不等式**という．ここで，μ は確率変数

X の平均を，$V(X)$ は X の分散を表す．余事象の確率から（3.2）式は

$$P\{|X - \mu| > \varepsilon\} < \frac{V(X)}{\varepsilon^2} \tag{3.3}$$

と表すことができる．

　いま，ある試行について成功か失敗かの場合を考え，成功の確率が p であるようなベルヌーイ試行列を考える．n 回のベルヌーイ試行における成功の回数を X とすると，比率 X/n の平均値は p，分散は $p(1-p)/n$ である．したがって，チェビシェフの不等式により次の関係が成り立つ．

$$P\left\{\left|\frac{X}{n} - p\right| \leq \varepsilon\right\} > 1 - \frac{p(1-p)}{n\varepsilon^2}$$

任意の $\varepsilon > 0$ に対して n の値を十分に大きくとれば，上の式の右辺は 1 に近づけることができて

$$\lim_{n \to \infty} P\left\{\left|\frac{X}{n} - p\right| \leq \varepsilon\right\} = 1$$

となる．つまり任意に小さく選ばれた $\varepsilon > 0$ に対して n を十分大きくとれば，比率 X/n が母数 p にきわめて近い値をとる確率は 1 に近くなる．あるいは n を十分大きくとれば，比率 X/n はいくらでも p に近づけることができる．これを**大数の法則**という．

3.3.2　中心極限定理

　正規母集団 $N(\mu, \sigma^2)$ からの大きさ n の標本 $X_1, X_2, \cdots, X_n$ に基づく標本平均 $\bar{X} = \sum_{i=1}^{n} X_i/n$ は，正規分布 $N(\mu, \sigma^2/n)$ に従うことを述べた．では，母集団が正規分布以外の確率分布の場合，$\bar{X}$ はどのような分布に従うであろうか．実は，母集団にどのような確率分布を想定しても，標本の大きさ n が十分大きいとき，$\bar{X}$ は近似的に正規分布 $N(\mu, \sigma^2/n)$ に従うことが知られている．これを**中心極限定理**という．

定理——中心極限定理

　平均 μ，分散 σ^2 の母集団からの大きさ n の標本 $X_1, X_2, \cdots, X_n$ に基づく標本平均 $\bar{X} = \sum_{i=1}^{n} X_i/n$ は，n が十分大きいとき，近似的に正規分布 $N(\mu, \sigma^2/n)$ に従う．すなわち，$\bar{X}$ を標準化した $Z = (\bar{X} - \mu)/(\sigma/\sqrt{n})$ の分

布は標準正規分布 $N(0,1)$ で近似できる.(証明略)

例 二項分布の正規近似

n 回のベルヌーイ試行において,各回で事象 A が起こるとき,$P(X = 1) = p$,事象 A が起こらないとき,$P(X = 0) = 1 - p$ となる確率変数 X を考える.このとき,X の従う確率分布を**ベルヌーイ分布**という.ベルヌーイ分布をもつ母集団からの大きさ n の標本 $X_1, X_2, \cdots, X_n$ に基づく標本和 $\sum_{i=1}^{n} X_i$ は n 回の試行の中で事象 A の起こる回数を表すから,二項分布 $B(n, p)$ に従うことがわかる.

$$E(X_1) = E(X_2) = \cdots = E(X_n) = 0 \times (1 - p) + 1 \times p = p$$

$$V(X_1) = V(X_2) = \cdots = V(X_n) = 0^2 \times (1 - p) + 1^2 \times p - p^2 = p(1 - p)$$

であるから,n が大きいとき,中心極限定理より,$\sum_{i=1}^{n} X_i = n\bar{X}$ は近似的に $N(np, np(1-p))$ に従うことになる.このことは,n が大きいとき二項分布 $B(n, p)$ は正規分布 $N(np, np(1-p))$ で近似できることを意味している.これを**二項分布の正規近似**とよぶ.

偏りのない 1 個のさいころを 120 回投げるとき,1 の目の出る回数を X とする.$P(16 \leq X \leq 26)$ を二項分布の正規近似により求めると,次のようになる.X の期待値と分散はそれぞれ $E(X) = np = 120 \times 1/6 = 20$,$V(X) = np(1 - p) = 120 \times 1/6 \times 5/6 = 50/3$ である.よって,X は正規分布 $N(20, 50/3)$ で近似できる.$Z = (X - 20)/\sqrt{50/3}$ とおくと,Z は標準正規分布に従う.よって,求める確率は

$$P(16 \leq X \leq 26) = P\left(\frac{16 - 20}{\sqrt{50/3}} \leq \frac{X - 20}{\sqrt{50/3}} \leq \frac{26 - 20}{\sqrt{50/3}} \right)$$

$$\fallingdotseq P(-0.98 \leq Z \leq 1.47)$$

$$= P(0 \leq Z \leq 0.98) + P(0 \leq Z \leq 1.47)$$

$$= 0.3365 + 0.4292 = 0.7657$$

となる.一方,X は二項分布 $B(120, 1/6)$ に従うから,確率を正確に求めることができて,

$$P(16 \leq X \leq 26) = \sum_{k=16}^{26} {}_{120}C_k \left(\frac{1}{6}\right)^k \left(\frac{5}{6}\right)^{120-k}$$
$$= 0.8068$$

を得る.

　二項分布は確率変数が整数値のみをとるので, $P(15.5 \leq X \leq 26.5)$ とみなして, 正規分布近似を行うと精度がよくなることが知られている. これを**半整数補正**とよぶ. 実際, 確率を計算すると

$$P(15.5 \leq X \leq 26.5) = P\left(\frac{15.5 - 20}{\sqrt{50/3}} \leq \frac{X - 20}{\sqrt{50/3}} \leq \frac{26.5 - 20}{\sqrt{50/3}}\right)$$
$$\fallingdotseq P(-1.10 \leq Z \leq 1.59)$$
$$= 0.3643 + 0.4441 = 0.8084$$

となり, 正確な値に近いことがわかる. 同様に, 例えば, 確率 $P(X = 20)$ の計算は $P(19.5 \leq X \leq 20.5)$ として正規分布近似を利用する. 二項分布の正規近似は一般に $np > 5$ かつ $n(1 - p) > 5$ のときに精度がよくなるといわれている.

　X が正規分布であれば, その n 個の実現値の和の分布は正規分布に従うが, X が正規分布でないときも, n が 25 以上であると正規分布で近似できることがわかっている. X が一様分布の場合は $n = 12$ としたときの和が正規分布で近似できることがよく知られていて, 利用されている.

3.4 t分布とF分布

3.4.1 t　分　布

正規分布 $N(\mu, \sigma^2)$ における母平均 μ の推定量 $\bar{X}$ は $N(\mu, \sigma^2/n)$ に従い,

$$Z = \frac{\bar{X} - \mu}{\sigma/\sqrt{n}}$$

は標準正規分布 $N(0, 1)$ に従う. 正規分布 $N(\mu, \sigma^2)$ で, 母分散 σ^2 が未知のときは, σ を標本標準偏差 S で置き換えた式

$$t = \frac{\bar{X} - \mu}{S/\sqrt{n}}$$

を用いる．ここで，S は

$$S^2 = \frac{1}{n-1} \sum_{i=1}^{n} (X_i - \bar{X})^2$$

の平方根である．統計量 t は，自由度 $m = n - 1$ の **t 分布**に従うことが知られ，その確率密度関数は

$$f(x) = \frac{1}{\sqrt{m\pi}} \frac{\Gamma((m+1)/2)}{\Gamma(m/2)} \left(1 + \frac{x^2}{m}\right)^{-(m+1)/2}$$

で与えられる．この分布は $m \to \infty$ のとき標準正規分布に収束する．

3.4.2 **F 分 布**

変量 X_1, X_2 が互いに独立な確率変数で，それぞれ自由度 m_1, m_2 のカイ 2 乗分布に従うとき，確率変数

$$F = \frac{X_1/m_1}{X_2/m_2}$$

は m_1, m_2 によって定まる分布をもつ．これを自由度 (m_1, m_2) の **F 分布**という．自由度 (m_1, m_2) の F 分布の確率密度関数は，次式で与えられる．

$$f(x) = \frac{m_1^{m_1/2} m_2^{m_2/2} \Gamma((m_1 + m_2)/2)}{\Gamma(m_1/2)\,\Gamma(m_2/2)} x^{m_1/2-1} (m_2 + m_1 x)^{(m_1+m_2)/2}$$

演 習 問 題

問 3.1 統計ソフト R を用いて，$N(50, 10^2)$ に従う正規乱数 1000 個を発生させ，階級の数を適当にとることにより，ヒストグラムを描け．

問 3.2 ある工場の機械で作られた部品の不良品率は 2% とみなされている．この部品 400 個の中に 12 個以上の不良品が含まれている確率はどれくらいか．二項分布の正規近似と半整数補正を用いて計算せよ．

4

推　　　　定

　コイン投げを 100 回行ったとき，50 回表が出たのであれば，表が出る確率
は 1/2 と推定することができる．また国政選挙において，事前の調査（電話
や出口調査）によって，ある政党の候補は○○ $\pm\alpha$ 人のように当選する人数
を推定していることをみたことがあるであろう．これらはコイン投げをしたと
き表の出る確率や選挙によって当選する人数等の母集団のパラメータを，母集
団の一部である大きさ n の標本 $X_1, X_2, \cdots, X_n$ を用いて推定している．統計
的推定にはいくつかの種類があるが，ここでは点推定と区間推定の 2 つにつ
いて述べる．

　点推定は

$$\text{コイン投げをしたとき表の出る確率} = \frac{\text{表の出た回数}}{\text{コインを投げた回数}}$$

のように，パラメータの推定を 1 点で行う方法である．一般的に点推定は標
本の関数として簡単に計算できるが，推定された値がどの程度正確なのかを判
断する上で重要な誤差等を考慮していない．

　これに対して区間推定は，

　「95% の確率である政党の候補が当選する人数は○○ $\pm\alpha$ 人である」

のように，確率を用いて誤差等の精度を考慮した推定を行う．実際の計算に
は，確率の大きさを考慮に入れる必要があり多少面倒であるが，どの程度正確

な値であるかがわかりやすい．例えば 50 ± 5 人と推定した場合と，50 ± 10 人と推定した場合であれば，明らかに 50 ± 5 人の方がより良い推定であることがわかる．

4.2 点推定とその性質

よく使われている点推定の例を挙げると，3章にも述べた母平均 μ と母分散 σ^2 に対する推定量として，標本平均 $\bar{x}$ と標本分散 s^2 がある．これらは，母集団から大きさ n の標本値 $x_1, x_2, \cdots, x_n$ が得られたとき，

$$\bar{x} = \frac{1}{n} \sum_{i=1}^{n} x_i , \qquad s^2 = \frac{1}{n-1}(x_i - \bar{x})^2$$

のような標本平均，標本分散を母平均，母分散の値として推定した値であり，**推定値**とよばれる．また，推定値は標本に依存するため，標本が異なれば違う値になる．つまり標本平均 $\bar{x}$ において，標本値 $x_1, x_2, \cdots, x_n$ のかわりに確率変数 $X_1, X_2, \cdots, X_n$ を使った

$$\bar{X} = \frac{1}{n} \sum_{i=1}^{n} X_i$$

も確率変数となり，**推定量**とよばれる．実際に標本平均 $\bar{X}$ は3章でも述べたように，確率変数 X_i が正規分布 $N(\mu, \sigma^2)$ に従うとき，$N(\mu, \sigma^2/n)$ に従う．一般に推定値は母集団のパラメータに近い値であることが望ましい．次にあげるものは，点推定の推定量としてもっていることが望ましい性質である．

4.2.1 不偏推定量
母平均 μ をもつ母集団に対して，標本平均 $\bar{X}$ の期待値は

$$E(\bar{X}) = E\left(\frac{1}{n} \sum_{i=1}^{n} X_i\right) = \frac{1}{n} \sum_{i=1}^{n} E(X_i) = \frac{1}{n} \sum_{i=1}^{n} \mu = \mu$$

であり，標本平均 $\bar{X}$ の期待値が母平均 μ と一致していることがわかる．この

ように推定量の期待値がパラメータと一致するとき，その推定量を**不偏推定量**と呼ぶ．一般にある母集団のパラメータ θ についての推定量 $g(X_1, X_2, \cdots, X_n)$ に対して

$$E[g(X_1, X_2, \cdots, X_n)] = \theta$$

が成立するとき $g(X_1, X_2, \cdots, X_n)$ は θ の不偏推定量であるとよぶ．不偏推定量は偏りのない推定量であり，何度も標本から推定量を計算した場合，その平均が真の値であることを示している．一般に，標本平均 $\bar{X}$ や標本分散 S^2（$n-1$ で割った推定量）はそれぞれ母平均 μ，母分散 σ^2 の不偏推定量となっている．また，不偏推定量になる推定量はいくつでも作ることができる．例えば，平均パラメータの推定の場合，$X_1, (X_1 + X_2)/2, \cdots$ なども不偏推定量である．このような推定量の中で推定量の分散が小さいほど推定の精度が良いことになるので，一般的には分散が最小になる推定量を選ぶ．

4.2.2 一 致 推 定 量

n 個の標本 $X_1, X_2, \cdots, X_n$ から母集団のパラメータ θ を推定する推定量 $\hat{\theta}_n = g(X_1, X_2, \cdots, X_n)$ が，$n \to \infty$ において，真の値 θ と一致するとき，すなわち，

$$P(|\hat{\theta}_n - \theta| > \varepsilon) \to 0 \ \ (n \to \infty)$$

をみたすとき，その推定量のことを**一致推定量**と呼ぶ．実際，チェビシェフの不等式を使うことによって，母平均 μ，母分散 σ^2 をもつ母集団であれば，標本平均 $\bar{X}$ が μ の一致推量であることを簡単に証明することが可能である．

［証明］

チェビシェフの不等式（ホームページ (HP) 参照）より

$$P(|\bar{X} - \mu| > \varepsilon) < \frac{V(\bar{X})}{\varepsilon^2}$$

が成り立つ．$V(\bar{X}) = \sigma^2/n$ より，$n \to \infty$ のとき，上記不等式の右辺は 0 に収束する．すなわち，$\bar{X} \to \mu$ となるので，$\bar{X}$ は μ の一致推定量である．

4.2.3 尤度関数と最尤推定量

ここでは，最尤原理とよばれる「現実の標本は確率最大のものが実現した」という仮定に基づいたパラメータの推定法を考える．

いま，パラメータ θ をもつ母集団の確率関数，または確率密度関数が $f(x|\theta)$ で与えられたものとし，この母集団からの大きさ n の無作為標本を $X_1, X_2,$ $\cdots, X_n$，その実現値（標本値）を $x_1, x_2, \cdots, x_n$ とする．ただし，確率関数とは，すべての実数 x に対して離散型確率変数 X が $X = x$ となる確率 $P(X = x)$ のことである．一般に，$X_1, X_2, \cdots, X_n$ の同時確率分布，すなわち

$$L(\theta|x_1, \cdots, x_n) = f(x_1|\theta) \times \cdots \times f(x_n|\theta)$$

を θ の関数とみなしたものを**尤度関数**といい，θ のいろいろな値における尤（もっと）もらしさを表す関数とみなすことができる．

例 指数分布 $f(x|\lambda) = \lambda e^{-\lambda x}$ のとき，

$$L(\theta|x_1, \cdots, x_n) = \lambda e^{-\lambda x_1} \times \cdots \times \lambda e^{-\lambda x_n} = \lambda^n e^{-\lambda(x_1 + \cdots + x_n)}.$$

最尤原理に基づいたパラメータ θ の推定法を**最尤法**とよぶ．最尤法とは，標本値 $(x_1, x_2, \cdots, x_n)$ が得られたとき，尤度関数を最大にする θ の値を推定値とする方法である．最尤法によって求められた θ の値は $\hat{\theta}$ と表され，**最尤推定値**とよばれる．最尤推定値は標本値 $(x_1, x_2, \cdots, x_n)$ の関数として与えられるが，標本値を対応する標本 $(X_1, X_2, \cdots, X_n)$ で置き換えたものを**最尤推定量**とよぶ．

尤度関数は確率分布，または確率密度関数の積の形になっているが，数学的に取り扱うのが不便なため，通常は対数をとることにより和の形にした対数尤度関数

$$\log L(\theta|x_1, \cdots, x_n) = \sum_{i=1}^{n} \log f(x_i|\theta)$$

を考える．対数関数は単調増加関数なので，尤度関数を最大にする $\hat{\theta}$ は対数尤度関数も最大にする．つまり，最尤推定値は対数尤度関数を最大にする値であり，L が微分可能なとき，

$$\frac{d}{d\theta} \log L(\theta|x_1, \cdots, x_n) = 0$$

の解を求めることによって得ることができる.

例 $X_1, X_2, \cdots, X_n$ を平均 μ, 分散 σ^2 の正規母集団からの大きさ n の無作為標本とすると, μ と σ^2 の最尤推定量はそれぞれ

$$\overline{X} = \frac{1}{n}\sum_{i=1}^{n} X_i, \qquad U^2 = \frac{1}{n}\sum_{i=1}^{n}(X_i - \overline{X})^2$$

である. つまり, μ の最尤推定量は不偏推定量であるが, σ^2 の最尤推定量は不偏推定量ではないことがわかる.

最尤推定量の性質

(1)　（一致性）θ の最尤推定量は θ の一致推定量である.

(2)　（漸近正規性）標本の大きさ n が十分大きいとき, θ の最尤推定量の標本分布は正規分布で近似できる.

4.2.4　その他の性質

最小分散推定量　母数 θ の不偏推定量のうち, 分散が小さいものほどよい推定量であり, 最小となるものを**最小分散推定量**とよぶ. しかし, 多くの不偏推定量の分散を求め, それを比較するのは大変である. 母集団分布がある正則条件を満たしていれば, 不偏推定量 $\hat{\theta}$ について**クラーメル・ラオ (Cramér-Rao) の不等式**（HP 参照）が成り立ち, 不等式の等号が成り立つ $\hat{\theta}$ を θ の有効推定量という.

十分性　もともとの標本 $X_1, X_2, \cdots, X_n$ がわからなくとも, 統計量 $T(X_1, X_2, \cdots, X_n)$ がわかれば未知母数 θ に関する推測については情報を何も失わないとき, T を θ の**十分統計量**であるという. すなわち, T が θ の十分統計量であることを,「T を与えたときの $X = (X_1, X_2, \cdots, X_n)$ の条件つき分布が, θ に依存しない」ということで定義することができる.

また, T が θ の十分統計量であるという必要十分条件は, 尤度関数 L が

$$L(x_1, x_2, \cdots, x_n : \theta) = g(t : \theta) \cdot h(x_1, x_2, \cdots, x_n)$$

と分解できることである（**分解定理**）．ここに，g と h は非負関数であり，h は θ を含まないものとする．推定量 $\hat{\theta}$ が十分統計量であるとき十分推定量であるという．十分統計量に基づく不偏推定は，最小分散不偏推定量になることが知られている．

例　ポアソン分布の場合

$X_1, \cdots, X_n$ をパラメータ λ のポアソン分布に従う独立な確率変数とする．このとき，標本平均 $\bar{X}$ は λ に対する十分統計量である．

［**証明**］　尤度関数 $L(\lambda|x_1, \cdots, x_n)$ は

$$L(\lambda|x_1, \cdots, x_n) = \frac{e^{-\lambda}\lambda^{x_1}}{x_1!} \cdot \frac{e^{-\lambda}\lambda^{x_2}}{x_2!} \cdot \cdots \cdot \frac{e^{-\lambda}\lambda^{x_n}}{x_n!}$$

となる．この式は

$$= e^{-n\lambda}\lambda^{(x_1+x_2+\cdots+x_n)}\frac{1}{x_1!x_2!\cdots x_n!}$$
$$= \left(e^{-n\lambda}\lambda^{n\bar{x}}\right)\left(\frac{1}{x_1!x_2!\cdots x_n!}\right)$$

のように分解できるので $\bar{X}$ は十分推定量である．すなわち，ポアソン分布のパラメータ λ に関する推測を考える場合，個々の標本 $X_1, X_2, \cdots, X_n$ がわからなくとも，標本平均 $\bar{X}$ さえわかれば十分である．

4.3　区　間　推　定

この章の最初にも述べたとおり，区間推定は確率 $1-\alpha$ を事前に決定し，母集団のパラメータの値が入る確率がその値になるように区間 $[a, b]$ を決定する．点推定と異なり確率の計算が必要になるため，一般的な議論が難しい．ここでは，正規分布を仮定した場合とベルヌーイ試行の場合に関して説明を行う．

4.3.1　平均の区間推定——母分散が既知のとき

標本平均 $\bar{X}$ の区間推定を行うために，X の分布を考える．母集団が平均 μ，分散 σ^2 の正規分布 $N(\mu, \sigma^2)$ に従うとき，無作為抽出された n 個のデータ

を使って計算された標本平均 $\bar{X}$ は $N(\mu, \sigma^2/n)$ に従うことが理論的にわかっ
ている．つまり，母平均は変わらないが，分散はサンプル数が大きくなると小
さくなっている．この結果から標本平均 $\bar{X}$ を

$$Z = \frac{\bar{X} - \mu}{\sigma/\sqrt{n}}$$

のように変換すると，Z は標準正規分布 $N(0,1)$ に従うことがわかる．そこで

$$P(-z_\alpha < Z < z_\alpha) = 1 - \alpha \quad (\text{事前に決めた確率})$$

になるように z_α を求める．例えば $1 - \alpha = 0.95$ のとき，$z_\alpha = 1.96$ である．
このとき ( ) の中身は

$$-1.96 < \frac{\bar{X} - \mu}{\sigma/\sqrt{n}} < 1.96 \quad \Leftrightarrow \quad \bar{X} - 1.96 \cdot \frac{\sigma}{\sqrt{n}} < \mu < \bar{X} + 1.96 \cdot \frac{\sigma}{\sqrt{n}}$$

と変形できるので，$[\bar{X} - 1.96 \cdot \sigma/\sqrt{n}, \bar{X} + 1.96 \cdot \sigma/\sqrt{n}]$ の間に母平均 μ が入
っている確率が 0.95 であることを示している．このことを利用して，母集団
から大きさ n の標本値 $x_1, \cdots, x_n$ が得られたときに，母平均 μ が確率 0.95 で
入っている区間を $[\bar{x} - 1.96 \cdot \sigma/\sqrt{n}, \bar{x} + 1.96 \cdot \sigma/\sqrt{n}]$ とする．このような区間
の推定を母平均 μ の 95% 信頼区間とよぶ．

　信頼区間の両端の値から明らかなように，データの数が多くなればなるほど
$\sigma/\sqrt{n}$ の値を小さくすることができる．つまり，区間の幅を狭くすることがで
きる．したがって区間推定を行う場合，データの数が多ければ多いほど推定の
精度が良くなることがわかる．

4.3.2　平均の区間推定——母分散が未知のとき
　基本的には母分散が既知の場合と同じ考え方であるが，母分散 σ^2 の値がわ
からない（未知の）ため

$$Z = \frac{\bar{X} - \mu}{\sigma/\sqrt{n}}$$

での変換ができない．つまり $P(-z_\alpha < Z < z_\alpha) = 1 - \alpha$ を用いた信頼区間は
未知パラメータ σ^2 に依存しているからである．そこで Z での変換において，
母分散 σ^2 の代わりに標本分散 S^2 を使うことを考える．つまり

$$T = \frac{\bar{X} - \mu}{S/\sqrt{n}}$$

と変換する．このとき，t は自由度 $m = n - 1$ の t 分布に従うことがわかっている．そこで

$$P(-t_\alpha(m) < T < t_\alpha(m)) = 1 - \alpha$$

になるように $t_\alpha(m)$ を求めると，確率の ( ) の中身は母分散が既知の場合と同様に

$$-t_\alpha(m) < \frac{\bar{X} - \mu}{S/\sqrt{n}} < t_\alpha(m)$$

$$\Leftrightarrow \quad \bar{X} - t_\alpha(m) \times \frac{S}{\sqrt{n}} < \mu < \bar{X} + t_\alpha(m) \times \frac{S}{\sqrt{n}}$$

と変形できるので，$[\bar{X} - t_\alpha(m) \cdot S/\sqrt{n},\ \bar{X} + t_\alpha(m) \cdot S/\sqrt{n}]$ の間に真の平均 μ が入っている確率が $1 - \alpha$ であることを示している．つまり，母分散が未知の場合の母平均 μ の $100(1-\alpha)\%$ 信頼区間は $[\bar{x} - t_\alpha(m) \cdot s/\sqrt{n},\ \bar{x} + t_\alpha(m) \cdot s/\sqrt{n}]$ によって計算できる．

例題 4.1　生後 3 か月の子供の体重増加（g/kg/週）を調べたところ，表 4.1 のようであった．

表 4.1　生後 3 か月の子供の体重増加（g/kg/週）

44	43	46	72	47	47	38	50	46	55
37	57	52	41	42	47	47	71	29	25

これらのデータは正規分布に従うことがわかっている．このとき，平均 μ の 95% 信頼区間を求めよ．

　［解］　$\bar{x} = 46.8$, $s = 11.41$ である．自由度 19 の t 分布の両側 5% 点は 2.093 であり，

$$46.8 - 2.093 \times \frac{11.41}{\sqrt{20}} < \mu < 46.8 + 2.093 \times \frac{11.41}{\sqrt{20}}$$

となる．これから，母平均 μ の 95% 信頼区間 $[41.5, 52.1]$ を得る．

　例題 4.2　赤血球中のヘモグロビンは，酸素を体内の組織に運び，代わりに

二酸化炭素を受け取り，肺まで放出し，再び酸素と結びついて各組織に運ぶ
働きをしている．男性の正常値は 13.0 〜 16.6 g/dl，女性の正常値は 11.4 〜
14.6 g/dl といわれている．いま，生まれて生後 1 日目の新生児のヘモグロビ
ン量 (g/dl) は表 4.2 のようであった．このとき，母平均 μ の 95% 信頼区間を
求めよ．

表 4.2 生後 1 日目の新生児のヘモグロビン量 (g/dl)

25.6	26.0	21.2	20.2	28.4	20.5	22.3	23.8	20.4
20.2	24.7	22.0	21.0	19.7	22.0	20.0	20.0	24.4
19.2	21.2	25.0	25.0	23.2	25.2	23.2	21.2	24.4

［解］ $\bar{x} = 22.59$, $s = 2.39$ である．自由度 26 の t 分布の両側 5% 点は
2.055 であり，

$$22.59 - 2.055 \times \frac{2.39}{\sqrt{26}} < \mu < 22.59 + 2.055 \times \frac{2.39}{\sqrt{26}}$$

となる．これから，母平均 μ の 95% 信頼区間 [21.65, 23.54] を得る．

4.3.3 2 標本の平均の差の区間推定

男女の平均の差などのように，2 つの母集団の平均の差を調べたいことも
ある．ここでは，2 つの母集団がそれぞれ母分散が等しい正規分布 $N(\mu_1, \sigma^2)$,
$N(\mu_2, \sigma^2)$ に従うとき，母平均の差 $\mu_1 - \mu_2$ の区間推定を行うことを考える．

2 つの母集団からそれぞれ大きさ n と m の標本を用いた標本平均を $\bar{X}, \bar{Y}$
とすると，母平均の差 $\mu_1 - \mu_2$ の点推定はそれぞれの標本平均の差 $\bar{X} - \bar{Y}$
で求めることができる．次にこの点推定の値を使って区間推定を求める．正
規分布の和や差は正規分布に従うことから，$\bar{X} - \bar{X}$ も正規分布に従うこと
になる．実際に $\bar{X} - \bar{Y}$ は母平均 $\mu_1 - \mu_2$, 母分散 $\sigma^2/n + \sigma^2/m$ の正規分布
$N(\mu_1 - \mu_2, \sigma^2/n + \sigma^2/m)$ に従うことが理論的にわかっている．そこで母分散
が既知のときは

$$Z = \frac{(\bar{X} - \bar{Y}) - (\mu_1 - \mu_2)}{\sigma\sqrt{\dfrac{1}{n} + \dfrac{1}{m}}}$$

と変換すれば Z が標準正規分布に従うので区間推定を求めることができる。たとえば，99% 信頼区間であれば，

$$P(-2.58 < Z < 2.58) = 0.99$$

であるから，次のような信頼区間を得ることができる。

$$(\bar{x} - \bar{y}) - 2.58 \cdot \sigma\sqrt{\frac{1}{n} + \frac{1}{m}} < \mu < (\bar{x} - \bar{y}) + 2.58 \cdot \sigma\sqrt{\frac{1}{n} + \frac{1}{m}}$$

次に母分散が未知の場合，母分散 σ^2 の代わりに標本分散 S^2 を使うことを考える。しかし標本分散の計算は母集団ごとに S_x^2, S_y^2 と 2 つ計算できてしまう。そこで等分散の条件をもとに共通の母分散の推定量を計算すると

$$S^2 = \frac{1}{(n-1) + (m-1)}\left\{(n-1)S_x^2 + (m-1)S_y^2\right\}$$

と表すことができる。これで母分散の推定量を求めることができたので，Z の変換の代わりに

$$T = \frac{(\bar{X} - \bar{Y}) - (\mu_x - \mu_y)}{S\sqrt{\frac{1}{n} + \frac{1}{m}}}$$

と変換すると t は自由度 $f = (n-1) + (m-1)$ の t 分布に従うことがわかっている。よって

$$P(-t_\alpha(f) < T < t_\alpha(f)) = 1 - \alpha$$

になるように $t_\alpha(f)$ を求め，

$$(\bar{x} - \bar{y}) - t_\alpha(f) \cdot s\sqrt{\frac{1}{n} + \frac{1}{m}} < \mu < (\bar{x} - \bar{y}) + t_\alpha(f) \cdot s\sqrt{\frac{1}{n} + \frac{1}{m}}$$

のような信頼区間を得ることができる。

表 **4.3**　生後 3 か月と生後 5 か月の子供の体重増加（g/kg/週）

生後 3 か月	44	43	46	72	47	47	38	50	46	55
	37	57	52	41	42	47	47	71	29	25
生後 5 か月	23	16	43	14	33	21	18	28	22	35
	27	20	28	24	11	32	21	37	25	30

例題 4.3 生後 3 か月と生後 5 か月の子供の体重増加（g/kg/週）を調べたところ，表 4.3 のようであった．これらのデータは正規分布に従うことがわかっている．このとき，生後 3 か月の子供の体重増加の平均 μ_1 と生後 5 か月の子供の体重増加の平均 μ_2 との差の 95% 信頼区間を求めよ．

［解］ $\bar{x} = 46.8$, $\bar{y} = 25.4$, $s = 9.89$ である．自由度 38 の t 分布の両側 5%点は 2.024 であり，

$$(46.8 - 25.4) - 2.024 \times 9.89\sqrt{\frac{1}{20} + \frac{1}{20}} < \mu_1 - \mu_2 <$$

$$(46.8 - 25.4) + 2.024 \times 9.89\sqrt{\frac{1}{20} + \frac{1}{20}}$$

となる．これから，母平均の差 $\mu_1 - \mu_2$ の 95% 信頼区間 [15.0, 27.7] を得る．

4.3.4 母比率の区間推定

$X_1, X_2, \cdots, X_n$ を，

$$P(X = 1) = p\,, \qquad P(X = 0) = 1 - p$$

のようなベルヌーイ試行からの標本とする．このとき，

$$\hat{p} = \frac{1}{n}\sum_{i=1}^{n} X_i$$

は p の推定値となる．$n\hat{p} = X_1 + \cdots + X_n$ は二項分布 $B(n, p)$ に従うが，n が十分に大きい場合（おおよそ $np > 5$ の場合）には正規分布 $N(np, np(1 - p))$ で近似することができる．したがって，母比率 p の区間推定は平均の区間推定と同様に標準正規分布から

$$P(-z_\alpha < Z < z_\alpha) = 1 - \alpha \,(\text{事前に決めた確率})$$

となる z_α を求め，

$$- z_\alpha < \frac{n\hat{p} - np}{\sqrt{np(1-p)}} < z_\alpha$$

$$\Leftrightarrow \quad \hat{p} - z_\alpha \cdot \sqrt{\frac{p(1-p)}{n}} < \mu < \hat{p} + z_\alpha \cdot \sqrt{\frac{p(1-p)}{n}}$$

とし，信頼区間の中にある母数 p を推定量 $\hat{p}$ で置き換えた

$$\hat{p} - z_\alpha \cdot \sqrt{\frac{\hat{p}(1-\hat{p})}{n}} < \mu < \hat{p} + z_\alpha \cdot \sqrt{\frac{\hat{p}(1-\hat{p})}{n}}$$

が母比率 p の $1 - \alpha\%$ 信頼区間となる.

　例題 4.4　患者 100 人にプラセーボ（偽薬）として乳糖錠を与え，鎮咳効果を調べたところ，33 人に効果が認められた．プラセーボの効果 p の 95% 信頼区間を求めよ.

　［解］　$\hat{p} = 0.33$ であり，分散の近似値は

$$\frac{0.33(1 - 0.33)}{100} = 0.0022$$

である．標準正規分布の両側 5% 点は 1.96 であり，

$$0.33 - 1.96 \times \sqrt{0.0022} < p < 0.33 + 1.96 \times \sqrt{0.0022}$$

となる．これから，母比率 p の 95% 信頼区間 $[0.238, 0.422]$ を得る.

4.3.5　R を使った区間推定の求め方

基本的に必要な計算は正規分布や t 分布の確率計算である．R には基本的な分布の確率が与えられた場合の区間を簡単に計算できる.

・正規分布 $N(\mu, \sigma^2)$ の区間

　$P(Z < z_\alpha) = 1 - \alpha$ となる z_α は `qnorm(1-a, μ, σ)` で与えられる.

　　［例］　標準正規分布 $N(0,1)$ で $P(Z < z_\alpha) = 0.975$ となる z_α は

　　`qnorm(0.975,0,1)` と入力すると 1.959964 であることがわかる.

・自由度 n の t 分布の区間

　$P(T < t_\alpha(m)) = 1 - \alpha$ となる $t_\alpha(m)$ は `qt(1-a,df)` で与えられる.

　　［例］　自由度 5 の t 分布で $P(T < t_\alpha(m)) = 0.90$ となる $t_\alpha(m)$ は

　　`qt(0.90,5)` と入力すると 1.475884 であることがわかる.

例　母集団が母分散 3^2 の正規分布に従うとする．そこから無作為に 10 個のデータが得られ，標本平均が 17.44 だったとする．このとき，母平均 μ の 95% 信頼区間を求める．

母分散が 3^2 と既知なので，z を使って変換すると，

$$z = \frac{\bar{x} - \mu}{\sigma/\sqrt{n}} = \frac{17.44 - \mu}{3/\sqrt{10}}$$

が標準正規分布に従う．次に $P(-z_\alpha < Z < z_\alpha) = 0.95$ を満たす z_α を R を使って求めると，

$$P(Z < z_\alpha) = 0.5 + \frac{0.95}{2} = 0.975 \quad \Rightarrow \quad \texttt{qnorm(0.975,0,1)} = 1.959964$$

となる．注意する点は，R では $P(Z < z_\alpha) = 1 - \alpha$ となる z_α を求める関数であるが，実際に必要な z_α は $P(-z_\alpha < Z < z_\alpha) = 1 - \alpha$ を満たすものである．そこで，確率を $(1 + \alpha)/2$ とする必要がある．

このことから，母平均の 95% 信頼区間は

$$\left[17.44 - 1.959964 \times \frac{3}{\sqrt{10}}, 17.44 + 1.959964 \times \frac{3}{\sqrt{10}}\right]$$
$$\Rightarrow \quad [15.58061, 19.29939]$$

と求められる．R でのプログラムはホームページ（HP）参照．

4.4　生存時間関数の推定

4.4.1　生存時間データとは

生存時間データは，最初に観察を始めてから，死亡や故障などの事象（イベント）が発生するまでの時間（時点）として与えられる．例えば，出生から死亡までの時間，脳卒中や心筋梗塞などの疾患が発生するまで時間，あるいは，疾患を治療してから再発にいたるまでの時間，などである．ある開始時点から，それに続く事象が発生するまでの時間は，**生存時間**とよばれる．

生存時間データを扱う場合，次のような問題が生じる．

(1) 観察開始時間が同等でないことがある.

(2) 途中で観察不能が生じることがある.

(3) ある一定期間で観察を中止し, 結論を出す必要がある.

観察の途中で転居や, 試験参加の拒否などで観察不能になるデータは, 打ち切り（センサリング）とよばれる. 生存時間データの例として, 4人の患者にある治療法を行い, 治療開始からある時点までの死亡を観察した表4.4のデータを考える.

表 **4.4** 患者の生存時間

患者番号	生存時間（年）
1	1
2	2
3	4*
4	5

生存時間の欄に書かれている数字, 例えば2は, 2年生存して, その後に死亡したことを意味しているが, * がついているものは, 観察不能が生ずるまでの時間を表していて, 打ち切りを意味している.

事象が観察されるまでの時間, すなわち, 生存時間を T と表す. このとき, T は非負値確率変数で, その分布関数を

$$F(t) = P(T \le t) = \int_{-\infty}^{t} f(u)du$$

とする. ここに, $f(t)$ は T の確率密度関数である.

生存時間解析においては, ある個人がある時点 t を越えて生存する確率に関心がある. これは生存時間の分布において, T が時点 t より大きい確率 $S(t)$ であって

$$S(t) = P(T > t) = 1 - F(t)$$

と表される. $S(t)$ は**生存時間関数**とよばれ, そのグラフは生存曲線とよばれる. 生存期間 T に関する情報は, 生存時間関数 $S(t) = P(T > t)$ で示される.

4.4.2 カプラン・マイヤー法

生存時間関数を推定する方法の 1 つとして**カプラン・マイヤー法**があるが,その方法を表 4.4 の例で示してみよう.この場合,打ち切り標本があるので,それについての対処が必要となる.ゼロ時点に死亡した患者はいないので$\hat{S}(0) = 1$ と推定する.そして,この値は次の死亡が生じるまで一定であると考える.次の死亡は $t = 1$ で生じ,その時点における生存確率は確率の乗法定理を利用して求める.まず,時点 $t = 1$ の直前まで生存したという条件のもとで,時点 $t = 1$ における死亡率を

$$q_1 = \frac{(\text{時点 } t = 1 \text{ における死亡数})}{(\text{時点 } t = 1 \text{ の直前まで生存していた患者数})} = \frac{1}{4}$$

と推定する.次に,ある患者が $t = 1$ の直前まで生存する事象を A とし,その患者が時点 $t = 1$ において生存している事象を B とする.このとき,患者が $t = 1$ より長く生存する確率は

$$S(1) = P(T > 1) = P(A \cap B) = P(A)P(B|A)$$

と表すことができる.この関係を利用して,$S(1)$ を

$$\hat{S}(1) = \hat{S}(0) \times (1 - q_1) = 1 \times (1 - 0.25) = 0.75$$

と推定する.この値は次の死亡が生じる $t = 2$ の直前まで同じとする.以下同様に,時点 $t = 2$ の直前まで生存したという条件のもとで,時点 $t = 2$ における死亡率を

$$q_2 = \frac{(\text{時点 } t = 2 \text{ における死亡数 })}{(\text{時点 } t = 2 \text{ の直前まで生存していた患者数})} = \frac{1}{3}$$

と推定する.さらに,

$$\hat{S}(2) = \hat{S}(1) \cdot \left(1 - \frac{1}{3}\right) = 0.5$$

と推定する.次に死亡が生じるのは,$t = 4$ で打ち切りがあるがこれは死亡であるとはみなさないで,$t = 5$ と考える.時点 $t = 5$ の直前まで生存したという条件のもとで,時点 $t = 5$ における死亡率は

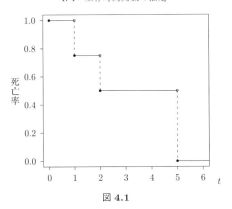

図 **4.1**

$$q_5 = \frac{(\text{時点 } t = 5 \text{ における死亡数})}{(\text{時点 } t = 5 \text{ の直前まで生存していた患者数})} = \frac{1}{1}$$

と推定する．ここでの計算においては，時点 $t = 4$ で打ち切られた患者は，$t = 5$ の直前まで生存していた患者には含めないで計算されることに注意しよう．

$$\hat{S}(5) = \hat{S}(2) \cdot \left(1 - \frac{1}{1}\right) = 0$$

と推定する．$t = 5$ 以降には死亡がないので，$5 \leq t$ において $\hat{S}(t) = 0$ と推定する（図 4.1）．

死亡があった時点で計算される死亡率の推定値 q_1, q_2, q_5 に対して，$1 - q_1$，$1 - q_2, 1 - q_5$ は生存率成分とよばれる．計算過程は表 4.5 のようにまとめられる．

表 **4.5** 表 4.1 のデータに対する生存時間関数の推定

時点	生存率成分	生存時間関数 $\hat{S}(t)$
0	1.000	1.000
1	0.750	0.750
2	0.667	0.500
5	0	0

カプラン・マイヤー推定法は次のように一般化される．死亡があった時点を

$$t_1 < t_2 < \ldots < t_k$$

としよう．時点 t_j における死亡数を d_j とする．時点 t_j の直前まで（t_j を含まない）の生存者数を n_j とする．n_j は時点 t_j におけるリスク集合の大きさとよばれる．このとき，**カプラン・マイヤー推定量** $S(t)$ は次のように定義される．t_1 より小さい t に対しては $S(t) = 1$ であり，

$t_1 \le t < t_2$ のとき;
$$S(t) = \left(1 - \frac{d_1}{n_1}\right),$$

$t_2 \le t < t_3$ のとき;
$$S(t) = \left(1 - \frac{d_1}{n_1}\right) \cdot \left(1 - \frac{d_2}{n_2}\right),$$

$$\vdots$$

$t_{k-1} \le t < t_k$ のとき;
$$S(t) = \left(1 - \frac{d_1}{n_1}\right) \cdot \left(1 - \frac{d_2}{n_2}\right) \cdots \left(1 - \frac{d_{k-1}}{n_{k-1}}\right)$$

とし，$t_k \le t$ のとき $\hat{S}(t) = 0$ とする．なお，打ち切りと死亡が同時点で起きたときには，死亡が先で打ち切りは後で起きたと便宜的に考えて，打ち切りをその時点のリスクの集合に含めることにする．

とくに，$d_j = 1$ $(j = 1, \cdots k)$ で打ち切りがない場合の生存関数は，各死亡時点で $1/k$ だけ減少する階段関数になる．

R でのコマンド

HP 参照．

演　習　問　題

問 4.1 母平均 μ，母分散 σ^2 をもつ母集団に対して，標本分散 $S^2 = \{1/(n-1)\} \cdot \sum_{i=1}^{n}(X_i - \bar{X})^2$ が不偏推定量であることを証明せよ．

問 4.2 確率変数 X が正規分布 $N(\mu, \sigma^2)$ に従うとき，標本 $x_1, \cdots, x_n$ が得られた

ときの尤度関数を書け．また，母平均 μ の最尤推定量が $\bar{X}$ であることを証明せよ．

問 4.3 母集団が母分散 $(2.50)^2$ の正規分布に従うとき，7 つのデータ

$$10, 15, 17, 16, 16, 13, 11$$

が与えられたときの，標本平均を計算し，母平均 μ の 95% 信頼区間を求めよ．

問 4.4 ある薬を患者 100 人に投与したところ，40 人に効果が認められた．薬の効果の割合が確率 p のベルヌーイ試行であると仮定したとき，効果の割合に対する 99% 信頼区間を求めよ．

問 4.5 4 人の患者の生存時間が表 4.6 のように与えられているとしよう．

表 4.6 患者の生存時間

患者番号	生存時間
1	1
2	2
3	2
4	5

カプラン・マイヤー法によって生存時間関数を推定し，生存曲線を描け．

問 4.6 （1） 表 4.1 のデータにおいて，死亡があった時点を

$$t_1 < t_2 < \ldots < t_k$$

とし，時点 t_j における死亡数を d_j とする．また，時点 t_j の直前まで（t_j を含まない）の生存者数（時点 t_j におけるリスク集合の大きさ）を n_j とする．これらの組 (t_j, d_j, n_j) をすべて求めよ．この結果から，カプラン・マイヤー法による生存時間関数を与えよ．

（2） $d_j = 1$ $(j = 1, \cdots, k)$ のときの生存曲線を描け．

5

検　　　　定

　本章では，統計的推測の1つの方法である仮説検定がどのような考え方に
もとづいて行われるのかを述べ，検定の手順と検定方式について説明する．ま
た，いくつかの代表的な検定の手法について紹介する．

5.1　仮説検定の考え方

5.1.1　仮説検定とは

　新しく開発された薬Aの薬効持続時間が従来の薬と比べて長くなったかど
うかを調べるため，10人の患者に対して臨床実験を行ったところ，次のデー
タを得た．

$$100, \quad 107, \quad 98, \quad 103, \quad 111, \quad 95, \quad 100, \quad 105, \quad 103, \quad 108$$

　従来の薬の薬効時間は，これまでの大量のデータと経験から，平均100，標
準偏差5の正規分布に従うことがわかっている．

　新薬Aに関するデータから，平均値 $\bar{x} = 103$，標準偏差 $s = 4.9$ と計算する
ことができる．従来の薬と比べて，平均はやや大きくなっている．薬は改良さ
れたと結論づけることができるであろうか．確かに，この10人については効
用が認められた．しかし，さらに多くの患者あるいは薬を投与するすべての患
者に対して，同様の結果が得られるであろうか．つまり，本当に差があってそ
のような結果が得られたのか，それとも10人についての差はよく起こりうる
程度のもの，すなわち観測誤差の範囲内なのか，意見が分かれるところであろ
う．ここに，ある客観的な基準にもとづいて効果の有無を判定する必要が生じ

る. そこで, われわれは「新薬 A の薬効時間は従来のものと同じである」という仮説をたて, その仮説を否定するか否かを確率を用いて判断する. このような方法を**仮説検定**という.

実際には, 母集団に想定した母集団分布のパラメータ θ に関する仮説をたて, 無作為標本により, この仮説の真偽を標本分布を用いて判定する. 問題の状況に応じた種々のパラメータについての仮説や一部のパラメータの値が既知であるか未知であるか, あるいは母集団分布の形状により, さまざまな仮説検定が考えられる.

さて, 冒頭に示した問題設定における仮説検定は以下の手順で実行される. いま, 母集団分布のパラメータに関する仮説はその平均 μ に関する仮説と考えられる. 新薬 A と従来の薬効時間は同じであるという仮説は $\mu = 100$ とおくことができ, これが検定したい仮説となる. 通常, この仮説は当事者が疑わしいと思っている内容をおくものである. つまり初めから捨てるつもりでたてる仮説である. この仮説のことを, 無に帰する意図でたてる仮説の意味で**帰無仮説**とよび, 記号 H_0 で表す. 帰無仮説とは新薬 A の持続時間は従来のものよりも長いというわれわれが主張したいことを否定してたてる仮説といえる. 一方, 新薬 A の方が持続時間が長いというわれわれが主張したい仮説, すなわち $\mu > 100$ を**対立仮説**とよび, 記号 H_1 で表す. したがって, この仮説検定では

$$H_0 \ : \ \mu = 100, \qquad H_1 \ : \ \mu > 100$$

の 2 種類の仮説についての真偽を判定する問題に帰着される. 対立仮説は, 当該パラメータに関する情報を考慮に入れることによりいくつかの形式が考えられる. このことは, 5.1.3 項で述べることにする.

では, 帰無仮説が真であるとき, 得られた標本がどの程度の確率で出現するであろうか. われわれは母集団分布 $N(\mu,\sigma^2)$ からの大きさ n の標本 $X_1, X_2, \cdots, X_n$ にもとづく標本平均 $\bar{X}$ の分布は $N(\mu,\sigma^2/n)$ であることを知っている. いま, 標準偏差に関しては従来のものと新薬とでは変化がないと仮定すると, 新薬に関する母集団分布は $N(100,5^2)$ となるから, 大きさ 10 にもとづく標本平均 $\bar{X}$ の分布は $N(100,5^2/10)$ となる.

この事実を用いて，標本平均 $\bar{X}$ がデータの平均値 103 以上となる確率は，Z を標準正規分布に従う確率変数として

$$P(\bar{X} \geq 103) = P\left(\frac{\bar{X} - 100}{5/\sqrt{10}} \geq \frac{103 - 100}{5/\sqrt{10}}\right) = P(Z \geq 1.90)$$

により求めることができる．正規分布表によると，この値は 0.0287 (= 2.87%) となる．確率は非常に小さいことがわかる．つまり，帰無仮説が真のときに，同じような実験を 100 回くり返したとすると，平均値が 103 以上となることが平均約 3 回しか起こらないことを意味している．このことがたった 1 回の実験で起こったのであるから，めったに起こらないことが起こったことになる．この場合，帰無仮説が正しくてめったに起こらないことがたまたま偶然に起こったと考えるよりも，帰無仮説は正しくなかったと判定し，仮説を否定するという立場をとる．統計学では**仮説を棄却する**といういい方をする．つまり，母集団に関してたてた仮説 $\mu = 100$ は正しくなかったとみなし，この仮説を棄却して $\mu > 100$ であると結論づける．このことは帰無仮説を棄却したとき，対立仮説を採択することを意味する．では，標本が非常に小さい確率で生じたとは考えられないならばどのように判断したらよいであろうか．この場合，われわれは帰無仮説を棄却できないので，結論を保留あるいは帰無仮説をとりあえずは容認しておくという消極的な立場をとる．このことは帰無仮説が正しいことを意味するものではない．したがって，仮説検定の特徴は，帰無仮説が棄却されたときに初めて積極的に何かを主張することができるということになる．

以上を整理すると，次のようになる．一般に母集団（母集団分布の母数 θ）についてある仮説（帰無仮説）をたてる．母集団からの無作為標本にもとづく結果が，帰無仮説を真としたときに，どの程度の確率で起こるかを統計量の分布（標本分布）を用いて調べる．確率がきわめて小さいときには帰無仮説を棄却する．このとき，帰無仮説とは反対の仮説（対立仮説）を結論とする．一方，確率が小さいとはいえないときは帰無仮説を棄却せず，帰無仮説をとりあえず容認するという立場をとる．

5.1.2　有　意　水　準

仮説検定では得られた標本値が生じる確率の大小によって，帰無仮説を棄却するかしないかを判定することがわかった．では，帰無仮説のもとで生じる確率がどの程度小さいときに帰無仮説を棄却すべきであろうか．ここに帰無仮説を棄却する確率の基準が必要となる．この基準として通例 0.05（= 5%）あるいは 0.01（= 1%）が用いられており，これを**有意水準**あるいは**危険率**とよんでいる．

有意水準 5% で検定する場合，帰無仮説のもとで起こる確率が 0.05 より小さければ帰無仮説は棄却でき，0.05 より大きければ帰無仮説は棄却できないということになる．例えば，$P(\bar{X} \geq 103) = 0.0287 < 0.05$ であるから，帰無仮説は有意水準 5% で棄却されるが，0.0287 > 0.01 であるので，有意水準 1% では棄却されないということになる．

有意水準とは，本当は帰無仮説が正しいにもかかわらず帰無仮説を棄却してしまう可能性を表す．例えば，有意水準 5% とは 100 回に 5 回すなわち 20 回に 1 回ぐらいの割合で，本当は帰無仮説が真であるにもかかわらず，その仮説を棄却するという誤った判断をしてしまうことを意味する．

5.1.3　棄却域と検出力

仮説検定では母集団分布の母数 θ に関して，帰無仮説を設定する．この仮説を棄却するかしないかを決める基準となるものが有意水準 α であった．この確率 α に対応する観測値の領域を**棄却域**とよぶ．われわれは大きさ n の標本から計算した統計量の値が棄却域に含まれるとき，帰無仮説を棄却することになる．この棄却域の設定が仮説検定では重要な役割をはたす．一般に，母数 θ の仮説検定に適切な統計量 $\hat{\theta}$ の確率分布に対して $P(\hat{\theta} \in D) = \alpha$ となる領域 D が棄却域となる．ただし，α は有意水準である．

例えば，平均 μ に関する仮説検定に用いる統計量（以下，**検定統計量**）は，標本平均 $\bar{X}$ をその平均 μ と標準偏差 $\sigma/\sqrt{n}$ で標準化した統計量

$$Z = \frac{\bar{X} - \mu}{\sigma/\sqrt{n}}$$

である．5.1.1 項の例では，$\alpha = 0.05$ を有意水準として $P(Z > a) = 0.05$

となる a の値は正規分布表から $a = 1.64$ であることがわかるから，有意水準 5% の棄却域は $D : Z > 1.64$ で与えられる．また，$a = 1.64$ のとき，$\bar{X}$ の値は

$$100 + 1.64 \times \frac{5}{\sqrt{10}} = 102.6$$

となるから，棄却域は $D : \bar{X} > 102.6$ と表現することもできる．

　この棄却域の設定は仮説検定における判定の誤りと密接な関係がある．われわれは確率を用いて帰無仮説を棄却するかしないかを判定することになるので，下される判定が正しい場合と正しくない場合が考えられる．このことを表にしてまとめると次のようになる．

	H_0 を棄却しない	H_0 を棄却する
H_0 が真	正しい判定	誤った判定（第 1 種の誤り）
H_1 が真	誤った判定（第 2 種の誤り）	正しい判定

　仮説検定では 2 種類の誤りをおかす可能性がある．1 つは帰無仮説 H_0 が真であるのに，H_0 を棄却してしまう誤りで，もう 1 つは対立仮説 H_1 が真であるのに，H_0 を棄却しない誤りである．前者を第 1 種の誤り，後者を第 2 種の誤りという．第 1 種の誤りをおかす確率が有意水準である．したがって，検定法としてはこの 2 種類の誤りをおかす確率ができるだけ小さくなるようなものが望ましいということになる．われわれはこの 2 種類の誤りを同時に小さくすることは不可能であるので，第 1 種の誤りの確率すなわち有意水準 α の中で，第 2 種の誤りをおかす確率を小さくするような検定方式を定めることになる．1 から第 2 種の誤りをおかす確率を引いた値を**検出力**あるいは**検定力**という．これは，対立仮説の方の正当性を検出する確率を与えることになるので，検出力の大きな検定方式が望ましい．最良な検定を見出す方法として，ネイマン・ピアソンの定理が知られている．この詳細と適用例は 5.8 節で述べる．

　一般に，対立仮説についての知識を利用することによって，検出力を高めるより信頼性の高い仮説検定を行うことができる．

　例えば，母数 θ がある値 θ_0 よりも小さくなることはないことを事前に知っているならば，対立仮説は $\theta > \theta_0$ となる．このとき，棄却域は帰無仮説のも

とでの検定統計量の分布の右側（右裾）だけを考えて設定すればよい。また，θ がある値 θ_0 よりも大きくなることはないことを事前に知っているならば対立仮説は $\theta < \theta_0$ となる。このとき，棄却域は検定統計量の分布の左側（左裾）だけを考えて設定すればよい。このように，対立仮説が片側の不等式によって表現され，棄却域が分布の片方の側に設定される検定方式を**片側検定**という。特に前者の方式を**右片側検定**，後者の方式を**左片側検定**とよぶ。また，母数 θ について何の情報もないならば対立仮説は $\theta \neq \theta_0$ となり，この場合の棄却域は検定統計量の分布の両側に設定することになる。棄却域が分布の両方の側に設定される検定方式を**両側検定**という。以上の検定方式に関する理論的背景は 5.8 節および 5.9 節で述べる。

5.1.4 p 値

仮説検定では帰無仮説のもとでの検定統計量の分布に有意水準 α の棄却域を設定し，観測値から計算した統計量の値 z_0 が棄却域に入るか否かで帰無仮説を棄却するかしないかを判定する。薬効持続時間の例では，有意水準 5% の場合，棄却域は $Z > 1.64$，検定統計量の値は $z_0 = 1.90$ であるので，帰無仮説は有意水準 5% で棄却される。

帰無仮説を棄却するかしないかを判断するもう 1 つの尺度として p 値がある。**p 値**とは，帰無仮説のもとでデータから計算した検定統計量の値より，まれな値が出現する確率（薬効持続時間の例では $P(Z > 1.90)$）を計算したもので，p 値が有意水準よりも小さければ帰無仮説は棄却され，大きければ帰無仮説は棄却されないということになる。

例えば，5.1.1 項で述べたように，帰無仮説 $H_0 : \mu = 100$ のもとで，標本平均 $\bar{X}$ がデータから計算した薬効持続時間の平均値 103 以上である確率を求めた $P(\bar{X} \geq 103) = 0.0287$ が p 値である。このとき，p 値は 0.05 より小さいので，帰無仮説は有意水準 5% で棄却される。また，0.01 より大きいので，帰無仮説は有意水準 1% で棄却されない。

p 値は有意水準と比較しやすく，多くの統計ソフトでは分析結果のひとつとして p 値が出力される。

5.2　平 均 の 検 定

本節では具体的な検定問題として，正規母集団の平均に関する仮説検定について述べる．

5.2.1　平均の検定——分散既知の場合

母集団に正規分布 $N(\mu, \sigma^2)$ を仮定し，$X_1, X_2, \cdots, X_n$ を $N(\mu, \sigma^2)$ からの大きさ n の標本とする．ただし，分散 σ^2 の値はわかっているものとする．このように，分散の値が既知であることを明確にするため，$\sigma^2 = \sigma_0^2$ とおく．

平均 μ に関する検定問題として，μ がある与えられた値 μ_0 より大きいかどうかを判定する問題

$$H_0 \,:\, \mu = \mu_0, \qquad H_1 \,:\, \mu > \mu_0$$

を考える．

大きさ n の標本 $X_1, X_2, \cdots, X_n$ にもとづく標本平均 $\bar{X}$ は帰無仮説のもとで $N(\mu_0, \sigma_0^2/n)$ に従うから，$\bar{X}$ を標準化した統計量

$$Z = \frac{\bar{X} - \mu_0}{\sigma_0/\sqrt{n}} \tag{5.1}$$

は標準正規分布 $N(0,1)$ に従うことがわかる．右片側検定では，統計量 Z の分布の右側に棄却域を設定する．正規分布表から $P(Z > 1.64) = 0.05$ であるから，有意水準 5% の棄却域は $D : Z > 1.64$ となる．

このことから，統計量 Z の実現値（観測値から求めた統計量の値）

$$z_0 = \frac{\bar{x} - \mu_0}{\sigma_0/\sqrt{n}}$$

が棄却域 D に含まれるならば帰無仮説を棄却し，含まれなければ帰無仮説を棄却しないということになる．

同様の考え方により，μ がある与えられた値 μ_0 より小さいかどうかを判定する問題

$$H_0 \ : \ \mu = \mu_0, \qquad H_1 \ : \ \mu < \mu_0$$

は左片側検定であるから，有意水準 5% の棄却域は統計量 Z の分布の左側の領域 $D : Z < -1.64$ で与えられる．

また，μ は μ_0 と等しいか否かを問題とし，その大小を問わない検定問題

$$H_0 \ : \ \mu = \mu_0, \qquad H_1 \ : \ \mu \neq \mu_0$$

は両側検定であり，有意水準 5% の棄却域は統計量 Z の分布の両側に設定する．正規分布表から $P(Z < -1.96, \ 1.96 < Z) = 0.05$ であることがわかるから，棄却域は $D : Z < -1.96, \ 1.96 < Z$ となる．

一般に，z_α を標準正規分布の両側 $100 \times \alpha$ パーセント点（以下 $100\alpha\%$ 点），すなわち

$$P(Z < -z_\alpha, \ z_\alpha < Z) = \alpha$$

を満たす値とすると，$z_{0.05} = 1.96$ である．

例題 5.1　20 歳の日本人女性の身長は平均 158.0 (cm)，分散 5.0^2 (cm^2) の正規分布に従うことがわかっている．ある大学の 20 歳の女子学生 15 人を無作為に抽出して身長を測定したところ，標本平均 $\bar{x} = 160.7$ であった．この大学の 20 歳の女子学生の身長の分布は正規分布で，分散も 5.0^2 であると考えてよいとするとき，女子学生の身長の平均 μ は日本人女性の身長の平均 158.0 と異なるといえるか，有意水準 5% で検定せよ．

[**解**]　この大学の 20 歳の女子学生の身長の平均 μ が 158.0 と異なるかどうかを判定する両側検定問題

$$H_0 \ : \ \mu = 158.0, \qquad H_1 \ : \ \mu \neq 158.0$$

を考えればよい．検定統計量 $Z = (\bar{X} - \mu_0)/(\sigma_0/\sqrt{n})$ の値 z_0 を求めると，

$$z_0 = \frac{160.7 - 158.0}{5.0/\sqrt{10}} = 1.71$$

となる．棄却域は $D : Z < -1.96, \ 1.96 < Z$ であるから，z_0 は棄却域 D に含まれない（$z_0 \notin D$）．よって，帰無仮説は有意水準 5% で棄却されない．し

たがって，μ は 158.0 と容認する．

5.2.2 平均の検定——分散未知の場合

$X_1, X_2, \cdots, X_n$ を正規母集団 $N(\mu, \sigma^2)$ からの大きさ n の標本とする．ただし，分散 σ^2 の値は未知であるとする．

いま，σ^2 の値は未知であるから，分散既知の場合に用いた（5.1）式は利用できない．そこで，σ^2 の代わりに，その推定量である標本分散

$$S^2 = \frac{1}{n-1} \sum_{i=1}^{n} (X_i - \bar{X})^2$$

を用いる．このとき，平均 μ の検定に用いる検定統計量は，Z の代わりに

$$t = \frac{\bar{X} - \mu_0}{\sqrt{S^2/n}}$$

を考えることになる．この統計量 t は自由度 $n-1$ の t 分布に従うことが知られている．

検定問題

$$H_0 : \mu = \mu_0, \qquad H_1 : \mu > \mu_0$$

に対する有意水準 5% の棄却域 D は，例えば $n = 10$ のとき，t 分布の自由度は 9 となり，t 分布表から $P(t > 1.833) = 0.05$ であることがわかるから，$D : t > 1.833$ となる．

同様に，検定問題

$$H_0 : \mu = \mu_0, \qquad H_1 : \mu < \mu_0$$

$$H_0 : \mu = \mu_0, \qquad H_1 : \mu \neq \mu_0$$

に対する有意水準 5% の棄却域は，$n = 10$ のとき，それぞれ $D : t < -1.833$，$D : t < -2.262, 2.262 < t$ で与えられる．

一般に，$t_m(\alpha)$ を自由度 m の t 分布の両側 100α% 点，すなわち

$$P(t < -t_m(\alpha),\ t_m(\alpha) < t) = \alpha$$

を満たす値とすると，$t_9(0.05) = 2.262$ である．

　また，有意水準 5% の片側検定におけるパーセント点を求めるときは，t 分布表の中で，両側で確率 10%($= 0.1$) のところをみることにより，片側で確率 5%($= 0.05$) となる値が得られることに注意する．つまり，$t_9(0.1) = 1.833$ となる．

例題 5.2　生後 4 日目の新生児のヘモグロビン量 (g/dl) は表 5.1 のようであった．このとき，成人のヘモグロビン量の平均は 14.8 といわれている．いま，4 日目の新生児の平均を μ としたとき，

$$H_0\ :\ \mu = 14.8, \qquad H_1\ :\ \mu > 14.8$$

を有意水準 5% で検定せよ．

表 5.1　生後 4 日目の新生児のヘモグロビン量 (g/dl)

22.0	25.6	19.2	20.2	19.6	19.6	25.0	22.0	28.4
23.2	22.0	18.4	19.2	20.8	20.0	18.6	13.5	18.4
22.4	18.6	17.6	20.2	20.8	21.2	24.4	24.2	23.6

　[解]　$\bar{x} = 21.06$，$s^2 = 9.07$ である．検定統計量 t の値は

$$t = \frac{21.06 - 14.8}{\sqrt{9.07/27}} = 10.80$$

となる．自由度 26 の t 分布の片側 5% 点は 1.706 であり，t の値が 1.706 より大きいときは有意水準 5% で棄却することになる．この場合の t 値 10.80 は 1.706 よりはるかに大きいので，帰無仮説は有意水準 5% で棄却される．つまり，生後 4 日目の新生児のヘモグロビン量は成人のヘモグロビン量の平均より大きいといえる．

例題 5.3　早産で生まれた子供 10 人を抽出して，生後 3 か月の子供の体重増加を調べたところ，表 5.2 のようであった．月を満ちて生まれた子供の体重増加は平均 48 g である．このとき，

$$H_0 \ : \ \mu = 48, \qquad H_1 \ : \ \mu \neq 48$$

を有意水準 5% で検定せよ.

表 5.2　生後 3 か月の早産の子供の体重増加（g/kg/週）

49	34	87	58	61	57	72	86	57	72

［解］　$\bar{x} = 63.3$, $s^2 = 267.12$ である.検定統計量 t の値は

$$t = \frac{63.3 - 48}{\sqrt{267.12/10}} = 2.96$$

となる.自由度 9 の t 分布の両側 5% 点は 2.262 であり,t の値が 2.262 より大きいか,-2.262 より小さいときは有意水準 5% で棄却することになる.この場合の t 値 2.96 は 2.262 より大きいので,帰無仮説は有意水準 5% で棄却される.つまり,早産で生まれた子供と月を満ちて生まれた子供の生後 3 か月の体重増加は等しくないといえる.

5.3　分　散　の　検　定

本節では正規母集団の分散に関する仮説検定を述べる.分散とはデータあるいは確率分布の散らばりを表す尺度であった.分散の仮説検定は,例えば工場で製造されたある部品の重さに大きなばらつきがあるかどうかを検証する場合などに用いられ,機械に異常があるかどうかを判断するうえで,品質管理においても重要な検定といえる.

$X_1, X_2, \cdots, X_n$ を正規母集団 $N(\mu, \sigma^2)$ からの大きさ n の標本とする.ただし,μ, σ^2 はともに未知とする.いま,母集団の分散 σ^2 に関する推測に関心がある.σ^2 の推測には,標本分散 $S^2 = \sum_{i=1}^{n}(X_i - \bar{X})^2/(n-1)$ に対して $(n-1)S^2$ を σ^2 で割った統計量 $\chi^2 = (n-1)S^2/\sigma^2$ が用いられる.この統計量 χ^2 は自由度 $n-1$ のカイ 2 乗分布に従うことが知られている.

分散 σ^2 の検定問題として,σ^2 がある与えられた値 σ_0^2 より大きいかどうかを判定する問題

$$H_0 \; : \; \sigma^2 = \sigma_0^2, \qquad H_1 \; : \; \sigma^2 > \sigma_0^2$$

を考える．これは右片側検定であるから，カイ2乗分布の右裾に棄却域を構成することになる．例えば，$n = 20$ のとき，カイ2乗分布の自由度は19であり，カイ2乗分布表から $P(\chi^2 > 30.14) = 0.05$ となる．したがって，有意水準5%の棄却域は $D : \chi^2 > 30.14$ となる．一般に，$\chi_\alpha^2(m)$ を自由度 m のカイ2乗分布の上側 100α% 点，すなわち，$P(\chi^2 > \chi_\alpha^2(m)) = \alpha$ を満たす点とすると，$\chi_{0.05}^2(19) = 30.14$ と書ける．カイ2乗分布表は，このように分布の上側確率を与える点として与えられている．よって，左片側検定問題

$$H_0 \; : \; \sigma^2 = \sigma_0^2, \qquad H_1 \; : \; \sigma^2 < \sigma_0^2$$

に対する有意水準 α の棄却域は，一般に $\chi_{1-\alpha}^2(m)$ を $P(\chi^2 > \chi_{1-\alpha}^2(m)) = 1 - \alpha$ を満たす点として，$D : (0 <) \chi^2 < \chi_{1-\alpha}^2(m)$ で与えられる．例えば，左片側検定における $n = 20$ のときの有意水準5%の棄却域は，カイ2乗分布表で確率 $0.95 \, (= 1 - 0.05)$ のところをみることにより，分布の左片側で5% $(=0.05)$ となる値が得られ，$\chi_{0.95}^2(19) = 10.12$ より，$D : (0 <) \chi^2 < 10.12$ で与えられる．

同様に両側検定問題

$$H_0 \; : \; \sigma^2 = \sigma_0^2, \qquad H_1 \; : \; \sigma^2 \neq \sigma_0^2$$

に対する有意水準 α の棄却域は両側に裾確率 $\alpha/2$ をとることにより，$D : (0 <) \chi^2 < \chi_{1-\alpha/2}^2(m), \; \chi_{\alpha/2}^2(m) < \chi^2$ で与えられる．

例題 5.4 生後4日目の新生児のヘモグロビン量 (g/dl)（表 5.1）に対して，成人のヘモグロビン量の分散は 1.4 といわれている．いま，4日目の新生児の分散を σ^2 としたとき，

$$H_0 \; : \; \sigma^2 = 1.4, \qquad H_1 \; : \; \sigma^2 \neq 1.4$$

を有意水準5%で検定せよ．

［解］ $s^2 = 9.07$ であるから，検定統計量 χ^2 の値は

$$\chi^2 = (27 - 1) \times \frac{9.07}{1.4} = 168.44$$

となる．自由度 26 の χ^2 分布の下側 2.5% 点は 13.84 であり，上側 2.5% 点は
41.92 である．χ^2 の値が 13.84 より小さいか，41.92 より大きいときは有意水
準 5% で棄却することになる．この場合の χ^2 値 168.44 は 41.92 よりはるか
に大きいので，帰無仮説は有意水準 5% で棄却される．つまり，生後 4 日目
の新生児のヘモグロビン量の分散は成人のヘモグロビン量の分散と異なるとい
える．

5.4 平均の差の検定

5.4.1 対応のある標本の場合

入浴後の血圧値と安静時の血圧値，血圧降下剤の投与前と投与後，レッスン
前とレッスン後のボウリングのスコアのように，同一個体から得られた 2 組
の標本に対する平均の差の検定について考える．2 つの平均の間に差があるか
どうかを検定する場合，対になったデータの差の分布が正規分布 $N(\mu, \sigma^2)$ に
従うと仮定すると，差がないということは $\mu = 0$ であることを意味するから，

$$H_0 : \mu = 0, \qquad H_1 : \mu \neq 0$$

の検定問題に帰着されることがわかる．したがって，1 標本の平均の検定と同
じように棄却域の設定を行えばよい．

例題 5.5　新生児 10 人を抽出して，生後 4 日目と生後 1 か月のヘモグロビ
ン量 (g/dl) を調べたところ，表 5.3 のようであった．いま，生後 4 日目と生
後 1 か月の差の平均を μ としたとき，

$$H_0 : \mu = 0, \qquad H_1 : \mu \neq 0$$

を有意水準 5% で検定せよ．

　[**解**]　それぞれの新生児の生後 4 日目と生後 1 か月のヘモグロビン量の差は

$$7.7, \ 8.3, \ 9.9, \ 13.2, \ 9.4, \ 4.0, \ 5.4, \ 7.3, \ 11.6, \ 8.8$$

であるので，$\bar{x} = 8.56, s^2 = 7.39$ である．検定統計量 t の値は

表 **5.3** 生後 4 日目と生後 1 か月の新生児のヘモグロビン量 (g/dl)

生後 4 日目	25.6	19.6	22.0	28.4	23.2	17.2	18.6	20.2	24.4	24.2
生後 1 か月	17.9	11.3	12.1	15.2	13.8	13.2	13.2	12.9	12.8	15.4

$$t = \frac{8.56}{\sqrt{7.39/10}} = 9.96$$

となる．自由度 9 の t 分布の両側 5% 点は 2.262 であり，t の値が 2.262 より大きいか，-2.262 より小さいときは有意水準 5% で棄却することになる．この場合の t 値 9.96 は 2.262 よりはるかに大きいので，帰無仮説は有意水準 5% で棄却される．つまり，生後 4 日目と生後 1 か月のヘモグロビン量の平均は異なるといえる．

5.4.2 対応のない標本の場合

同じような特性をもつデータであるが，異なる 2 組の集団から得られた標本に対する平均の差の検定は，それぞれの標本が 2 つの正規母集団から抽出されたとみなすことにより行うことができる．すなわち，2 つの母集団分布を $N(\mu_1, \sigma_1^2)$, $N(\mu_2, \sigma_2^2)$ とし，$X_1, X_2, \cdots, X_m$ を $N(\mu_1, \sigma_1^2)$ からの大きさ m の標本，$Y_1, Y_2, \cdots, Y_n$ を $N(\mu_2, \sigma_2^2)$ からの大きさ n の標本とする．また，それぞれの標本平均，標本分散を $\bar{X}$, S_1^2 および $\bar{Y}$, S_2^2 とする．いま，2 つの平均 μ_1, μ_2 の間に差があるかどうかを検定したい．このとき，検定問題は

$$H_0 \,:\, \mu_1 = \mu_2, \qquad H_1 \,:\, \mu_1 \neq \mu_2$$

となる．このタイプの検定問題は次の 3 つの場合が考えられる．

(1) σ_1^2 と σ_2^2 がともに既知の場合

(2) σ_1^2 と σ_2^2 がともに未知であるが，$\sigma_1^2 = \sigma_2^2$ が仮定できる場合

(3) σ_1^2 と σ_2^2 がともに未知であり，$\sigma_1^2 = \sigma_2^2$ が仮定できない場合

ここでは (1), (2) の場合について考える．

σ_1^2 と σ_2^2 がともに既知の場合

標本平均 $\bar{X}$ の分布は $N(\mu_1, \sigma_1^2/m)$, $\bar{Y}$ の分布は $N(\mu_2, \sigma_2^2/n)$ であり，σ_1^2 と σ_2^2 がともに既知であるから，正規分布の再生性より，$\bar{X}$ と $\bar{Y}$ の差 $\bar{X} - \bar{Y}$

は正規分布 $N(\mu_1 - \mu_2, \sigma_1^2/m + \sigma_2^2/n)$ に従うことがわかる．したがって，検定統計量は $\bar{X} - \bar{Y}$ を標準化した統計量

$$Z = \frac{(\bar{X} - \bar{Y}) - (\mu_1 - \mu_2)}{\sqrt{\dfrac{\sigma_1^2}{m} + \dfrac{\sigma_2^2}{n}}} \tag{5.2}$$

となる．ここで，帰無仮説 $H_0 : \mu_1 = \mu_2$ が真のとき，$\mu_1 - \mu_2 = 0$ となることに注意する．Z は標準正規分布 $N(0,1)$ に従うことを利用して，検定の棄却域を設定することができる．

σ_1^2 と σ_2^2 がともに未知であるが，$\sigma_1^2 = \sigma_2^2$ が仮定できる場合

2つの正規母集団の分散 σ_1^2 と σ_2^2 は等しいと仮定できるとき，$\sigma_1^2 = \sigma_2^2 = \sigma^2$ とおくことができる．分散の値は未知であるので，分散が既知の場合に用いた（5.2）式は利用できない．そこで，σ^2 の代わりに，2つの標本分散 S_1^2 と S_2^2 をあわせた統計量

$$\begin{aligned} S^2 &= \frac{(m-1)S_1^2 + (n-1)S_2^2}{m+n-2} \\ &= \frac{1}{m+n-2}\left\{\sum_{i=1}^{m}(X_i - \bar{X})^2 + \sum_{i=1}^{n}(Y_i - \bar{Y})^2\right\} \end{aligned} \tag{5.3}$$

を用いる．S^2 は分散 σ^2 の不偏推定量であることが示される．このとき，検定統計量は Z の代わりに

$$t = \frac{\bar{X} - \bar{Y}}{\sqrt{\left(\dfrac{1}{m} + \dfrac{1}{n}\right)S^2}}$$

を考える．この統計量 t が自由度 $m+n-2$ の t 分布に従うことを利用して，1標本の平均の検定と同様に棄却域の設定ができる．

（2）の検定法を用いるためには，等分散の仮定 $\sigma_1^2 = \sigma_2^2$ を満たしていることが前提となる．このことが不明な場合には，等分散検定により $\sigma_1^2 = \sigma_2^2$ とみなしてよいかどうかを判定する必要がある．

等分散検定

2つの正規分布 $N(\mu_1, \sigma_1^2)$, $N(\mu_2, \sigma_2^2)$ における分散 σ_1^2, σ_2^2 についての検定問題

$$H_0 \,:\, \sigma_1^2 = \sigma_2^2, \qquad H_1 \,:\, \sigma_1^2 \neq \sigma_2^2$$

を考える．この検定問題で帰無仮説が棄却されないとき，とりあえず等分散 $\sigma_1^2 = \sigma_2^2$ を認めることにする．

2つの正規分布 $N(\mu_1, \sigma_1^2)$, $N(\mu_2, \sigma_2^2)$ からのそれぞれ大きさ m と n の標本にもとづく標本分散 S_1^2, S_2^2 に関して，$(m-1)S_1^2/\sigma_1^2$ と $(n-1)S_2^2/\sigma_2^2$ はそれぞれ自由度 $m-1$ と自由度 $n-1$ のカイ2乗分布に従うことをすでに学んだ．したがって，帰無仮説 H_0 のもとで，$F = S_1^2/S_2^2$ は自由度 $(m-1, n-1)$ の F 分布に従うことがわかる．

F 分布の性質などから，有意水準 5% の棄却域は，

$$S_1^2 > S_2^2 \text{ ならば } D : S_1^2/S_2^2 > F_{0.025}(m-1, n-1)$$
$$S_2^2 > S_1^2 \text{ ならば } D : S_2^2/S_1^2 > F_{0.025}(n-1, m-1)$$

となることが示される．ここで，一般に $F_{0.025}(n_1, n_2)$ は自由度 (n_1, n_2) の F 分布の上側（右側）2.5% 点，すなわち $P(F > F_0) = 0.025$ となるような F_0 の値である．

例題 5.6 2つの高校 A, B において，3年生の数学の学力に差があるかどうかを調べるため，A高校から9人，B高校から7人を無作為に選んで，実力テストを行ったところ，次のような結果を得た．

A 高校	70	67	81	97	78	62	85	73	71
B 高校	66	75	48	58	80	57	50		

(1) テストの点数のばらつきは A 高校，B 高校で等しいとみなしてよいか，有意水準 5% で等分散検定せよ．

(2) A 高校と B 高校で数学の学力に差があるといえるか，有意水準 5% で検定せよ．

[**解**] （1） A 高校，B 高校のテストの点数はそれぞれ正規分布 $N(\mu_1, \sigma_1^2)$,
$N(\mu_2, \sigma_2^2)$ に従うと仮定する．等分散の検定問題は

$$H_0 : \sigma_1^2 = \sigma_2^2, \qquad H_1 : \sigma_1^2 \neq \sigma_2^2$$

となる．A 高校と B 高校の標本分散をそれぞれ s_1^2, s_2^2 とすると，$s_1^2 = 112.3$,
$s_2^2 = 148.3$ である．$s_2^2 > s_1^2$ であるから，$s_2^2/s_1^2 < F_{0.025}(6, 8)$ ならば帰無仮説
は棄却されず，等分散を認める．実際，$s_2^2/s_1^2 = 1.321$ であり，F 分布表から
$F_{0.025}(6, 8) = 4.65$ となるから，$s_2^2/s_1^2 < F_{0.025}(6, 8)$ が成り立つ．よって，点
数のばらつきは A 高校，B 高校で等しいとみなしてよい．

（2） 検定問題は

$$H_0 : \mu_1 = \mu_2, \qquad H_1 : \mu_1 \neq \mu_2$$

である．A 高校と B 高校の標本平均はそれぞれ $\bar{x} = 76$, $\bar{y} = 62$ である．ま
た，2 つの標本分散 s_1^2 と s_2^2 をあわせた分散 s^2 は

$$s^2 = \frac{(9-1) \times 112.3 + (7-1) \times 148.3}{9 + 7 - 2} = 127.7$$

である．このとき，検定統計量 t の値は

$$t = \frac{76 - 62}{\sqrt{(1/9 + 1/7) \times 127.7}} = 2.458$$

となる．一方，自由度 14 の t 分布の両側 5% 点は $t_{0.05}(14) = 2.145$ である．
よって，$t > t_{0.05}(14)$ より帰無仮説 H_0 は棄却され，A 高校と B 高校で数学
の学力に差があるといえる．

　σ_1^2 と σ_2^2 がともに未知であり，$\sigma_1^2 = \sigma_2^2$ が仮定できない場合，あるいは，等
分散検定で帰無仮説が棄却された場合に，仮説 $H_0 : \mu_1 = \mu_2$ を検定する問題
は**ベーレンス・フィッシャー問題**として知られており，一般に**ウェルチの検定**
とよばれる近似法がよく用いられる（HP 参照）．また，$\sigma_1^2 \neq \sigma_2^2$ であっても
標本数 m と n がほぼ等しければ，等分散を仮定した平均の差の検定を行って
も問題はないことが知られている（HP 参照）．

　例題 5.7　早産で生まれた生後 3 か月の子供の体重増加（g/kg/週）と生後
5 か月の子供の体重増加を調べたところ，表 5.4 のようであった．ここで，生

後 3 か月の子供の体重増加の平均を μ_1，生後 5 か月の子供の体重増加の平均を μ_2 としたとき，

$$H_0 : \mu_1 = \mu_2, \qquad H_1 : \mu_1 \neq \mu_2$$

を有意水準 5% で検定せよ．

表 **5.4** 生後 3 か月と生後 5 か月の早産の子供の体重増加（g/kg/週）

生後 3 か月	49	34	87	58	61	57	72	86	57	72
生後 5 か月	27	25	33	28	41	27	34	38	39	34

［解］　生後 3 か月と生後 5 か月の標本平均はそれぞれ $\bar{x} = 63.3$, $\bar{y} = 32.6$，分散はそれぞれ $s_1^2 = 267.12$, $s_2^2 = 31.82$ である．このとき，標本分散の比は $s_1^2/s_2^2 = 8.39 > F_{0.025}(9,9)$ であるから，帰無仮説は有意水準 5% で棄却される．しかし，2 群の標本数が $m = n = 10$ と等しいので，等分散を仮定した平均の差の検定を行う．2 つの標本分散 s_1^2 と s_2^2 を合わせた分散は $s^2 = 166.08$ である．検定統計量 t の値は

$$t = \frac{63.3 - 32.6}{\sqrt{(1/10 + 1/10) \times 166.08}} = 5.33$$

となる．自由度 18 の t 分布の両側 5% 点は 2.101 であり，t の値が 2.101 より大きいか，-2.101 より小さいときは有意水準 5% で棄却することになる．この場合の t 値 5.33 は 2.101 より大きいので，帰無仮説は有意水準 5% で棄却される．つまり，生後 3 か月の体重増加と生後 5 か月の体重増加は等しくないといえる．

なお，ウェルチの検定を用いた方法は HP を参照されたい．

5.5　比　率　の　検　定

母集団において，工場で作られた製品の不良品率やテレビ番組の視聴率，内閣の支持率など，ある性質をもつ割合（母比率）p についての検定を考える．また，2 台の機械で作られた製品の不良品率の差異，あるいはあるテレビ番組に対する視聴率の男女間での差異など，2 つの母集団における比率 p_1, p_2 の差

を検定する問題についても考察する．ここでは，標本数がある程度大きい場合を想定した検定問題を紹介する．

5.5.1　比 率 の 検 定

$X_1, X_2, \cdots, X_n$ をベルヌーイ分布 $B(1, p)$ をもつ母集団からの大きさ n の標本とする．すなわち，$P(X_i = 1) = p, P(X_i = 0) = 1 - p\ (i = 1, 2, \cdots, n)$ を満たしているものとする．このとき，標本和 $\sum_{i=1}^{n} X_i$ は二項分布に従うから，n がある程度大きい場合には，中心極限定理より近似的に正規分布 $N(np, np(1 - p))$ に従う．$\sum_{i=1}^{n} X_i$ は，例えば p を製品の不良品率とすれば，標本中の不良品の個数を表す．

比率 p_0 をある値として，3 つの検定問題

$$H_0 \ : \ p = p_0, \qquad H_1 \ : \ p > p_0$$
$$H_0 \ : \ p = p_0, \qquad H_1 \ : \ p < p_0$$
$$H_0 \ : \ p = p_0, \qquad H_1 \ : \ p \neq p_0$$

が考えられる．

帰無仮説のもとで，$\sum_{i=1}^{n} X_i$ の分布は正規分布 $N(np_0, np_0(1 - p_0))$ で近似できるから，検定統計量はこれを標準化した

$$Z = \frac{\displaystyle\sum_{i=1}^{n} X_i - np_0}{\sqrt{np_0(1 - p_0)}}$$

となる．Z は標準正規分布 $N(0, 1)$ に従うことを利用して，それぞれの検定問題に対する棄却域を構成することができる．

例題 5.8　ある工場の機械 A で作られる製品の不良品率は 1.8% である．この工場に新しい機械 B を導入した．機械 B で作られた製品 400 個を無作為に抽出し不良品の個数を数えたところ 10 個であった．不良品率は変化したといえるか，有意水準 5% で検定せよ．

[解]　標本中の不良品の個数が近似的に正規分布 $N(400 \times 0.018, 400 \times 0.018 \times (1 - 0.018)) = N(7.2, 7.07)$ に従うと考えて，機械 B で作られた製品の不良

率 p が 0.018 と異なるかどうかを判定する検定問題

$$H_0 \; : \; p = 0.018, \qquad H_1 \; : \; p \neq 0.018$$

を考える．検定統計量 $Z = (\sum_{i=1}^{n} X_i - np_0)/\sqrt{np_0(1-p_0)}$ の値を求めると，

$$z = \frac{10 - 400 \times 0.018}{\sqrt{400 \times 0.018 \times 0.982}} = 1.05$$

となる．棄却域は $D : Z < -1.96,\ 1.96 < Z$ であるから，$z \notin D$．よって，帰無仮説は有意水準 5% で棄却されない．したがって，機械 B で作られた製品の不良品率 p は 0.018 と異なるとはいえず，変化したとはいえない．

5.5.2 比率の差の検定

$X_1, X_2, \cdots, X_m$ を $B(1, p_1)$ からの大きさ m の標本，$Y_1, Y_2, \cdots, Y_n$ を $B(1, p_2)$ からの大きさ n の標本とする．2 つの標本比率 $\hat{p}_1 = \sum_{i=1}^{m} X_i/m$，$\hat{p}_2 = \sum_{i=1}^{n} Y_i/n$ は m, n がある程度大きいとき，それぞれ近似的に正規分布 $N(p_1, p_1(1-p_1)/m)$, $N(p_2, p_2(1-p_2)/n)$ に従うから，標本比率の差 $\hat{p}_1 - \hat{p}_2$ の分布は正規分布 $N(p_1 - p_2, p_1(1-p_1)/m + p_2(1-p_2)/n)$ に従う．

いま，2 つの比率 p_1, p_2 の間の差異を検定したい．このとき，3 つの検定問題

$$H_0 \; : \; p_1 = p_2, \qquad H_1 \; : \; p_1 > p_2$$
$$H_0 \; : \; p_1 = p_2, \qquad H_1 \; : \; p_1 < p_2$$
$$H_0 \; : \; p_1 = p_2, \qquad H_1 \; : \; p_1 \neq p_2$$

が考えられる．

帰無仮説のもとで，$p_1 = p_2 = p$ とおくと，

$$Z = \frac{\hat{p}_1 - \hat{p}_2}{\sqrt{p(1-p)\left(\dfrac{1}{m} + \dfrac{1}{n}\right)}} \tag{5.4}$$

は標準正規分布 $N(0,1)$ に従う．

ここで，p の値は未知であるから，(5.4) 式は使えないことになる．そこで，p の代わりに p の推定値

$$\hat{p} = \frac{m\hat{p}_1 + n\hat{p}_2}{m + n}$$

を用いる. p を $\hat{p}$ に置き換えた（5.4）式は近似的に正規分布 $N(0,1)$ に従う
ことが示される. この統計量を用いて, それぞれの検定問題に対する棄却域を
構成することができる.

5.6 相関係数の検定

確率変数 X, Y が 2 次元正規分布に従い, X と Y は母相関係数 ρ をもつと
する. 本節では ρ に関する仮説検定を述べる.

X と Y は無相関であるという無相関性 $\rho = 0$ の検定は, 以下のように行
うことができる. 母相関係数 ρ をもつ 2 次元正規分布からの大きさ n の標本
$(X_1, Y_1), (X_2, Y_2), \cdots, (X_n, Y_n)$ に基づく標本相関係数を r とする. 帰無仮説
H_0 : $\rho = 0$ のもとで, $t = \sqrt{n-2}\, r/\sqrt{1-r^2}$ は自由度 $n-2$ の t 分布に従う
ことが知られている. したがって, ρ についての検定問題

$$H_0 \; : \; \rho = 0, \qquad H_1 \; : \; \rho \neq 0$$

に対する棄却域 D は, $t_\alpha(n-2)$ を自由度 $n-2$ の t 分布の両側 $100\alpha\%$ 点とし
て, $D : |t| > t_\alpha(n-2)$ で与えられる. また, 対立仮説が H_1 : $\rho > 0$, H_1 :
$\rho < 0$ のとき, 棄却域はそれぞれ $D : t > t_{2\alpha}(n-2)$, $D : t < -t_{2\alpha}(n-2)$
となる.

次に H_0 : $\rho = \rho_0$ の検定を考える. この検定には, **フィッシャーの z 変換**
がよく用いられる. フィッシャーの z 変換は

$$Z = \frac{1}{2} \log \frac{1+r}{1-r}$$

で与えられる. この変数変換により, n が大きいとき Z の分布が近似的に平
均 ζ, 分散 $1/(n-3)$ の正規分布になることを用いて検定を行うことができる.
ここで

$$\zeta = \frac{1}{2} \log \frac{1+\rho}{1-\rho}$$

である．Z を標準化した統計量を $U = \sqrt{n-3}(Z - \zeta)$ とおくと，ρ について
の検定問題

$$H_0 \ : \ \rho = \rho_0, \qquad H_1 \ : \ \rho \neq \rho_0$$

に対する棄却域 D は，z_α を標準正規分布の両側 $100\alpha\%$ 点として，$D : |U|$
$> z_\alpha$ で与えられる．また，対立仮説が $H_1 \ : \ \rho > \rho_0$，$H_1 \ : \ \rho < \rho_0$ のとき，
棄却域はそれぞれ $D : U > z_{2\alpha}$，$D : U < -z_{2\alpha}$ となる．

R で無相関性の仮説検定を行うには cor.test(x,y) を実行すればよい．
Excel では複雑なセル計算を要するため割愛する．

例題 5.9　生後 4 日目のヘモグロビン量 x と成長したときのヘモグロビン量
y について 10 人を調べたところ，$r = 0.11$ を得た．このとき

$$H_0 \ : \ \rho = 0, \qquad H_1 \ : \ \rho \neq 0$$

を有意水準 5% で検定せよ．

[解]　$r = 0.11$ より，検定統計量 t の値は

$$t = \sqrt{10 - 2} \times \frac{0.11}{\sqrt{1 - 0.11^2}} = 0.313$$

となる．自由度 8 の t 分布の両側 5% 点は 2.306 であり，t の値が 2.306 より
大きいか，-2.306 より小さいときは有意水準 5% で棄却することになる．こ
の場合の t 値 0.313 は -2.306 より大きく，2.306 より小さいので，帰無仮説
は有意水準 5% で棄却されない．つまり，生後 4 日目と成長したときのヘモ
グロビン量は無相関でないとはいえない．

5.7　非 劣 性 検 定

ある病気に対する新薬の効果（薬効）について考えてみる．薬効は病気が治
ったか否かを問題にする場合と，その病気に対する主要な指標の数値がどれ
だけ改善されたかで測られる場合とがある．ここでは，病気が治ったか否かの
データが与えられる場合を考える．

病気が治った人数とその割合をそれぞれ有効数，有効率とよぶことにする．

表 **5.5**　新薬と対照薬の有効数と有効率

薬	患者数	有効数	有効率
新薬	52	40	76.9
対照薬	48	31	64.6

臨床試験により，新薬および比較の対象とした標準薬（以下対照薬とよぶ）の有効数，有効率が表 5.5 のように与えられたとする．

　実験における新薬の有効率を X_A とし，対照薬の有効率を X_B と表すことにする．十分大きな患者の集団に対して，新薬を投与したときの有効率を p_A，対照薬を投与したときの有効率を p_B とする．これらは，その母集団の真の有効率であり，X_A, X_B の平均（期待値）でもある．p_A および p_B は未知であるとする．このとき，新薬および対照薬の患者数をそれぞれ n_1, n_2 とすると，表 5.5 における有効率は p_A, p_B の推定値であり，$\hat{p}_A$, $\hat{p}_B$ と表す．

　新薬の有効性として，「新薬は対照薬に勝る」ことを主張したいのであれば，検定問題

$$H_0 \ : \ p_A = p_B, \qquad H_1 \ : \ p_A > p_B$$

を考えればよい．これは比率の差の検定であり，5.5.2 節でみてきたように，その検定に対する有意水準 5% の棄却域は

$$Z = \frac{\hat{p}_A - \hat{p}_B}{s_e} > z_{0.05} = 1.64$$

で与えられる．ここに，$z_{0.05}$ は標準正規分布の上側 5% 点である．また，有効率の推定値を $\hat{p}_A$, $\hat{p}_B$ とするとき，標準誤差 s_e は

$$s_e = \sqrt{\frac{1}{n_1}\hat{p}_A(1-\hat{p}_A) + \frac{1}{n_2}\hat{p}_B(1-\hat{p}_B)} = 0.09$$

である．検定統計量の値は

$$z = \frac{0.769 - 0.646}{0.09}$$

$$= 1.36 < z_{0.05} = 1.64$$

と計算され，新薬が対照薬に勝るとはいえない．このときの p 値は 0.086 である．

しかし，新薬の開発許可は総合的に判断されることになっている．最近では，例えば副作用が標準薬に比べて少ないとか，あるいは単価が安いなどの利点があれば，有効性検定において有意に優れていなくても，ほぼ同等であればよいと考えられている．

ほぼ同等であることを主張する方法として，医学的に意味のある量 $\Delta(>0)$ を定め，薬効において Δ 以上劣ることはないことを保証するという**非劣性検定**がある．この検定の帰無仮説および対立仮説は

$$\bar{H}_0 : p_A \leq p_B - \Delta, \qquad \bar{H}_1 : p_A > p_B - \Delta$$

と定められる．この検定は新薬にハンディキャップ Δ を与えた上で，薬効が標準薬以上であることを示す検定と考えられる．非劣性検定において対立仮説が採択されると，新薬の薬効は標準薬の薬効に比べ Δ 以上悪くなることはないことが保証されたことになる．

有意水準 5% の非劣性検定の検定法として，簡便的な棄却域

$$\tilde{Z} = \frac{\hat{p}_A - (\hat{p}_B - \Delta)}{s_e} > z_{0.05} = 1.64$$

を用いることにする．ここに，$\hat{p}_A, \hat{p}_B$ は有効率の推定値，s_e は標準誤差であり，先に用いたものと同じものである．

Δ の定め方に定説はないが，標準誤差 s_e の 50% とする場合が少なくない．このとき，上の例では $\Delta = 0.09 \times 0.50 = 0.045$ となるので，表で与えられる実験結果の場合には，$\tilde{z} = 1.86 > 1.64$ となり，非劣性の主張が認められることになる．この場合の p 値は 0.031 である．

同等性を主張する検定として，帰無仮説および対立仮説を

$$\bar{H}_0 : |p_A - p_B| \geq \Delta, \qquad \bar{H}_1 : |p_A - p_B| < \Delta$$

とする検定も考えられる．この検定は**同等性検定**ともよばれている．

5.8 ネイマン・ピアソンの定理

仮説検定では，2種類の誤りをおかす可能性があった．このとき，第 1 種の

誤りの確率を定めておいて，第2種の誤りをおかす確率をできるだけ小さく
する，あるいは1から第2種の誤りをおかす確率を引くことにより定義され
る検出力をできるだけ大きくするような検定法が望ましいということをすで
に述べた．本節ではそのような良い検定を見い出す方法として知られるネイマ
ン・ピアソンの定理を取り上げ，その適用例を与える．

　母集団分布のパラメータ θ について，一般に次のような検定問題を考える．

$$H_0 : \theta \in \omega, \qquad H_1 : \theta \in \Omega - \omega$$

ここで，Ω はパラメータ θ のとり得る値の集合とし，ω は Ω のある部分集合
とする．このとき，ω や $\Omega - \omega$ がただ1つの点からなる場合，すなわち，あ
る仮説がただ1つの確率分布だけしか含んでいない場合，H_0 や H_1 を**単純仮
説**とよび，そうでない場合を**複合仮説**とよぶ．例えば，分散既知の場合の平均
の検定は，単純仮説 H_0 と複合仮説 H_1 の検定問題，分散未知の場合の平均の
検定は複合仮説 H_0 と複合仮説 H_1 の検定問題ということになる．

　第1種の誤りをおかす確率が α（有意水準）であるような検定の中で第2
種の誤りをおかす確率を最小にする検定を考える．これを**最良検定**とよぶ．ま
た，最良検定による棄却域を**最良棄却域**とよぶ．帰無仮説と対立仮説がともに
単純仮説である検定では，この最良検定が存在することが次のネイマン・ピア
ソンの定理によって保証されている．

ネイマン・ピアソンの定理

$X_1, X_2, \cdots, X_n$ を未知のパラメータ θ をもつ母集団分布 $f(x_i; \theta)$ からの無
作為標本とし，その同時確率密度関数（離散型の場合は同時確率関数）を

$$f(x_1, x_2, \cdots, x_n; \theta) = f(x_1; \theta) \times f(x_2; \theta) \times \cdots \times f(x_n; \theta) = \prod_{i=1}^{n} f(x_i; \theta)$$

とする．

　いま，帰無仮説 H_0 と対立仮説 H_1 が共に単純仮説である検定問題

$$H_0 : \theta = \theta_0, \qquad H_1 : \theta = \theta_1$$

に対して，ある領域 D の内部では

$$\frac{\prod_{i=1}^{n} f(x_i; \theta_1)}{\prod_{i=1}^{n} f(x_i; \theta_0)} \geq k \tag{5.5}$$

D の外部では

$$\frac{\prod_{i=1}^{n} f(x_i; \theta_1)}{\prod_{i=1}^{n} f(x_i; \theta_0)} < k$$

となる関係を満たす大きさ α の棄却域 D と定数 k が存在するならば，D は大きさ α の最良棄却域である．ここで，k は

$$\int_D f(x_1, x_2, \cdots, x_n; \theta_0) dx_1 dx_2 \cdots dx_n = \alpha$$

となるように選ぶ．$\int_D$ は通常の積分記号を n 個並べた重積分を表す．これがネイマン・ピアソンの定理とよばれる定理である．証明は HP を参照されたい．

適用例

$X_1, X_2, \cdots, X_n$ を正規母集団 $N(\mu, \sigma_0^2)$ からの無作為標本とする．ここで，σ_0^2 は既知とする．検定問題

$$H_0 : \mu = \mu_0, \qquad H_1 : \mu > \mu_0 \tag{5.6}$$

を考える．ある特定の対立仮説 $\mu = \mu_1$ $(\mu_1 > \mu_0)$ のもとでの同時確率密度関数は

$$f(x_1, x_2, \cdots, x_n; \mu_1) = \prod_{i=1}^{n} \frac{1}{\sqrt{2\pi}\sigma_0} \exp\left\{-\frac{(x_i - \mu_1)^2}{2\sigma_0^2}\right\}$$
$$= \left(\frac{1}{\sqrt{2\pi}\sigma_0}\right)^n \exp\left\{-\frac{1}{2\sigma_0^2}\sum_{i=1}^{n}(x_i - \mu_1)^2\right\}$$

であり，帰無仮説 H_0 のもとでの同時確率密度関数は

$$f(x_1, x_2, \cdots, x_n; \mu_0) = \left(\frac{1}{\sqrt{2\pi}\sigma_0}\right)^n \exp\left\{-\frac{1}{2\sigma_0^2}\sum_{i=1}^{n}(x_i - \mu_0)^2\right\}$$

であるから，その比は

$$\frac{f(x_1, x_2, \cdots, x_n; \mu_1)}{f(x_1, x_2, \cdots, x_n; \mu_0)} = \exp\left[-\frac{1}{2\sigma_0^2}\left\{-2(\mu_1 - \mu_0)\sum_{i=1}^{n}x_i + n(\mu_1^2 - \mu_0^2)\right\}\right]$$

で与えられる．（5.5）式より，

$$\exp\left[-\frac{1}{2\sigma_0^2}\left\{-2(\mu_1 - \mu_0)\sum_{i=1}^{n}x_i + n(\mu_1^2 - \mu_0^2)\right\}\right] \geq k$$

とすると，これは

$$\frac{2(\mu_1 - \mu_0)n\bar{x} - n(\mu_1^2 - \mu_0^2)}{2\sigma_0^2} \geq \log k$$

と同値であるから，

$$\bar{x} \geq \frac{2\sigma_0^2 \log k + n(\mu_1^2 - \mu_0^2)}{2n(\mu_1 - \mu_0)} = k_0$$

を得る．z_α を

$$\int_{z_\alpha}^{\infty} \frac{1}{\sqrt{2\pi}}\, e^{-\frac{x^2}{2}}\, dx = \alpha$$

によって与えられる定数とし，

$$\frac{k_0 - \mu_0}{\sigma_0/\sqrt{n}} = z_\alpha$$

とおくと，有意水準 α の最良棄却域は

$$D : \bar{X} \geq \mu_0 + z_\alpha \times \frac{\sigma_0}{\sqrt{n}} \tag{5.7}$$

で与えられる．

　$\mu_1 > \mu_0$ を満たすすべての対立仮説 μ_1 について，（5.7）式の棄却域で与えられる最良検定が定まるので，検定問題（5.6）式は最良検定が存在すること

がわかる.

同様に検定問題

$$H_0 \ : \ \mu = \mu_0, \qquad H_1 \ : \ \mu < \mu_0$$

に対する有意水準 α の最良棄却域は $D \ : \ \bar{X} \leq \mu_0 - z_\alpha \times (\sigma_0/\sqrt{n})$ で与えられることがわかる. しかしながら,

$$H_0 \ : \ \mu = \mu_0, \qquad H_1 \ : \ \mu \neq \mu_0$$

に対する最良棄却域は構成できない. この場合は尤度比検定とよばれる検定法を用いるとよいことが知られている.

5.9 尤 度 比 検 定

ネイマン・ピアソンの定理によって最良検定が得られない場合や,一般に仮説が複合仮説の場合,良い検定を得るための何らかの原理を導入する必要がある. これは尤度比検定とよばれる検定手法として知られており,本節ではその考え方を述べるとともに,それを適用した検定問題を取り上げる.

母集団分布を $f(x;\boldsymbol{\theta})$ とする. ただし,$\boldsymbol{\theta}$ は k 個のパラメータを成分にもつ k 次元パラメータベクトル,すなわち $\boldsymbol{\theta} = (\theta_1, \theta_2, \cdots, \theta_k)'$ とする. 母数 $\boldsymbol{\theta}$ の各成分がとり得る値の集合,すなわち $\boldsymbol{\theta}$ の存在範囲を母数空間とよび,Θ で表す. いま,Θ_0 と Θ_1 を互いに排反で,$\Theta_0 \cup \Theta_1 = \Theta$ なる母数空間 Θ の部分集合とする. このとき,検定問題

$$H_0 \ : \ \boldsymbol{\theta} \in \Theta_0, \qquad H_1 \ : \ \boldsymbol{\theta} \in \Theta_1$$

を考える.

例えば,正規分布

$$f(x;\boldsymbol{\theta}) = \frac{1}{\sqrt{2\pi}\sigma} \exp\left\{ -\frac{(x-\mu)^2}{2\sigma^2} \right\}, \qquad \boldsymbol{\theta} = (\mu, \sigma^2)'$$

に対して,検定問題

$$H_0 \; : \; \mu = \mu_0, \qquad H_1 \; : \; \mu \neq \mu_0$$

を考える場合，母数空間 Θ とその部分集合 Θ_0, Θ_1 はそれぞれ次のように与えられる．

$$\Theta = \{(\mu, \sigma^2) \, | \, -\infty < \mu < \infty, \; 0 < \sigma^2 < \infty\},$$
$$\Theta_0 = \{(\mu_0, \sigma^2) \, | \, 0 < \sigma^2 < \infty\},$$
$$\Theta_1 = \{(\mu, \sigma^2) \, | \, \mu \neq \mu_0, \; 0 < \sigma^2 < \infty\}.$$

いま，確率密度関数（確率関数）$f(x; \boldsymbol{\theta})$ $(\boldsymbol{\theta} \in \Theta)$ をもつ母集団からとられた無作為標本 $X_1, X_2, \cdots, X_n$ に基づく尤度関数 $L(\boldsymbol{\theta})$ は

$$L(\boldsymbol{\theta}) = f(x_1; \boldsymbol{\theta}) \times f(x_2; \boldsymbol{\theta}) \times \cdots \times f(x_n; \boldsymbol{\theta})$$

で与えられる．このとき，次のような比

$$\lambda = \frac{\max_{\boldsymbol{\theta} \in \Theta_0} L(\boldsymbol{\theta})}{\max_{\boldsymbol{\theta} \in \Theta} L(\boldsymbol{\theta})} \tag{5.8}$$

を考える．これを**尤度比**とよぶ．尤度比 λ の分子は尤度関数の母数 $\boldsymbol{\theta}$ を帰無仮説 H_0 によって制限された母数空間 Θ_0 における最尤推定値で置き換えたものであり，分母は $\boldsymbol{\theta}$ を全母数空間 Θ における最尤推定値で置き換えたものである．尤度比 λ の分子はすべての母数に対する尤度関数の最大値であるのに対して，分子は H_0 によって制約を受けたときの尤度関数の最大値であるから，分子より分母の方が大きくなる．したがって，$0 \leq \lambda \leq 1$ を満たすことがわかる．

そこで，得られた標本値 $x_1, x_2 \cdots, x_n$ に対して，(5.8) 式の λ の値を求め，適当に定められた定数 λ_0 に対して，

$$\lambda \leq \lambda_0 \tag{5.9}$$

となるとき，仮説 H_0 を棄却するという検定方式を考える．つまり，λ の値が 0 に近いならば，H_0 のもとでの標本値の出現する度合が H_1 のもとでの度合に比べて，きわめて小さいと考えられるので，H_0 は偽であるとみなしてよい

ことがわかる．ここで，(5.9) 式における定数 λ_0 の値は仮説 H_0 が真である
ときの λ の分布 $g(\lambda)$ に対して，

$$\int_0^{\lambda_0} g(\lambda)d\lambda = \alpha$$

となるように定める．

　このような検定方式を有意水準 α の**尤度比検定**とよぶ．この方法によって
広く検定問題を解くことが可能となる．

　例　$X_1, X_2, \cdots, X_n$ を正規分布 $N(\mu, \sigma_0^2)$ からの無作為標本とする．ただ
し，σ_0^2 は既知とする．このとき，検定問題

$$H_0 : \mu = \mu_0, \qquad H_1 : \mu \neq \mu_0$$

を考える．この問題においては $\Theta = \{(\mu, \sigma_0^2)|-\infty < \mu < \infty\}$, $\Theta_0 = \{(\mu_0, \sigma_0^2)\}$, $\Theta_1 = \{(\mu, \sigma_0^2)|\mu \neq \mu_0\}$ であり，各 X_i $(i = 1, 2, \cdots, n)$ の確率
密度関数は

$$f(x; \boldsymbol{\theta}) = \frac{1}{\sqrt{2\pi}\sigma_0} \exp\left\{-\frac{(x-\mu)^2}{2\sigma_0^2}\right\}, \quad \boldsymbol{\theta} = (\mu, \sigma_0^2)'$$

であるから，尤度関数は

$$L(\boldsymbol{\theta}) = \prod_{i=1}^n f(x_i; \mu, \sigma_0^2) = \left(\frac{1}{2\pi\sigma_0^2}\right)^{\frac{n}{2}} \exp\left\{-\frac{1}{2\sigma_0^2}\sum_{i=1}^n (x_i - \mu)^2\right\}$$

で与えられる．

　$\boldsymbol{\theta} = (\mu, \sigma_0^2)'$ の Θ における最尤推定値は $\hat{\boldsymbol{\theta}} = (\bar{x}, \sigma_0^2)$ であるから

$$\max_{\boldsymbol{\theta}\in\Theta} L(\boldsymbol{\theta}) = L(\hat{\boldsymbol{\theta}}) = \left(\frac{1}{2\pi\sigma_0^2}\right)^{\frac{n}{2}} \exp\left\{-\frac{1}{2\sigma_0^2}\sum_{i=1}^n (x_i - \bar{x})^2\right\}$$

一方，$\boldsymbol{\theta} = (\mu, \sigma_0^2)'$ の Θ_0 における最尤推定値は $\hat{\hat{\boldsymbol{\theta}}} = (\mu_0, \sigma_0^2)$ であるから

$$\max_{\boldsymbol{\theta}\in\Theta_0} L(\boldsymbol{\theta}) = L(\hat{\hat{\boldsymbol{\theta}}}) = \left(\frac{1}{2\pi\sigma_0^2}\right)^{\frac{n}{2}} \exp\left\{-\frac{1}{2\sigma_0^2}\sum_{i=1}^n (x_i - \mu_0)^2\right\}$$

したがって，尤度比は

$$\lambda = \exp\left[-\frac{1}{2\sigma_0^2}\left\{\sum_{i=1}^{n}(x_i-\mu_0)^2 - \sum_{i=1}^{n}(x_i-\bar{x})^2\right\}\right] = \exp\left\{-\frac{n}{2\sigma_0^2}(\bar{x}-\mu_0)^2\right\}$$

となるから，尤度比検定の棄却域は

$$\exp\left\{-\frac{n}{2\sigma_0^2}(\bar{x}-\mu_0)^2\right\} \leq \lambda_0 \tag{5.10}$$

で与えられる．（5.10）式は次のように同値変形できる．

$$\lambda \leq \lambda_0 \Leftrightarrow -\frac{n}{2\sigma_0^2}(\bar{x}-\mu_0)^2 \leq \log\lambda_0$$

$$\Leftrightarrow (\bar{x}-\mu_0)^2 \geq -\frac{2\sigma_0^2\log\lambda_0}{n} = \lambda_1$$

$$\Leftrightarrow |\bar{x}-\mu_0| \geq \sqrt{\lambda_1} = \lambda_2$$

したがって，仮説 H_0 が真のとき，$\bar{X}$ は正規分布 $N(\mu_0, \sigma_0^2/n)$ に従うから，有意水準を α として

$$P(|\bar{X}-\mu_0| \geq \lambda_2) = \alpha$$

となるように λ_2 を定めればよい．

演 習 問 題

問 5.1 正規母集団 $N(\mu, 1^2)$ からの大きさ $n=10$ の標本にもとづいて，検定問題

$$H_0 : \mu = 3, \qquad H_1 : \mu = 4$$

を考えるとき，$\bar{X}$ の分布の右側（右裾）の部分を棄却域に使ったとして，第 1 種の誤りの確率 $\alpha = 0.05, 0.01$ に対する第 2 種の誤りの確率と検出力を求めよ．

問 5.2 分散既知の場合の平均の検定において，有意水準 1% の検定の棄却域を 3 つの検定方式（右片側検定，左片側検定，両側検定）について構成せよ．

問 5.3 例題 5.1 で女子学生の身長の平均 μ は 158 と異なるといえるか，有意水準 1% で検定せよ．また，μ は 158 より大きいといえるか，有意水準 1% で検定せよ．

問 5.4 分散未知の場合の平均の検定において，$n=10$ のとき，有意水準 1% の検定の棄却域を 3 つの検定方式について構成せよ．また，$n=20$ のとき，有意水準

5% および 1% の検定の棄却域を 3 つの検定方式について構成せよ.

問 5.5 例題 5.1 で, 女子学生の身長の分散 σ^2 が未知とする. 標本分散 $s^2 = 5.0^2$ であるとき, 身長の平均 μ は 158 と異なるといえるか, 有意水準 5% および 1% で検定せよ.

問 5.6 分散の検定において, $n = 10$ のとき, 有意水準 5% および 1% の検定の棄却域を 3 つの検定方式について構成せよ.

問 5.7 ある工場の機械で製造される自転車の部品の長さについて, これまでの大量のデータからばらつきは 0.0925 (mm^2) であることがわかっている. ある日, 作られた部品から 30 個を抽出し, 分散 s^2 を求めたところ, $s^2 = 0.1235$ であった. この日に作られた部品のばらつきは通常と異なり, 機械に異常があったといえるか, 有意水準 1% で検定せよ.

問 5.8 20 歳の女性 12 人を無作為に抽出し, 安静時の最高血圧値と入浴後の最高血圧値を測定した. 入浴後の血圧値と安静時の血圧値との差を求めたところ, 次のような結果が得られた.

$$16, \quad 4, \quad 8, \quad 2, \quad 10, \quad -6, \quad 4, \quad 20, \quad 10, \quad -4, \quad 12, \quad 8$$

安静時の最高血圧値の平均と入浴後の最高血圧値の平均に差があるといえるか, 有意水準 1% で検定せよ.

問 5.9 ある会社では 2 つの機械 A, B により同じ清涼飲料水をペットボトルに詰めている. 機械 A と B で内容量に差があるかどうかを検査するため, それぞれ 15 個と 20 個のペットボトルを無作為に抽出して内容量を調べたところ, 標本平均は機械 A で作られたものについては 501.45 (ml), 機械 B で作られたものについては 500.88 (ml) であった. 機械 A, B で作られるペットボトルの内容量の平均 μ_1 と μ_2 に差があるといえるか, 有意水準 5% で検定せよ. ただし, 機械 A, B で作られる製品の分散は過去の経験からそれぞれ 1.31 (ml^2), 1.23 (ml^2) であることがわかっているものとする.

問 5.10 (5.3) 式で与えられる 2 つの標本分散 S_1^2 と S_2^2 をあわせた統計量 S^2 は σ^2 の不偏推定量であることを示せ.

問 5.11 ある自動車メーカーで生産される 2 つの車種 A, B の燃料消費量に差があるかどうかを調べるため, 車種 A から 11 台, 車種 B から 9 台を無作為に抽出し, 1 リットル当たりの走行距離 (km) を測定したところ, 次のような結果を得た.

$$A \text{ 車種}: \bar{x}_1 = 10.49, \qquad s_1^2 = 0.69$$
$$B \text{ 車種}: \bar{x}_2 = 9.32, \qquad s_2^2 = 0.40$$

(1) 燃料消費量のばらつきは A 車種, B 車種で等しいとみなしてよいか, 有意水準 5% で等分散検定せよ.

(2) A 車種と B 車種で燃料消費量の平均には差があるといえるか，有意水準 5% で検定せよ．

問 5.12 A 市で 300 人の有権者を無作為に抽出し，ある政策について賛成か反対かを問うアンケートを実施したところ 185 人が賛成であった．この市では過半数の人が政策に賛成であると判断してよいか，有意水準 1% で検定せよ．

問 5.13 A 地区においてあるテレビ番組の視聴率調査を男女別に行った．男性 150 人，女性 200 人を無作為に選んで，番組を見たかどうか聞いたところ，男性は 24 人，女性は 22 人が見たと答えた．この番組の視聴率は男女の間で差があるといえるか，有意水準 5% で検定せよ．

問 5.14 表 5.5 のデータにおいて，ハンディキャップ Δ を標準誤差 $s_e = 0.09$ の 40% と定めて，非劣性検定を行え．ただし，有意水準は 5% とする．

問 5.15 新薬の薬効を調べるため，臨床試験により，ある指標の投与直前の値と投与後の差（薬効）について次の結果が与えられた．

表 5.6 薬効

薬	患者数	平均値	標準偏差
新薬	52	76.9	9.24
対照薬	48	64.6	11.0

実験における新薬の薬効と対照薬の薬効は同じ分散をもつ正規分布に従うと仮定し，ハンディキャップ Δ を標準誤差の 50% と定めて，非劣性検定を行え．ただし，有意水準は 5% とする．

問 5.16 $X_1, \cdots, X_n$ を正規分布 $N(\mu, \sigma^2)$（σ^2 は未知）からの無作為標本とする．このとき，検定問題

$$H_0 : \mu = \mu_0, \qquad H_1 : \mu \neq \mu_0$$

を考える．有意水準 α の尤度比検定の棄却域を構成せよ．

6

回 帰 分 析

6.1 重回帰モデル

複数個の**説明変数**（独立変数）$x_1, \cdots, x_p$ に基づいて，1 つの**目的変数**（従属変数）y を推定する式

$$y = \beta_0 + \beta_1 x_1 + \cdots + \beta_p x_p + \varepsilon \tag{6.1}$$

は，y の $x_1, \cdots, x_p$ に対する**重回帰モデル**とよばれる．ただし，説明変数が x_1 のみ $(p = 1)$ の場合は単回帰モデルとよばれる．ここで，ε を誤差という．y の計測は難しい場合，計測が容易な $x_1, \cdots, x_p$ に基づいて y を推定，現時点で計測されている $x_1, \cdots, x_p$ に基づいて未来に計測される y を予測などに用いる．この章では，R に用意されているサンプルデータ "mtcars" を用いて説明していく．データは 1974 年の "*Motor Trend US*" 誌から抽出されたもので，32 台の自動車（1973-74 モデル）における燃費，設計および性能の 11 変数で構成されている．データの詳細は，R で help(mtcars) とすると確認できる．ここでは，11 変数の中から，y mpg: 燃費（1 ガロンあたりのマイル数），x_1 disp: 排気量，x_2 cyl: シリンダ数，x_3 wt: 重量，x_4 hp: 馬力，x_5 drat: リアアクスル比，x_6 qsec: 1/4 マイル時間を用いる．データは表 6.1 に与えられる．その後の説明を容易にするために，表 6.1 の $x_1, \cdots, x_6$ の並び順は "mtcars" の並び順から変更している．

自動車の燃費 y を設計および性能 $x_1, \cdots, x_6$ で推定することを考える．$N = 32$ 台の自動車データより (6.1) 式の重回帰モデルを決定する係数 $\beta_0, \beta_1, \cdots,$

表 **6.1**　32 台の自動車における燃費，設計および性能

No.	y	x_1	x_2	x_3	x_4	x_5	x_6
	mpg	disp	cyl	wt	hp	drat	qsec
1	21.0	160.0	6	2.620	110	3.90	16.46
2	21.0	160.0	6	2.875	110	3.90	17.02
3	22.8	108.0	4	2.320	93	3.85	18.61
4	21.4	258.0	6	3.215	110	3.08	19.44
5	18.7	360.0	8	3.440	175	3.15	17.02
6	18.1	225.0	6	3.460	105	2.76	20.22
7	14.3	360.0	8	3.570	245	3.21	15.84
8	24.4	146.7	4	3.190	62	3.69	20.00
9	22.8	140.8	4	3.150	95	3.92	22.90
10	19.2	167.6	6	3.440	123	3.92	18.30
11	17.8	167.6	6	3.440	123	3.92	18.90
12	16.4	275.8	8	4.070	180	3.07	17.40
13	17.3	275.8	8	3.730	180	3.07	17.60
14	15.2	275.8	8	3.780	180	3.07	18.00
15	10.4	472.0	8	5.250	205	2.93	17.98
16	10.4	460.0	8	5.424	215	3.00	17.82
17	14.7	440.0	8	5.345	230	3.23	17.42
18	32.4	78.7	4	2.200	66	4.08	19.47
19	30.4	75.7	4	1.615	52	4.93	18.52
20	33.9	71.1	4	1.835	65	4.22	19.90
21	21.5	120.1	4	2.465	97	3.70	20.01
22	15.5	318.0	8	3.520	150	2.76	16.87
23	15.2	304.0	8	3.435	150	3.15	17.30
24	13.3	350.0	8	3.840	245	3.73	15.41
25	19.2	400.0	8	3.845	175	3.08	17.05
26	27.3	79.0	4	1.935	66	4.08	18.90
27	26.0	120.3	4	2.140	91	4.43	16.70
28	30.4	95.1	4	1.513	113	3.77	16.90
29	15.8	351.0	8	3.170	264	4.22	14.50
30	19.7	145.0	6	2.770	175	3.62	15.50
31	15.0	301.0	8	3.570	335	3.54	14.60
32	21.4	121.0	4	2.780	109	4.11	18.60

β_6 の推定値 $b_0, b_1, \cdots, b_6$ を求めることになる．この推定値を代入することで，y の $x_1, \cdots, x_6$ に対する重回帰モデル

$$y = b_0 + b_1 x_1 + \cdots + b_6 x_6 + \varepsilon$$

を得ることができて，$x_1, \cdots, x_6$ に数値を入れると y を推定することができ

る.

以後この章では観測値 x と誤差項 ε は次の仮定を満たすものとする.

(1) x の値 $(x_{1j}, \cdots, x_{pj})$ $(j = 1, \cdots, N)$ は固定された変数値（非確率変数）

(2) ε_j $(j = 1, \cdots, N)$ の平均（平均値ともいう）は 0：

任意の x の値 $(x_{1j}, \cdots, x_{pj})$ に対し,

$$y_j = \beta_0 + \beta_1 x_{1j} + \cdots + \beta_p x_{pj} + \varepsilon_j$$

とした場合, y_j の平均は $\beta_0 + \beta_1 x_{1j} + \cdots + \beta_p x_{pj}$ である. これは, y_j の平均が (回帰) 平面上にあることを意味している.

(3) ε_j $(j = 1, \cdots, N)$ の分散は等しく一定：

この仮定は ε_j の分散が等しければよいのであって, 同一分布に従う必要はない.

(4) ε_j と ε_k $(j \neq k, \ j, k = 1, \cdots, N)$ は無相関

誤差 ε に正規分布を仮定すると, 正規分布の性質から, (2), (3) は ε_j $(j = 1, \cdots, N)$ は同じ正規分布に従うことを意味し, (4) は ε_j と ε_k が互いに独立であることを意味する. データから重回帰モデルの係数をどのような考え方で求めるのかについて次節以降で説明する.

6.2 1 変数の場合の回帰式

初めに説明変数が 1 つの場合として, 燃費 y を排気量 x_1 に基づいて推定することを考える. 単回帰モデルは

$$y_j = \beta_0 + \beta_1 x_{1j} + \varepsilon_j \qquad (j = 1, \cdots, 32) \tag{6.2}$$

である. $\varepsilon_1, \cdots, \varepsilon_{32}$ は互いに無相関で, 平均 0, 分散 σ^2 である. つまり, $\varepsilon_1, \cdots, \varepsilon_{32}$ の平均と分散は共通で等しいことを前提としている. この ε_j は**誤差**あるいは**回帰からの偏差**とよばれ, (6.2) 式から

$$\varepsilon_j = y_j - (\beta_0 + \beta_1 x_{1j}) \qquad (j = 1, \cdots, 32) \tag{6.3}$$

と表される．32 台の自動車データによる誤差の平方和（誤差平方和とよばれる）

$$E = \varepsilon_1^2 + \cdots + \varepsilon_{32}^2 \qquad (6.4)$$

が最小になるように，係数 β_0 と β_1 を決める．(6.4) 式に (6.3) 式を代入すると

$$E = \{y_1 - (\beta_0 + \beta_1 x_{11})\}^2 + \cdots + \{y_N - (\beta_0 + \beta_1 x_{1N})\}^2 \qquad (6.5)$$

となる $(N = 32)$．(6.5) 式における j 番目の平方は，展開して β_0 についてまとめると

$$
\begin{aligned}
\{y_j - (\beta_0 + \beta_1 x_{1j})\}^2 &= y_j^2 - 2(\beta_0 + \beta_1 x_{1j})y_j + (\beta_0 + \beta_1 x_{1j})^2 \\
&= \beta_0^2 - 2(y_j - \beta_1 x_{1j})\beta_0 + \beta_1^2 x_{1j}^2 - 2\beta_1 x_{1j}y_j + y_j^2 \qquad (6.6)
\end{aligned}
$$

となり，β_0 の 2 次式になっている．これを 32 台分加え合わせた E も，やはり β_0 の 2 次式である．2 次関数の最小問題を考えて解き，E を最小とする β_0 の値を b_0 とする．その最小は β_1 の 2 次式であり，さらに E を最小にする β_1 を b_1 で表せば

$$
\begin{aligned}
b_0 &= \bar{y} - b_1 \bar{x}_1 \\
b_1 &= \frac{(x_{11} - \bar{x}_1)(y_1 - \bar{y}) + \cdots + (x_{1N} - \bar{x}_1)(y_N - \bar{y})}{(x_{11} - \bar{x}_1)^2 + \cdots + (x_{1N} - \bar{x}_1)^2}
\end{aligned}
$$

を得る．ここで，$\bar{y}$ は y_j の平均，$\bar{x}_1$ は x_{1j} の平均を表しており，32 台の自動車データから計算すると $\bar{y} = 20.091$，$\bar{x}_1 = 230.722$ が得られる．小数は途中桁で四捨五入した値で表示しているが，計算は四捨五入していない値を用いている．回帰係数 b_1 は

$$
\begin{aligned}
b_1 &= \frac{(160.0 - 230.72)(21.0 - 20.09) + \cdots + (121.0 - 230.72)(21.4 - 20.09)}{(160.0 - 230.72)^2 + \cdots + (121.0 - 230.72)^2} \\
&= \frac{-70.72 \times 0.91 + \cdots + (-109.72) \times 1.31}{(-70.72)^2 + \cdots + (-109.72)^2} = -0.0412
\end{aligned}
$$

と得られて，定数項 b_0 は

$$b_0 = \bar{y} - b_1 \bar{x}_1 = 20.091 - (-0.0412) \times 230.722 = 29.600$$

と得られる．よって求める予測式は

$$\hat{y} = 29.600 - 0.0412 x_1$$

である．図 6.1 に散布図と回帰直線を描く．排気量 $x_1 = 100.0$ であれば

$$\hat{y} = 29.600 - 0.0412 \times 100.0 = 25.478$$

となり，燃費は 25.478 と推定することになる．R で回帰分析を実行するには lm 関数を用いる．いまの場合，`kaiki1<-lm(mpg~disp,data=mtcars)` とすれば kaiki1 に回帰分析の結果が格納される．格納された結果は，`kaiki1` とすれば b_0, b_1 の値，`summary(kaiki1)` とすれば回帰分析の詳細結果，`plot(mpg~disp,data=mtcars)` とすれば散布図，`abline(kaiki1)` とすれば散布図の上に回帰直線が得られる．ただし図 6.1 は軸やラベルを調整していて，上記プログラムをそのまま実行しても図 6.1 と細かな点で異なる．設定の詳細は HP で説明する．`predict(kaiki1,data.frame(disp=100.0))` とすれば排気量 $x_1 = 100.0$ における推定燃費が得られる．

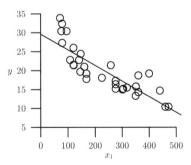

図 6.1　燃費 y の排気量 x_1 に対する回帰直線

6.3　2変数の場合の回帰式

次に説明変数が 2 つの場合として，前節の説明変数が 1 つの場合にシリン

ダ数 x_2 を説明変数に加える．すなわち燃費 y を排気量 x_1 とシリンダ数 x_2 に基づいて推定することを考える．重回帰モデルは

$$y_j = \beta_0 + \beta_1 x_{1j} + \beta_2 x_{2j} + \varepsilon_j \qquad (j = 1, \cdots, 32) \tag{6.7}$$

である．誤差 ε_j は互いに無相関で，平均 0，分散 σ^2 である．（6.7）式から

$$\varepsilon_j = y_j - (\beta_0 + \beta_1 x_{1j} + \beta_2 x_{2j}) \qquad (j = 1, \cdots, 32) \tag{6.8}$$

と表される．32 台の自動車データによる誤差平方和は

$$E = \varepsilon_1^2 + \cdots + \varepsilon_{32}^2$$
$$= \{y_1 - (\beta_0 + \beta_1 x_{11} + \beta_2 x_{21})\}^2 + \cdots + \{y_N - (\beta_0 + \beta_1 x_{1N} + \beta_2 x_{2N})\}^2 \tag{6.9}$$

である．これを最小にする $\beta_0, \beta_1, \beta_2$ の値 b_0, b_1, b_2 は，説明変数が 1 変数の場合ほど容易でないが，数学的に解くことができ，次のようになる．

$$b_0 = \bar{y} - b_1 \bar{x}_1 - b_2 \bar{x}_2, \quad b_1 = a^{11} a_{1y} + a^{12} a_{2y}, \quad b_2 = a^{12} a_{1y} + a^{22} a_{2y} \tag{6.10}$$

ここで，$\bar{y}$ は y_j の平均，$\bar{x}_1$ は x_{1j} の平均，$\bar{x}_2$ は x_{2j} の平均を表しており，32 台の自動車データから計算すると $\bar{y} = 20.091, \bar{x}_1 = 230.722, \bar{x}_2 = 6.188$ と得られる．平均のまわりの平方和・積和を

$$a_{11} = (x_{11} - \bar{x}_1)^2 + \cdots + (x_{1N} - \bar{x}_1)^2$$
$$a_{22} = (x_{21} - \bar{x}_2)^2 + \cdots + (x_{2N} - \bar{x}_2)^2$$
$$a_{yy} = (y_1 - \bar{y})^2 + \cdots + (y_N - \bar{y})^2 \tag{6.11}$$
$$a_{12} = (x_{11} - \bar{x}_1)(x_{21} - \bar{x}_2) + \cdots + (x_{1N} - \bar{x}_1)(x_{2N} - \bar{x}_2)$$
$$a_{1y} = (x_{11} - \bar{x}_1)(y_1 - \bar{y}) + \cdots + (x_{1N} - \bar{x}_1)(y_N - \bar{y})$$
$$a_{2y} = (x_{21} - \bar{x}_2)(y_1 - \bar{y}) + \cdots + (x_{2N} - \bar{x}_2)(y_N - \bar{y})$$

とすると

$$a^{11} = \frac{a_{22}}{a_{11}a_{22} - a_{12}^2}, \quad a^{12} = \frac{-a_{12}}{a_{11}a_{22} - a_{12}^2}, \quad a^{22} = \frac{a_{11}}{a_{11}a_{22} - a_{12}^2}$$

である．32台の自動車データから（6.11）式を計算すると

$$a_{11} = 476184.795, \quad a_{12} = 6189.469, \quad a_{1y} = -19626.013$$
$$a_{22} = 98.875, \quad a_{2y} = -284.344, \quad a_{yy} = 1126.047$$
$$a^{11} = 0.0000113, \quad a^{12} = -0.000705, \quad a^{22} = 0.0543$$

が得られて，それらを（6.10）式に代入して回帰係数

$$b_0 = 34.661, \quad b_1 = -0.0206, \quad b_2 = -1.587$$

を得る．よって，燃費を推定する予測式は

$$\hat{y} = 34.661 - 0.0206x_1 - 1.587x_2$$

となる．排気量 $x_1 = 300.0$, シリンダ数 $x_2 = 8$ であれば

$$\hat{y} = 34.661 - 0.0206 \times 300.0 - 1.587 \times 8 = 15.788$$

となり，燃費は15.788と推定することになる．予測式を用いて計算した各自動車の推定燃費 $\hat{y}$, 実燃費 y と推定燃費 $\hat{y}$ の差である残差 e を表6.2に示す．残差については，次節で説明する．

　実燃費 y を横軸にとり推定燃費 $\hat{y}$ を縦軸にとって，表6.2の値 $(y, \hat{y})$ による散布図を図6.2に描く．図には原点を通る45度の線を加えており，プロットがその線上にある場合は残差 e_j が0であることを意味している．実燃費 y と推定燃費 $\hat{y}$ の相関係数 R は

$$R = \frac{(y_1 - \bar{y})(\hat{y}_1 - \bar{\hat{y}}) + \cdots + (y_N - \bar{y})(\hat{y}_N - \bar{\hat{y}})}{\sqrt{(y_1 - \bar{y})^2 + \cdots + (y_N - \bar{y})^2}\sqrt{(\hat{y}_1 - \bar{\hat{y}})^2 + \cdots + (\hat{y}_N - \bar{\hat{y}})^2}} \quad (6.12)$$

である．ここで，$\bar{\hat{y}}$ は $\hat{y}_j$ の平均を表している．これから

$$R = 0.872$$

を得る．相関係数 R は y と $\hat{y}$ の直線的関連性の強さであり，その値が1に近

表 **6.2** 実燃費 (y), 推定燃費 ($\hat{y}$), 残差 (e)

No.	実燃費 (y)	推定燃費 ($\hat{y}$)	残差 (e)	No.	実燃費 (y)	推定燃費 ($\hat{y}$)	残差 (e)
1	21.0	21.844	-0.844	17	14.7	12.906	1.794
2	21.0	21.844	-0.844	18	32.4	26.692	5.708
3	22.8	26.089	-3.289	19	30.4	26.754	3.646
4	21.4	19.827	1.573	20	33.9	26.848	7.052
5	18.7	14.553	4.147	21	21.5	25.840	-4.340
6	18.1	20.506	-2.406	22	15.5	15.417	0.083
7	14.3	14.553	-0.253	23	15.2	15.705	-0.505
8	24.4	25.292	-0.892	24	13.3	14.759	-1.459
9	22.8	25.414	-2.614	25	19.2	13.729	5.471
10	19.2	21.688	-2.488	26	27.3	26.686	0.614
11	17.8	21.688	-3.888	27	26.0	25.836	0.164
12	16.4	16.286	0.114	28	30.4	26.354	4.046
13	17.3	16.286	1.014	29	15.8	14.738	1.062
14	15.2	16.286	-1.086	30	19.7	22.153	-2.453
15	10.4	12.247	-1.847	31	15.0	15.767	-0.767
16	10.4	12.494	-2.094	32	21.4	25.821	-4.421

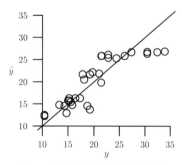

図 **6.2** 実燃費 (y) と推定燃費 ($\hat{y}$)

ければ近いほど，プロットは直線のまわりの散らばっていることになり，予
測の精度がよいことになる．この R を回帰分析では**重相関係数**という．こ
の重相関係数の 2 乗 R^2 を**決定係数**あるいは**寄与率**という．重相関係数につ
いては，次節で説明する．R で計算するには，kaiki2<-lm(mpg~disp+cyl,
data=mtcars) とすれば kaiki2 に回帰分析の結果が格納される．kaiki2 と
すれば b_0, b_1, b_2 の値，summary(kaiki2) とすれば回帰分析の詳細結果，
kaiki2$fitted とすれば推定燃費 $\hat{y}$，kaiki2$residuals とすれば残差 e,

cor(mtcars$mpg,kaiki2$fitted) とすれば実燃費 y と推定燃費 $\hat{y}$ の相関係数,
plot(mtcars$mpg,kaiki2$fitted) と す れ ば 図 6.2 が 得 ら れ る. predict
(kaiki2,data.frame(disp=300.0,cyl=8)) とすれば排気量 $x_1 = 300.0$, シ
リンダ数 $x_2 = 8$ における推定燃費が得られる.

　説明変数が 2 つの場合で述べたが, 一般に説明変数が p 個の場合も同様で
ある. この場合の重回帰モデルは

$$y_j = \beta_0 + \beta_1 x_{1j} + \cdots + \beta_p x_{pj} + \varepsilon_j \qquad (j = 1, \cdots, N) \tag{6.13}$$

である. これまでと同じように誤差

$$\varepsilon_j = y_j - (\beta_0 + \beta_1 x_{1j} + \cdots + \beta_p x_{pj}) \qquad (j = 1, \cdots, N) \tag{6.14}$$

を考え, 誤差平方和 $\varepsilon_1^2 + \cdots + \varepsilon_N^2$ を最小にするような $\beta_0, \beta_1, \cdots, \beta_p$ の値
$b_0, b_1, \cdots, b_p$ を求める. それにより予測式は

$$\hat{y} = b_0 + b_1 x_1 + \cdots + b_p x_p$$

となる. 実際にデータから回帰係数 $b_0, b_1, \cdots, b_p$ を求めるには, 2 変数の場
合と同様に $b_0, b_1, \cdots, b_p$ に関する平均や平方和・積和などを求める必要があ
るが, 詳しいことは省略する.

6.4　残差分散, 重相関係数

　前節で紹介したように, j 番目の実燃費 y_j の残差 e_j は

$$e_j = y_j(\text{実燃費}) - \hat{y}_j(\text{推定燃費})$$

と表される. 残差は回帰式では説明しきれない不規則な部分の変動の大きさを
表しており, 回帰からの**残差**あるいは**推定誤差**とよばれる. 燃費 y を排気量
x_1 とシリンダ数 x_2 に基づいて推定する回帰式における残差は表 6.2 に示して
おり, 残差平方和 $e_1^2 + \cdots + e_{32}^2$ は

$$(y_1 - \hat{y}_1)^2 + \cdots + (y_{32} - \hat{y}_{32})^2 = (-0.844)^2 + \cdots + (-4.421)^2 = 270.740$$

となる．**残差分散** V_e は，残差平方和を $N - p - 1$ で割ったもの

$$V_e = \frac{残差平方和}{N - p - 1}$$

である．いま，説明変数の個数 $p = 2$, $N = 32$ より，残差分散

$$V_e = \frac{270.740}{29} = 9.336$$

を得る．残差分散 V_e は，得られた回帰式による推定誤差の大きさがどの程度であるか教えてくれる．標準偏差は $\sqrt{V_e} = 3.055$ である．図 6.3 に 6.2 節の説明変数 x_1 に基づいた回帰式による残差のヒストグラム，6.3 節の説明変数 x_1, x_2 に基づいた回帰式による残差のヒストグラムを示す．説明変数 x_1 の場合は残差にある種の傾向があり，説明変数 x_1, x_2 の場合は残差のばらつきがランダムになっていることがわかる．

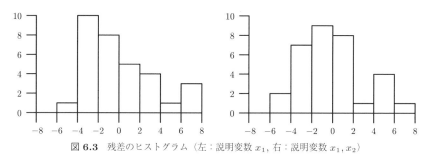

図 6.3　残差のヒストグラム（左：説明変数 x_1，右：説明変数 x_1, x_2）

実燃費の（平均のまわりの）平方和は

$$(y_1 - \bar{y})^2 + \cdots + (y_{32} - \bar{y})^2$$

であり，これは全体の平方和とよばれる．この全体の平方和から残差平方和を差し引いたものは，回帰による平方和である．燃費の平均は $\bar{y} = 20.091$ であるから，この場合の回帰による平方和は 1126.047 と求まる．数理的に

$$全体の平方和 = 回帰による平方和 + 残差平方和$$

が成り立つことを示すことができる．上式の両辺を全体の平方和で割ると

$$\frac{\text{回帰による平方和}}{\text{全体の平方和}} + \frac{\text{残差平方和}}{\text{全体の平方和}} = 1 \tag{6.15}$$

となる. 全体の平方和の中に占める回帰による平方和の割合を示す第1項は, 6.3節で説明した回帰式の決定係数になる. **決定係数**を R^2 で表すと

$$R^2 = \frac{\text{回帰による平方和}}{\text{全体の平方和}}$$

である. 排気量 x_1 とシリンダ数 x_2 に基づいて燃費 y を推定する回帰式では

$$\text{全体の平方和} = 1126.047, \quad \text{回帰による平方和} = 855.307$$

より決定係数は

$$R^2 = 0.760$$

となる. 決定係数の値が1に近いほど, (6.15) 式の第2項は小さくなる. つまり, 全体の平方和の中に占める残差平方和の割合は少なくなり, 回帰式の当てはまりがよくなる. このことから, 決定係数は回帰式の当てはまりのよさをみるのに有用であるのがわかる. 決定係数 R^2 は, (6.12) 式における実燃費 y と推定燃費 $\hat{y}$ の相関係数の平方であることを数理的に示すことができる.

　重相関係数の2乗 R^2 は, y 全体の平方和 s_0^2 のうち, $x_1, \cdots, x_p$ に関する回帰式の平方和 $(= s_0^2 - s_e^2)$ の割合を表していて

$$R^2 = \frac{s_0^2 - s_e^2}{s_0^2} = 1 - \frac{s_e^2}{s_0^2}$$

と表せる. ここで, s_e^2 は残差平方和である. R^2 は変数の数が増えればその値も大きくなる. そのため, 適切な変数の組を決める際には, 変数の数による影響を調整することが考えられていて, 次の2つの修正が提案されている (芳賀ほか, 1973).

$$R_1^2 = 1 - \frac{s_e^2/(N-p-1)}{s_0^2/(N-1)} \tag{6.16}$$

$$R_2^2 = 1 - \frac{\{(N+p+1)/(N-p-1)\}s_e^2}{\{(N+1)/(N-1)\}s_0^2} \tag{6.17}$$

R_1^2 は**自由度調整済み**重相関係数の2乗とよばれ, R_2^2 は**自由度再調整済み**重

相関係数の 2 乗とよばれる．これらは，R^2 において，分子 s_e^2 と分母 s_0^2 を調整したものである．R_1^2 においては，分散の不偏推定量に置き換えている．一方，R_2^2 においては，予測 2 乗誤差の不偏推定量に置き換えている．これらは，負の値をとることもあるが，その場合は 0 と定める．

排気量 x_1 とシリンダ数 x_2 に基づいて燃費 y を推定する回帰式では，$s_e^2 = 270.740, s_0^2 = 1126.047$ であるから

$$R_1^2 = 0.743, \qquad R_2^2 = 0.727$$

である．$R^2 = 0.760$ であったことから，$R^2 > R_1^2 > R_2^2$ の関係にあることがわかる．これは R_1^2 および R_2^2 は R^2 から変数の数の増加によって大きくなっている分を取り除かれているからである．なお，R_2^2 は説明変数の選択のための AIC 規準と漸近的に同等な性質をもつことが知られていて，変数選択規準として利用することができる (Sakurai *et al.*, 2009)．6.2 節，6.3 節に格納した回帰分析の結果を用いて，`hist(kaiki1$residuals)` とすれば説明変数 x_1 における残差のヒストグラム，`hist(kaiki2$residuals)` とすれば説明変数 x_1, x_2 における残差のヒストグラム，`summary(kaiki2)` とすれば重相関係数と自由度調整済み重相関係数が得られる．

6.5　検定と信頼区間

重回帰モデル

$$y = \beta_0 + \beta_1 x_1 + \cdots + \beta_p x_p + \varepsilon$$

において，回帰係数 β_i の推定値を b_i で表した $(i = 1, \cdots, p)$．予測式は

$$\hat{y} = b_0 + b_1 x_1 + \cdots + b_p x_p$$

である．同じ条件のもとで，別の $N = 32$ 台の自動車データが得られたとしよう．それから求めた回帰係数を b_i' で表すと，この b_i' と前に求めた b_i とはより近い値であってほしい．推定した回帰式が意味をもつためには，少なくとも回帰係数 b_i が安定していることが必要である．

残差 ε は正規分布に従うとする．このとき，次の統計量

$$t = \frac{b_i - \beta_i}{b_i \text{ の標準偏差}} \tag{6.18}$$

は自由度 $N-p-1$ の t 分布に従うことが示されている．自由度 $N-p-1$ の t 分布の上側 $\alpha/2$ 点を t_α で表すと，下側 $\alpha/2$ 点は $-t_\alpha$ と表せることから

$$-t_\alpha < \frac{b_i - \beta_i}{b_i \text{ の標準偏差}} < t_\alpha$$

の確率が $1-\alpha$ である．これから β_i の信頼係数 $(1-\alpha)$ の信頼区間は

$$\beta_i : (b_i - t_\alpha \times (b_i\text{の標準偏差}),\ b_i + t_\alpha \times (b_i\text{の標準偏差})) \tag{6.19}$$

である．排気量 x_1 とシリンダ数 x_2 に基づいて燃費 y を推定する予測式は，6.3 節で示すように

$$\hat{y} = 34.661 - 0.0206x_1 - 1.587x_2$$

であった．a^{ii} という記号と残差分散 V_e より，b_i の標準偏差は $\sqrt{a^{ii}V_e}$ と表せるから，それぞれの回帰係数の標準偏差は 32 台の自動車データから

$$b_1\text{の標準偏差} = 0.0103, \qquad b_2\text{の標準偏差} = 0.712$$

と計算される．自由度 $29(=32-2-1)$ の t 分布の上側 2.5% 点は 2.045 であるから，それらを (6.19) 式に代入して回帰係数 β_1, β_2 の 95% 信頼区間は次のように得られる．

$$\beta_1 : (-0.0416,\ 0.0004), \qquad \beta_2 : (-3.043,\ -0.131)$$

重回帰分析において，すべての説明変数の回帰係数が 0 ならば，それらの説明変数から目的変数を予測できないという意味である．そこで，先にすべての説明変数に対する仮説検定を行い，少なくとも 1 つの説明変数の回帰係数が 0 でないという結果が得られた場合，その後に個々の説明変数に対する仮説検定を行うという手順が考えられる．すべての説明変数に対する仮説検定では，帰無仮説 H_0: $\beta_1 = \cdots = \beta_p = 0$，対立仮説 H_1: $\beta_1, \cdots, \beta_p$ のうち少なくとも 1 つは 0 でないとする．帰無仮説のもとでの回帰（いまは切片項のみ）

の残差平方和 s_0^2, p 個の説明変数に対する回帰モデルの残差平方和 s_e^2 とする.
このとき, 検定統計量は

$$F = \frac{s_0^2 - s_e^2}{s_e^2} \cdot \frac{N - p - 1}{p}$$

となり, これは自由度 $(p, N - p - 1)$ の F 分布に従う.

排気量 x_1 とシリンダ数 x_2 に基づいて燃費 y を推定する回帰式で考えると,
6.4 節より $s_0^2 = 1126.047$, $s_e^2 = 270.740$ であるから,

$$F = \frac{1126.047 - 270.740}{270.740} \cdot \frac{32 - 2 - 1}{2} = 45.808$$

となる. 自由度 (2,29) の F 分布の上側 5% 点は 3.328 であるから, 有意水準
5% で帰無仮説は棄却されて, 対立仮説が採択される. すなわち, β_1, β_2 のう
ち少なくとも 1 つは 0 でないということである. 一方, 説明変数 x_i の回帰係
数が $\beta_i = 0$ ならば, その説明変数は用いる意味がない. x_i の有意性, すなわ
ち, 帰無仮説 $\beta_i = 0$ の検定統計量は, (6.18) 式において, $\beta_i = 0$ とおいた

$$t = \frac{b_i}{b_i \text{の標準偏差}}$$

に基づいている. この $|t|$ 値が小さい場合は, 説明変数 x_i は回帰式の中で有用
な変数とは考えられないことになる. $|t|$ 値が小さいとする規準値として, こ
こでは $|t|$ 値に基づく有意水準両側 5% を用いた場合で考える. 個々の x_i の有
意性検定を帰無仮説 H_0: $\beta_i = 0$, 対立仮説 H_1: $\beta_i \neq 0$ として行う. 32 台の自
動車データを用いて, x_1 に関する $|t|$ 値は

$$|t| = \left| \frac{-0.0206}{0.0103} \right| = 2.007$$

であり, $|t| < t_\alpha = 2.045$ が成り立つことから, 有意水準両側 5% で帰無仮
説は棄却されない. すなわち, x_1 は有用な変数とはいえない. x_2 に関する $|t|$
値は

$$|t| = \left| \frac{-1.587}{0.712} \right| = 2.230$$

であり, $|t| \geq t_\alpha = 2.045$ が成り立つことから, 有意水準両側 5% で帰無仮
説は棄却されて, 対立仮説が採択される. すなわち, x_2 は有用な変数である.

一般に，仮説検定で帰無仮説が棄却されなかった場合，帰無仮説を採択するのではなく結論を保留あるいは帰無仮説をとりあえず容認することとなる．どの変数を用いればよいかに関心がある場合，回帰係数が 0 か否かの検定において帰無仮説が棄却されなかった場合は回帰係数を 0 とみなしてその変数をモデルから除去することとなる．モデルに追加または除去することは変数選択とよばれ，次節以降で説明する．6.3 節で格納した回帰分析の結果を用いて，`confint(kaiki2,level=0.95)` とすれば回帰係数 β_1, β_2 の 95% 信頼区間，`summary(kaiki2)` とすれば各回帰係数の t 値および p 値が得られる．

6.6 説明変数の選択——逐次法

燃費 y を排気量 x_1，シリンダ数 x_2，重量 x_3 から推定することを考える．予測式は

$$\hat{y} = 41.108 + 0.00747x_1 - 1.785x_2 - 3.636x_3$$

となる．それらの変数間の相関係数は下記のとおりである．

	x_1	x_2	x_3	y
x_1	1.0			
x_2	0.902	1.0		
x_3	0.888	0.782	1.0	
y	−0.848	−0.852	−0.868	1.0

y と x_1 の相関係数は −0.848 であり，x_1 は y に関する情報をかなりもっている説明変数である．y と x_2 の相関係数は −0.852，y と x_3 の相関係数は −0.868 であり，x_2, x_3 のいずれも y を説明する情報を多く保持している．それらの相関係数はいずれも負であり，x_1, x_2, x_3 が増加するといずれも y が減少するという関係がある．これは，予測式を求めると回帰係数はいずれも負であることと同じ意味である．

$$y \text{ の } x_1 \text{ に対する予測式} : \hat{y} = 29.600 - 0.0412x_1$$
$$y \text{ の } x_2 \text{ に対する予測式} : \hat{y} = 37.885 - 2.876x_2$$
$$y \text{ の } x_3 \text{ に対する予測式} : \hat{y} = 37.285 - 5.344x_3$$

しかし，y を x_1, x_2, x_3 の 3 変数から推定する予測式では，x_1 の係数は +0.00747 と正であり，x_1 が 1 単位増加したときに，y は 0.00747 増加することを意味している．これは予想に反することである．この数値結果だけから判断すると，排気量 x_1 が上がれば上がるほど燃費 y は上がる．このような納得できない数値結果が出てきたのは，説明変数 x_1, x_2, x_3 の間の強い相関関係が原因である．説明変数 x_1, x_2, x_3 はお互いに強く関係しあいながら平行して変化し，それぞれの説明変数がどの程度 y に影響しているかを明確に区分することを難しくしているのである．

変数を多く取り入れて予測式をつくれば，残差平方和は小さくなり，確かに重相関係数は大きくなる．その意味では予測の精度は上がっているようにみえるが，他方データの関数である回帰係数 b_j の分散は大きくなり，予測式の安定性は悪くなる．説明変数すべてを用いた場合と，説明変数の一部を用いた場合を比較して，決定係数がそれほど変わっていなければ，説明変数の一部を用いた予測式で十分であり，その方が予測式は安定している．そこで，できるかぎり少数個の互いに相関の低い説明変数を用いて，予測の精度が全変数を用いた場合に比べてあまり変わらない予測式を求めたいのである．たくさんある変数の中から，どのような変数の組み合わせを選ぶかという問題を扱う．変数選択の方法として，この節では変数増減法と変数減増法について説明する．

変数選択において，まず初めに目的変数 y と説明変数 x_i の相関係数の大きさをみることは，相関係数が大きければ大きいほど x_i は y に関する情報をもっていることになるから参考にはなる．説明変数の間で相互に関連しあっていることを考えると，これだけでは不十分である．例えば，y と x_i および y と x_j の相関関係は大きく，さらに x_i と x_j とは高い相関をもっているとする．この場合には y に関して x_i のもっている情報と，y に関して x_j のもっている情報とはよく似たものであり，y の説明変数としては x_i か x_j のいずれかを用いていることで十分であろう．これらのことから y と x_i の相関関係の大きさ

だけではなく，説明変数相互間の関連性の強さまで考慮に入れて $x_1, \cdots, x_p$ の中からどのような組み合わせを選ぶかを決めることになる.

燃費 y の予測に説明変数 $x_1, \cdots, x_6$ を用いると，重回帰モデルは

$$y = \beta_0 + \beta_1 x_1 + \cdots + \beta_6 x_6 + \varepsilon$$

であり，残差 ε は平均 0，分散 σ^2 の正規分布に従うとする．これは y が平均 $\beta_0 + \beta_1 x_1 + \cdots + \beta_6 x_6$ の正規分布に従うことを意味する．回帰係数 β_i の推定値 b_i は，正規分布に従う $y_1, \cdots, y_{32}$ の 1 次式で表されるから，正規分布に従い

$$F = \frac{(b_i - \beta_i)^2}{b_i \text{の分散}}$$

は自由度 $(1, N - p - 1)$ の F 分布に従うことを示すことができる．いま，説明変数 $x_1, \cdots, x_6$ の中から q 個 $x_{(1)}, \cdots, x_{(q)} (1 \leq q \leq 6)$ が選ばれているとする．このとき，この q 個の説明変数に基づく重回帰モデルを

$$y = \beta_{(0)} + \beta_{(1)} x_{(1)} + \cdots + \beta_{(q)} x_{(q)} + \varepsilon$$

で表す．データから計算した予測式を

$$\hat{y} = b_{(0)} + b_{(1)} x_{(1)} + \cdots + b_{(q)} x_{(q)}$$

とする．もし $x_{(i)}$ の回帰係数 $b_{(i)}$ が小さいならば，$x_{(i)}$ は y を説明する変数として役に立っていないとして除去する．もし $x_{(i)}$ の回帰係数 $b_{(i)}$ が大きいならば $x_{(i)}$ は除去しない．回帰係数 $b_{(i)}$ が小さいまたは大きいという判定は

$$F = \frac{b_{(i)}^2}{b_{(i)} \text{の分散}}$$

の値で決まる．これは自由度 $(1, N - q - 1)$ の F 分布に従う．説明変数を除去する際の F の規準値を $F_{(\mathrm{OUT})}$ で表すと，F 値が $F_{(\mathrm{OUT})}$ より小さい場合は $x_{(i)}$ は除去する．b_1 の F 値，b_2 の F 値，$\cdots$，b_q の F 値と $F_{(\mathrm{OUT})}$ をそれぞれ比較して，$F_{(\mathrm{OUT})}$ より小さい F 値が 2 つ以上ある場合は，いちばん小さい F 値に対応する変数のみを除去する．これが説明変数を除去する規則である．

　説明変数 $x_{(1)}, \cdots, x_{(q-1)}$ が選ばれていて，残りの変数の中の1つを追加した場合に，決定係数が最大になるような変数 $x_{(q)}$ について考えよう．もし $x_{(q)}$ の回帰係数 $b_{(q)}$ が大きいならば $x_{(q)}$ は y を説明する変数として役立っているとして追加する．もし $x_{(q)}$ の回帰係数 $b_{(q)}$ が小さいならば追加しない．前と同じで，この場合も回帰係数が小さいまたは大きいという判定は

$$F = \frac{b_{(q)}^2}{b_{(q)}\text{の分散}}$$

の値で決める．これも自由度 $(1, N-q-1)$ の F 分布に従う．説明変数を追加する際の F の規準値を $F_{(\text{IN})}$ で表すと，F 値が $F_{(\text{IN})}$ より大きければ $x_{(q)}$ を追加する．$F_{(\text{IN})}$ より大きい F 値が2つ以上ある場合は，いちばん大きい F 値に対応する変数のみを追加する．この変数を除去する規準値 $F_{(\text{OUT})}$ と追加する規準値 $F_{(\text{IN})}$ は，データ以外のほかの理由による特別な要請がなく，N が大きければ $F_{(\text{OUT})} = F_{(\text{IN})} = 2.0$ にするとよい．この 2.0 は情報量規準から導くことができる．

　変数選択の代表的方法は，変数増減法と変数減増法である．変数増減法は，最初に y との相関係数が最大となる x_i を追加候補として，これを出発点に変数の追加と除去という上記の手続きをくり返し行う．また，変数減増法は p 変数のすべてを取り入れた重回帰モデルから出発し，変数の除去と追加の手続きをくり返し行う．燃費 y の予測に最適なモデルを説明変数 $x_1, \cdots, x_6$ の候補から F 値規準による変数増減法，変数減少法で選択する．32台の自動車データにおける相関行列を表 6.3 に示す．

表 **6.3**　32台の自動車データにおける相関行列

	y	x_1	x_2	x_3	x_4	x_5	x_6
y	1						
x_1	−0.848	1					
x_2	−0.852	0.902	1				
x_3	−0.868	0.888	0.782	1			
x_4	−0.776	0.791	0.832	0.659	1		
x_5	0.681	−0.710	−0.700	−0.712	−0.449	1	
x_6	0.419	−0.434	−0.591	−0.175	−0.708	0.091	1

表 6.4 説明変数 $x_1, \cdots, x_6$ の候補から F 値規準による変数増減法

		x_1	x_2	x_3	x_4	x_5	x_6
第 1 ステップ	F 値	76.513	79.561	91.375	45.460	25.970	6.377
第 2 ステップ	F 値	3.720	13.220	追加済	12.381	0.978	12.293
	x_2 追加後の F 値			17.773			
第 3 ステップ	F 値	0.398	追加済	追加済	2.307	0.000	1.638
	x_4 追加後の F 値		2.921	18.287			
第 4 ステップ	F 値	0.978	追加済	追加済	追加済	0.348	0.216

変数増減法

　第 1 ステップは各予測式 $\hat{y} = b_0 + b_i x_i (i = 1, \cdots, 6)$ の中から x_i の F 値が 2.0 超で最大の x_3 を追加する．第 2 ステップは各予測式 $\hat{y} = b_0 + b_3 x_3 + b_i x_i (i = 1, 2, 4, 5, 6)$ の中から x_i の F 値が 2.0 超で最大の x_2 を追加する．また，x_2 を追加後の予測式 $\hat{y} = b_0 + b_2 x_2 + b_3 x_3$ における x_3 の F 値が 2.0 以下であれば x_3 は除去されることになるが，2.0 超より除去されない．第 3 ステップは各予測式 $\hat{y} = b_0 + b_2 x_2 + b_3 x_3 + b_i x_i (i = 1, 4, 5, 6)$ の中から x_i の F 値が 2.0 超で最大の x_4 を追加する．また，x_4 を追加後の予測式 $\hat{y} = b_0 + b_2 x_2 + b_3 x_3 + b_4 x_4$ における x_2 または x_3 の F 値が 2.0 以下であれば x_2 または x_3 は除去されることになるが，どちらも 2.0 超より除去されない．第 4 ステップは予測式 $\hat{y} = b_0 + b_2 x_2 + b_3 x_3 + b_4 x_4 + b_i x_i (i = 1, 5, 6)$ の中から x_i の F 値が 2.0 超の変数はないため追加変数がなく，変数増減法は終了する．最終的に x_2, x_3, x_4 の 3 変数が選択される．各ステップにおける F 値を表 6.4 に示す．

変数減増法

　第 1 ステップは予測式 $\hat{y} = b_0 + b_1 x_1 + \cdots + b_6 x_6$ の中で $x_i (i = 1, \cdots, 6)$ の F 値が 2.0 以下で最小の x_6 が除去される．第 2 ステップは予測式 $\hat{y} = b_0 + b_1 x_1 + \cdots + b_5 x_5$ の中で $x_i (i = 1, \cdots, 5)$ の F 値が 2.0 以下で最小の x_5 が除去される．また，x_5 を除去後の予測式 $\hat{y} = b_0 + b_1 x_1 + \cdots + b_4 x_4 + b_6 x_6$ における x_6 の F 値が 2.0 超であったら x_6 を追加することになるが，2.0 以下より追加されない．第 3 ステップは予測式 $\hat{y} = b_0 + b_1 x_1 + \cdots + b_4 x_4$ の中で $x_i (i = 1, \cdots, 4)$ の F 値が 2.0 以下で最小の x_1 が除去される．また，x_1 を除去後の予測式 $\hat{y} = b_0 + b_2 x_2 + b_3 x_3 + b_4 x_4 + b_i x_i (i = 5, 6)$ における x_5 または x_6

表 **6.5**　説明変数 $x_1, \cdots, x_6$ の候補から F 値規準による変数減増法

		x_1	x_2	x_3	x_4	x_5	x_6
第 1 ステップ	F 値	1.204	1.017	11.099	1.337	0.797	0.604
第 2 ステップ	F 値	1.079	2.393	12.031	3.271	0.469	除去済
	x_5 除去後の F 値						0.271
第 3 ステップ	F 値	0.978	3.888	14.403	2.859	除去済	除去済
	x_1 除去後の F 値					0.348	0.216
第 4 ステップ	F 値	除去済	2.921	18.287	2.307	除去済	除去済

表 **6.6**　全変数と選択された変数による重回帰分析の結果

	全 6 変数の場合		選択された 3 変数の場合	
	回帰係数	F 値	回帰係数	F 値
x_1	0.013	1.204		
x_2	−0.819	1.017	−0.942	2.921
x_3	−4.191	11.099	−3.167	18.287
x_4	−0.018	1.337	−0.018	2.307
x_5	1.320	0.797		
x_6	0.401	0.604		
決定係数	0.855		0.843	

の F 値が 2.0 超であったら x_5 または x_6 は追加することになるが，どちらも 2.0 以下より追加されない．第 4 ステップは予測式 $\hat{y} = b_0 + b_2 x_2 + b_3 x_3 + b_4 x_4$ の中で $x_i (i = 2, 3, 4)$ の F 値が 2.0 以下の変数はないため除去変数がなく，変数減増法は終了する．最終的に x_2, x_3, x_4 の 3 変数が選択される．各ステップにおける F 値を表 6.5 に示す．

　全変数を用いた場合と最終段階で選ばれた 3 変数の場合について，回帰係数，F 値，決定係数を表 6.6 に示す．最終段階で選択された 3 変数 (x_2, x_3, x_4) による決定係数は 0.843 であり，説明変数が 3 変数減少しているにもかかわらず 0.012 しか決定係数は落ちていない．6 変数から 3 変数に変数を減らすと決定係数は 0.1 から 0.2 減少することが多いが，0.01 程度しか落ちていないのはなぜだろうか．その 1 つの理由は，表 6.3 で示すように相関係数の大きい組が多いことから似たような特徴の変数が複数あるからであろう．除去された 3 変数 (x_1, x_5, x_6) を除いても他の変数で十分に説明できているといえる．この

例では変数増減法と変数減増法の結果が一致した．数理的には一致するという
保証は何もない．一般によく用いられるのは計算時間が少なくてすむ変数増減
法である．

6.7 説明変数の選択——AIC

前節において，いくつかの説明変数から1つの目的変数を予測する場合に，
どの説明変数を用いたらよいかに関して，F 値を用いた逐次法による方法を
説明した．その他にも，情報量規準あるいはモデル選択規準量を用いた変数選
択法がある．

目的変数 y に対して，p 個の説明変数 $x_1, \cdots, x_p$ が考えられて，これらの
変数が N 個観測されているとしよう．このとき，全説明変数を用いた回帰モ
デルを

$$M_p: \ y = \beta_0 + \beta_1 x_1 + \cdots + \beta_p x_p + \varepsilon \tag{6.20}$$

と表す．いま，p 個の説明変数から q 個の変数 $x_{(1)}, \cdots, x_{(q)} (q \leq p)$ を用いた
回帰モデルは

$$M_q: \ y = \beta_{(0)} + \beta_{(1)} x_{(1)} + \cdots + \beta_{(q)} x_{(q)} + \varepsilon \tag{6.21}$$

と表せる．モデル M_q は，モデル M_p において，制約条件

$$\beta_{(q+1)} = \beta_{(q+2)} = \cdots = \beta_{(p)} = 0$$

を課したモデルである．あるいは，変数 $x_{(q+1)}, \cdots, x_{(p)}$ は，変数 $x_{(1)}, \cdots,$
$x_{(q)}$ を用いると追加情報をもたない変数であるというモデルである．そこで，
モデルのよさを測る規準量を適用して，モデル M_q が選ばれると，変数
$x_{(1)}, \cdots, x_{(q)}$ を選ぶことにすれば，1つの変数選択法が提案されたことにな
る．

モデルのよさを測る規準量として，AIC 規準を適用することを考える．AIC
規準は予測尤度が大きなモデルを選ぶことを目的とし，具体的には，"$(-2) \times$
対数予測尤度" の推定量として提案されている (Akaike, 1973)．一般に，q 個

の説明変数を用いた線形回帰モデル M_q の **AIC 規準**は

$$AIC_q = N \log\left(\frac{1}{N} s_q^2\right) + N\{\log(2\pi) + 1\} + 2d_q \qquad (6.22)$$

として定義される．ここで，s_q^2 はモデル M_q を用いた場合の残差平方和である．d_q はモデル M_q のもとでの未知パラメータ数であって，

$$d_q = (q+1) + 1 = q + 2$$

となる．各モデルに対して，AIC の値を求め，その値が最小となるモデルを最適なモデルとして選択する．ただし，統計ソフトによって AIC 規準の定義式が異なっている場合がある．同じ統計ソフトによる同じ算出方法では AIC の値は一律して異なっているため，比較による大小関係は変わらない．

32 台の自動車データにおける燃費 y の予測に最適なモデルを，説明変数 $x_1, \cdots, x_6$ の候補から AIC 規準で選択する．6 変数のあらゆる組み合わせに基づく回帰モデルの中から，最適なモデルを探すことを試みる．全部で $2^6 = 64$ 個のモデルが考えられて，AIC 規準によるベスト 5 のモデルは表 6.7 に示す．最適なモデルは F 値による逐次法と同じモデルが選択されたが，これについても数理的には一致するという保証は何もない．

表 **6.7** AIC によるベスト 5

変数の組	AIC
$\{x_2, x_3, x_4\}$	155.477
$\{x_2, x_3\}$	156.010
$\{x_2, x_3, x_6\}$	156.190
$\{x_1, x_2, x_3, x_4\}$	156.338
$\{x_3, x_4\}$	156.652

AIC 規準で変数選択をする場合，すべての変数の組み合わせに対して規準量の計算が必要である．説明変数の候補が増えると組み合わせは膨大となり，すべての変数の組み合わせに対して計算することは困難である．その場合には F 値に基づいて逐次法で変数選択を行ったように，AIC 規準に基づいて逐次法を用いる方法もある．R で AIC を求める場合は `AIC(回帰分析結果)` とすればよく，6.2, 6.3 節で格納した回帰分析の AIC は `AIC(kaiki1)`,

AIC(kaiki2) としてそれぞれ得られる.

6.8 カテゴリー変数が含まれる場合

前節までは説明変数に連続変数のみを用いて回帰分析を行っていたが,有無のような 2 カテゴリーの変数(アイテムとよばれる)を説明変数に含めて,目的変数の推定を行いたい場合もあるだろう.ここでは,前節までに用いていた "mtcars" の $x_1, \cdots, x_6$ に,x_7 vs: エンジン形状(0 = V 型エンジン,1 = 直列型エンジン),x_8 am: トランスミッション(0 = オートマ,1 = マニュアル)のカテゴリー変数を追加して,燃費 y を推定することを考える.この場合,各アイテムにおける 2 カテゴリーを 0, 1 に数量化して連続変数の扱いで回帰分析を行うこととなる.説明変数がすべてカテゴリー変数の場合は数量化 I 類とよばれ,説明変数に連続変数とカテゴリー変数の両方が含まれている場合は拡張型数量化 I 類とよばれている(菅,2016).x_7, x_8 のデータは表 6.8 に与えられる.

32 台の自動車データにおける燃費 y の予測に最適なモデルを,説明変数 $x_1, \cdots, x_8$ の候補から AIC 規準で変数選択する.全部で $2^8 = 256$ 個のモデルが考えられて,8 変数による AIC 規準によるベスト 5 のモデルを表 6.9 に示す.変数の組 $\{x_3, x_6, x_8\}$ が最適なモデルであり,決定係数は 0.850 である.一方,6 変数による AIC 規準で最適なモデルであった変数の組 $\{x_2, x_3, x_4\}$ は,8 変数による AIC 規準だと 4 番目であり,決定係数は 0.843 である.ベスト 5 の中に x_3, x_6, x_8 を含む組が 4 モデルあることに着目されたい.表 6.3

表 **6.8** 32 台の自動車における x_7, x_8

No.	x_7 vs	x_8 am	No.	x_7 vs	x_8 am	No.	x_7 vs	x_8 am	No.	x_7 vs	x_8 am	No.	x_7 vs	x_8 am	No.	x_7 vs	x_8 am
1	0	1	7	0	0	13	0	0	19	1	1	25	0	0	31	0	1
2	0	1	8	1	0	14	0	0	20	1	1	26	1	1	32	1	1
3	1	1	9	1	0	15	0	0	21	1	0	27	0	1			
4	1	0	10	1	0	16	0	0	22	0	0	28	1	1			
5	0	0	11	1	0	17	0	0	23	0	0	29	0	1			
6	1	0	12	0	0	18	1	1	24	0	0	30	0	1			

で示すように，y と x_6 の相関係数は 0.419 であり，これは y と $x_i(i = 1, \cdots,$ 6) の相関係数の絶対値の中で最小であったことから，説明変数 x_6 の 1 変数では予測の精度が最もよくない．しかし，説明変数 x_3, x_6, x_8 と組み合わせることで予測の精度がよくなっていることからわかるように，x_6 は予測式に必要な変数である．このように，重回帰分析によって新たな知見を得られることがある．

表 **6.9**　8 変数に対する AIC によるベスト 5

変数の組	AIC
$\{x_3, x_6, x_8\}$	154.119
$\{x_3, x_4, x_6, x_8\}$	154.327
$\{x_1, x_3, x_4, x_6, x_8\}$	154.974
$\{x_2, x_3, x_4\}$	155.477
$\{x_1, x_3, x_6, x_8\}$	155.494

演 習 問 題

問 6.1　ある地域における $N = 9$ 人の身長（cm），体重（kg），胸囲（cm）は以下のようであった．

y	身長	174.3	168.2	161.3	182.3	171.3	169.3	170.2	163.5	175.2
x_1	体重	73.5	60.2	58.9	75.5	69.3	65.3	70.8	61.2	73.2
x_2	胸囲	108.2	93.5	89.3	99.2	96.2	92.2	103.2	91.2	98.3

y を x_1, x_2 で推定するために重回帰モデルをあてはめて，予測式を求めよ．

問 6.2　問 6.1 で求めた予測式における回帰係数の 95% 信頼区間と決定係数 R^2 を求めよ．

問 6.3　問 6.1 のデータを用いて，y を x_1 で推定するモデル，y を x_2 で推定するモデル，y を x_1, x_2 で推定するモデルの中から AIC 規準で最適なモデルを選択せよ．

問 6.4　問 6.3 で選択された変数 x_i の有意性について，有意水準両側 5% で仮説検定をせよ．

7

適 合 度 検 定

7.1 適 合 度 検 定

　あるさいころが目の出方に偏りなくつくられているかどうかを調べるため，さいころを何回か投げる実験を行ったとする．例えば120回投げるとき，1から6の目がそれぞれ何回出現するであろうか．もし，さいころが正しく作られていれば，1から6の目が出現する確率はそれぞれ1/6である．したがって，120回の観測でどの目も $120 \times 1/6 = 20$ 回ずつ出現することが期待される．これを**期待度数**とよぶ．

　さいころを投げて実際に観測された数と期待度数のズレが大きければ，さいころは正しく作られていない，つまり1から6の目が出現する割合に偏りがあると判断することができる．このように，ある試行により観測された数，すなわち**観測度数**と理論的な数を表す期待度数の適合性を調べる検定法を**適合度検定**という．

　いま，さいころを120回投げたところ，次のような結果が得られた．

さいころの目	1	2	3	4	5	6	計
出現回数	17	22	21	14	22	24	120

目の出方にばらつきが見られるが，さいころは正しく作られていると判断できるであろうか．そこで，帰無仮説 H_0 と対立仮説 H_1 を以下のように設定した検定問題を考え，有意水準5％で適合度検定を行ってみる．

$$H_0 \ : \ \text{さいころは目の出方に偏りがない}$$
$$H_1 \ : \ \text{さいころは目の出方に偏りがある}$$

帰無仮説は p_i をさいころの目 i が出現する確率とするとき,

$$H_0 \ : \ p_1 = p_2 = \cdots = p_6 = \frac{1}{6}$$

と表現することができる．この検定問題で H_0 が棄却されるとき，さいころは
目の出方に偏りがあると判定し，H_0 が棄却されないとき，さいころは一応目
の出方に偏りがない（正確にはさいころは目の出方に偏りがあるとはいえな
い）と判定する．

　一般に，ある試行の回数を n，試行の結果として起こりうるカテゴリーの数
を k とし，それぞれの場合の観測度数を $o_i \ (i = 1, 2, \cdots, k)$，期待度数を e_i
$(i = 1, 2, \cdots, k)$ とするとき，観測度数と期待度数のズレの程度を表す統計量
として，

$$\chi^2 = \sum_{i=1}^{k} \frac{(o_i - e_i)^2}{e_i}$$

を考える．観測度数と期待度数の間にズレがないという帰無仮説が真のとき，
統計量 χ^2 は n が大きければ，近似的に自由度 $k - r - 1$ のカイ 2 乗分布に従
うことが知られている．ここで，r は期待度数を求めるために観測値から推定
した未知母数の数を表す．例えば，さいころ投げのように帰無仮説として母数
の値が与えられており，期待度数を求めるために母数を推定する必要のない場
合は $r = 0$ となる．また，例題 7.1 および 7.2 節で述べるように，分布の適合
度や独立性を検定するときは期待度数を求めるために母数を推定しなければな
らない．この場合は $r > 0$ となる．

　統計量 χ^2 は観測度数と期待度数のズレが全くないとき 0 となり，そのズレ
の程度が大きいほど，大きくなることがわかる．したがって，適合度検定にお
ける棄却域はカイ 2 乗分布の上側（右側）にのみとればよいことになる．自
由度 m のカイ 2 乗分布の上側 $100\alpha\%$ 点を $\chi^2_\alpha(m)$ で表すと，有意水準 5% の
棄却域は $D : \chi^2 > \chi^2_{0.05}(k - r - 1)$ で与えられる．

さいころ投げの問題では，試行回数 $n = 120$，カテゴリーの数 $k = 6$，観測度数 $o_1 = 17$，$o_2 = 22$，$o_3 = 21$，$o_4 = 14$，$o_5 = 22$，$o_6 = 24$ であり，期待度数は帰無仮説のもとで，$e_i = np_i = 120 \times 1/6 = 20$ $(i = 1, 2, \cdots, 6)$ となるから，統計量 χ^2 の値は次のように求められる．

$$\chi^2 = \frac{(17 - 20)^2}{20} + \frac{(22 - 20)^2}{20} + \frac{(21 - 20)^2}{20}$$
$$+ \frac{(14 - 20)^2}{20} + \frac{(22 - 20)^2}{20} + \frac{(24 - 20)^2}{20} = 3.5$$

また，期待度数を求めるために推定した未知母数の数は 0 であるから，$r = 0$ より自由度 $m = 5$ となる．自由度 5 のカイ 2 乗分布の上側 5% 点は $\chi_{0.05}^2(5) = 11.07$ であるから $\chi^2 < 11.07$ となり，帰無仮説は有意水準 5% で棄却されない．よって，このさいころは一応目の出方に偏りがないものと判定できる．

一般に，$e_i \geq 5$ $(i = 1, 2, \cdots, k)$ であれば，カイ 2 乗分布による近似がよいといわれている．$e_i < 5$ となる i が存在する場合には，$l < k$ として新たに $e_i^* \geq 5$ $(i = 1, 2, \cdots, l)$ となるようにカテゴリーをまとめればよい．

例題 7.1（分布の適合度）　18 歳の女性 50 人を抽出し身長を測定した結果，次の度数分布表を得た．身長は正規分布に従っているといえるか，有意水準 5% で検定せよ．

階級	~144	144~148	148~152	152~156	156~160	160~164	164~168	168~172	172~	計
度数	0	4	6	10	14	11	3	2	0	50

[解]　まず，度数分布表から正規分布の母数を推定する．各階級の中央の値（級代表値）と度数を用いて，正規分布の 2 つの母数 μ，σ^2 の最尤推定値 $\hat{\mu}$，$\hat{\sigma}^2$ を求めると，$\hat{\mu} = 157.12$，$\hat{\sigma}^2 = 5.95^2$ となる．このとき，検定問題

$$H_0 : 身長 X は正規分布 N(157.12, 5.95^2) に従う$$
$$H_1 : 身長 X は正規分布 N(157.12, 5.95^2) に従わない$$

を考える．帰無仮説のもとで，身長 X が度数分布表の各階級に含まれる確率を p_i $(i = 1, 2, \cdots, 9)$ とすると，正規分布の確率から $p_1 = 0.0137$，$p_2 = 0.0489$，$p_3 = 0.1321$，$p_4 = 0.2306$，$p_5 = 0.2605$，$p_6 = 0.1904$，$p_7 = 0.0900$，

$p_8 = 0.0275$, $p_9 = 0.0062$ を得る．また，期待度数は $e_i = np_i = 50 \times p_i$ で求められ，$e_1 = 0.69$, $e_2 = 2.45$, $e_3 = 6.60$, $e_4 = 11.53$, $e_5 = 13.02$, $e_6 = 9.52$, $e_7 = 4.50$, $e_8 = 1.38$, $e_9 = 0.31$ となる．$e_1, e_2, e_7, e_8, e_9 < 5$ であるから，対応する階級 ~ 144, $144 \sim 148$, $164 \sim 168$, $168 \sim 172$, $172 \sim$ を期待度数が 5 以上になるように隣り合う階級とまとめることによって，次の表を得る．

階級	~ 152	$152 \sim 156$	$156 \sim 160$	$160 \sim 164$	$164 \sim$	計
度数	10	10	14	11	5	50
期待度数	9.74	11.53	13.02	9.52	6.19	50

したがって，適合度検定に用いる統計量 χ^2 を計算すると，

$$\chi^2 = \frac{(10 - 9.74)^2}{9.74} + \frac{(10 - 11.53)^2}{11.53} + \frac{(14 - 13.02)^2}{13.02}$$
$$+ \frac{(11 - 9.52)^2}{9.52} + \frac{(5 - 6.19)^2}{6.19} = 0.72$$

となる．また，自由度 m は観測値から正規分布の 2 つの母数 μ, σ^2 を推定したので，$r = 2$ より $m = k - r - 1 = 5 - 2 - 1 = 2$ となる．自由度 2 のカイ 2 乗分布の上側 5% 点は $\chi^2_{0.05}(2) = 5.99$ であるから，$\chi^2 < 5.99$ より帰無仮説は棄却されない．よって，身長 X は一応正規分布に従っていると判断する．

7.2　独立性の検定

いま，予防注射がある病気の予防に効果があるかどうかを知りたい．そこで，予防注射を受けた人と受けなかった人に対して，病気にかかったかどうかを調べたところ，次の結果が得られた．

予防注射＼病気	かかった	かからなかった	計
受けた	5	45	50
受けなかった	20	80	100
計	25	125	150

この結果から，予防注射の効果があるといってよいであろうか．このように 2 つの特性の間に関連性があるかどうかを調べる検定法を**独立性の検定**あるいは

表 7.1 $k \times l$ 分割表

特性 A ＼ 特性 B	B_1	B_2	$\cdots$	B_l	計
A_1	n_{11}	n_{12}	$\cdots$	n_{1l}	$n_{1\cdot}$
A_2	n_{21}	n_{22}	$\cdots$	n_{2l}	$n_{2\cdot}$
$\vdots$	$\vdots$	$\vdots$	$\ddots$	$\vdots$	$\vdots$
A_k	n_{k1}	n_{k2}	$\cdots$	n_{kl}	$n_{k\cdot}$
計	$n_{\cdot 1}$	$n_{\cdot 2}$	$\cdots$	$n_{\cdot l}$	n

分割表の検定という.

一般に, 2つの特性 A と B があり, A は k 個のカテゴリー $A_1, A_2, \cdots, A_k$ に, B は l 個のカテゴリー $B_1, B_2, \cdots, B_l$ に分類されているものとする. n 個の観測値のうち, 特性 $A_i \cap B_j (A_i$ かつ $B_j)$ に属する個数を n_{ij} とする. こ れをまとめたものが表 7.1 である. この表を $k \times l$ 分割表という.

分割表の $n_{i\cdot}$ $(i = 1, 2, \cdots, k)$, $n_{\cdot j}$ $(j = 1, 2, \cdots, l)$ はそれぞれ行と列の合 計, n は観測値の個数を表し, 次のように書くことができる.

$$n_{i\cdot} = \sum_{j=1}^{l} n_{ij} \qquad (i = 1, 2, \cdots, k)$$

$$n_{\cdot j} = \sum_{i=1}^{k} n_{ij} \qquad (j = 1, 2, \cdots, l)$$

$$n = \sum_{i=1}^{k} \sum_{j=1}^{l} n_{ij}$$

この分割表から 2つの特性 A と B の独立性を検定する.

特性 $A_i \cap B_j$ の起こる確率を p_{ij}, 特性 A_i の起こる確率を $p_{i\cdot}$, 特性 B_j の 起こる確率を $p_{\cdot j}$ とすると, 特性 A と特性 B は独立であるという帰無仮説は

$$H_0 \ : \ p_{ij} = p_{i\cdot} \times p_{\cdot j} \qquad (i = 1, 2, \cdots, k; \ j = 1, 2, \cdots, l)$$

と表すことができる. ここで,

$$p_{i\cdot} = \sum_{j=1}^{l} p_{ij}, \qquad p_{\cdot j} = \sum_{i=1}^{k} p_{ij}$$

である.

次に,帰無仮説のもとで,観測度数 n_{ij} と期待度数 $n \times p_{ij}$ のズレの程度を表す統計量

$$\chi^2 = \sum_{i=1}^{k}\sum_{j=1}^{l} \frac{(n_{ij} - np_{ij})^2}{np_{ij}} = \sum_{i=1}^{k}\sum_{j=1}^{l} \frac{(n_{ij} - np_{i\cdot}p_{\cdot j})^2}{np_{i\cdot}p_{\cdot j}}$$

を考える.ここで,$p_{i\cdot}$ と $p_{\cdot j}$ は未知であるから,これらを推定値

$$\hat{p}_{i\cdot} = \frac{n_{i\cdot}}{n}, \qquad \hat{p}_{\cdot j} = \frac{n_{\cdot j}}{n} \tag{7.1}$$

で置き換える.このとき

$$\chi^2 = \sum_{i=1}^{k}\sum_{j=1}^{l} \frac{(n_{ij} - n_{i\cdot}n_{\cdot j}/n)^2}{n_{i\cdot}n_{\cdot j}/n}$$

は近似的に自由度 $(k-1)(l-1)$ のカイ 2 乗分布に従う.

自由度 $(k-1)(l-1)$ は次のように導かれる.観測値から,$p_{i\cdot}$ に関して (7.1) 式の $\hat{p}_{i\cdot}$ により制約条件 $\sum_{i=1}^{k}\hat{p}_{i\cdot} = 1$ のもとで $k-1$ 個の母数を推定する.また,$p_{\cdot j}$ に関して (7.1) 式の $\hat{p}_{\cdot j}$ により制約条件 $\sum_{j=1}^{l}\hat{p}_{\cdot j} = 1$ のもとで $l-1$ 個の母数を推定する.よって,適合度検定の自由度から

$$kl - \{(k-1) + (l-1)\} - 1 = (k-1)(l-1)$$

を得る.

以上のことから,統計量 χ^2 の値を計算し,$\chi^2 > \chi_\alpha^2((k-1)(l-1))$ のとき,帰無仮説を棄却する.

本節の冒頭で述べた予防注射の問題で「注射の効果がない」ということは「注射の有無と発病の有無は独立(無関係)」ということと同等であるから,注射と発病は独立であるという帰無仮説をたて,検定の結果,仮説が棄却されれば注射の効果を認めることになる.帰無仮説のもとで期待度数 $n_{i\cdot}n_{\cdot j}/n$ を計算すると,次のようになる.

予防注射＼病気	かかった	かからなかった
受けた	8.33	41.67
受けなかった	16.67	83.33

したがって，統計量 χ^2 の値は

$$\chi^2 = \frac{(5 - 8.33)^2}{8.33} + \frac{(45 - 41.67)^2}{41.67} + \frac{(20 - 16.67)^2}{16.67} + \frac{(80 - 83.33)^2}{83.33}$$

$$= 2.4$$

となる．また，自由度は $m = (2 - 1) \times (2 - 1) = 1$ である．自由度 1 のカイ 2 乗分布の上側 5% 点は $\chi^2_{0.05}(1) = 3.84$ であるから，$\chi^2 < 3.84$ となり，帰無仮説は有意水準 5% で棄却されない．よって，注射の有無と発病の有無は独立でないとはいえず，注射の効果があるとはいえないという結論になる．

次に，2×3 分割表の例を紹介する．いま，20 代と 30 代の男性それぞれ 100 人と 150 人を無作為に選び，3 種類の紅茶 A, B, C の中でどの紅茶が最も好みであるかを調査したところ，次の結果が得られた．

年代＼紅茶	A	B	C	計
20 代	28	42	30	100
30 代	66	46	38	150
計	94	88	68	250

年代と紅茶の好みに関連性があるといえるであろうか．年代と紅茶の好みは独立であるという帰無仮説をたて，これを有意水準 5% で検定してみる．帰無仮説のもとで期待度数を計算すると，次のようになる．

年代＼紅茶	A	B	C
20 代	37.6	35.2	27.2
30 代	56.4	52.8	40.8

したがって，統計量 χ^2 の値は

$$\chi^2 = \frac{(28 - 37.6)^2}{37.6} + \frac{(42 - 35.2)^2}{35.2} + \frac{(30 - 27.2)^2}{27.2}$$

$$+ \frac{(66 - 56.4)^2}{56.4} + \frac{(46 - 52.8)^2}{52.8} + \frac{(38 - 40.8)^2}{40.8} = 6.75$$

となる．また，自由度は $m = (2-1) \times (3-1) = 2$ である．自由度2のカイ2乗分布の上側5%点は $\chi^2_{0.05}(2) = 5.99$ であるから，$\chi^2 > 5.99$ となり，帰無仮説は有意水準5%で棄却される．よって，年代と紅茶の好みの間に関連性があるといえる．

　同様にして，一般に $k \times l$ 分割表の場合に独立性の検定を行うことができる．

7.3　フィッシャーの正確確率検定

　独立性の検定では，カイ2乗分布による近似に関して，期待度数が5以上という条件が必要であった．期待度数が5より小さくなるとき，カイ2乗分布を用いた検定は適切ではない．このような場合にフィッシャーの**正確確率検定**とよばれる方法が知られている．

表 **7.2**　観測数が少ない場合の 2×2 分割表

特性 A ＼特性 B	B_1	B_2	計
A_1	7	2	9
A_2	3	8	11
計	10	10	20

　いま，特性 A, B に関して，表7.2のデータを得たとする．このデータから，帰無仮説 H_0 : $p_{ij} = p_{i\cdot}p_{\cdot j}$ $(i,j = 1,2)$ のもとで期待度数を計算すると，次のようになる．

特性 A ＼特性 B	B_1	B_2
A_1	4.5	4.5
A_2	5.5	5.5

この表を見ると，期待度数が5より小さいカテゴリーが存在するのがわかる．したがって，カイ2乗分布による検定は適切ではない．そこで，フィッシャーの正確確率検定を適用する．これは以下のようなプロセスによって実行される．

　まず，分割表において行・列の合計を固定したときに，得られた観測度数よりも偏った度数が出現する組み合わせを考える．具体的には観測値が表7.3の

表 **7.3** 2 × 2 分割表

特性 A ＼特性 B	B_1	B_2	計
A_1	a	b	m_1
A_2	c	d	m_2
計	n_1	n_2	n

ように与えられているとき，$a \times d - b \times c$ の絶対値よりも大きくなるような度数の組み合わせを考えるということである．

表 7.2 のデータで片側検定のとき，そのような組み合わせは次の 3 通りある．

$A \setminus B$	B_1	B_2
A_1	7	2
A_2	3	8

$A \setminus B$	B_1	B_2
A_1	8	1
A_2	2	9

$A \setminus B$	B_1	B_2
A_1	9	0
A_2	1	10

このとき，帰無仮説のもとで，3 通りの観測値が得られる確率をそれぞれ計算する．表 7.3 のように行・列の合計が m_1, m_2, n_1, n_2 であるという条件のもとで，度数が a, b, c, d となる条件付き確率は

$$\frac{m_1! \, m_2! \, n_1! \, n_2!}{n!} \times \frac{1}{a! \, b! \, c! \, d!} \tag{7.2}$$

で与えられる．（7.2) 式は以下のようにして求めることができる．

2 × 2 分割表の特性 A と特性 B が独立のとき，A_1, A_2 に関係なく同じ確率 p で B_1 が起こると仮定すると，$A_i \cap B_j \ (i, j = 1, 2)$ である確率は次の表のようになる．

特性 A ＼特性 B	B_1	B_2
A_1	p	$1-p$
A_2	p	$1-p$

よって，表 7.3 の行の合計が m_1, m_2 のときに，度数が a, b, c, d となる確率は行の独立性と二項分布から

$$\left\{ \frac{m_1!}{a! \, b!} p^a (1-p)^b \right\} \times \left\{ \frac{m_2!}{c! \, d!} p^c (1-p)^d \right\} = \frac{m_1! \, m_2!}{a! \, b! \, c! \, d!} p^{n_1} (1-p)^{n_2} \tag{7.3}$$

で与えられる．一方，列の合計が n_1, n_2 となる確率は二項分布から

$$\frac{n!}{n_1! \, n_2!} p^{n_1} (1-p)^{n_2} \tag{7.4}$$

となる．したがって，(7.3) 式を (7.4) 式で割ることにより，(7.2) 式が得られる．

（7.2）式を用いて計算した確率の合計，すなわち p 値が有意水準 α より小さければ，帰無仮説を棄却し，そうでなければ帰無仮説を棄却しない．実際，p 値を計算すると

$$\frac{9!\,11!\,10!\,10!}{20!} \times \left(\frac{1}{7!\,2!\,3!\,8!} + \frac{1}{8!\,1!\,2!\,9!} + \frac{1}{9!\,0!\,1!\,10!} \right) = 0.035 < 0.05$$

となるから，帰無仮説は有意水準 5% で棄却される．

なお，両側検定の場合は，以下のような逆向きの偏りも考慮に入れる必要がある．

$A \setminus B$	B_1	B_2		$A \setminus B$	B_1	B_2		$A \setminus B$	B_1	B_2
A_1	2	7		A_1	1	8		A_1	0	9
A_2	8	3		A_2	9	2		A_2	10	1

このとき，p 値は片側検定の場合の 2 倍となる．

7.4　ゲノムデータへの適用

近年，遺伝子と疾患の関連を解き明かすための研究が盛んに行われている．2003 年にヒトゲノムの全配列が解明され，その後急速に遺伝子配列を読む技術が発展している．ヒトの遺伝子配列が解明されると，次の興味は遺伝子の機能の解明，そして疾患に関連する遺伝子の探索に移っていった．その疾患関連遺伝子の探索において，統計学，特に適合度検定は重要な役割を担っている．

人間は，各自 2 本の染色体をもつ．ここでは，染色体とは A（アデニン），G（グアニン），T（チミン），C（シトシン）の 4 つの塩基が並んだ配列（**ゲノム配列**）と理解しておく．人間は父親母親からそれぞれ 1 本ずつ，計 2 本の染色体，すなわちゲノム配列を継承している．全染色体においてゲノム配列は約 30 億塩基対存在する．そのうちの約 99.9% はすべての人間（すべての染色体）で同じ塩基であるが，残りの約 0.1% は，人によって（正確には染色体によって）異なる塩基となっている．ゲノム配列の同じ場所において，異なる染色体間で塩基が異なる場合，これを**多型**（polymorphism）といい，そ

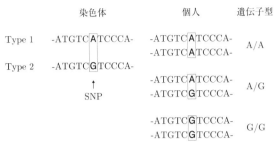

図 7.1 SNP の例

の場所を**遺伝子座**，または**座位**という．特に，1つの塩基の違いを**一塩基多型**（SNP：single-nucleotide polymorphism）という．例えば，染色体上のある遺伝子座に A と G の SNP が存在する場合，人により A/A，A/G，G/G のように3つの型が存在する．このような**アレル**（ここでは ATGC の塩基のこととする）の組み合わせを**遺伝子型**（または遺伝型）という（図7.1）．各 SNP により塩基が異なるため，一般的に頻度が高い方の塩基を Wild Type（W），低い方を Mutant（M）と表すと，各個人は W/W，W/M，M/M のいずれかの遺伝子型をもつ．この遺伝子型が個人の体質，例えば疾患への罹患のしやすさや薬剤の副作用の起こしやすさを決定する大きな要因となっている．

　SNP の数は正確にはわからないが，30億のおおよそ 0.1%，300万くらい存在するといわれている．疾患関連遺伝子の探索は，本来それらすべてについて行うべきである．しかし，近い距離に存在する SNP 間には相関があることや，染色体上には何の機能も有していない領域も多く存在することがわかっている．これまでの研究によって，約55万の SNP を調べれば，全染色体について意味がある配列を網羅的に調べたことに匹敵することが知られている．したがって，用いられる SNP 数は約55万である．すなわち，扱うデータは個体数 ×55万変数という高次元データとなる．このように，遺伝子と疾患の関連を網羅的に調べる研究を**ゲノムワイド関連解析**（GWAS：genome-wide association study）という．ゲノムワイド関連解析において，適合度検定は2つの目的で用いられる．1つはデータのクリーニング，もう1つは SNP と疾患の関連の特定である．

　研究において，仮説の検証のためにデータを収集すると，研究対象となる母集団から得られたとは思えない不自然なデータが含まれることも多い．このようなデータは計測ミス，転記ミスなどさまざまな要因で現れ，データ解析の際は除外すべきである．これはゲノムデータでも同様で，個体数 ×55 万の遺伝子型を計測したデータを得たところで，それをそのまますべて解析することはできない．各 SNP における個人の遺伝子型は，実験により計測している．そのため，実験がうまくいかず正しい遺伝子型を計測できていない SNP もある程度の割合で含まれてしまう．そのため，まずは計測ミスをしている SNP を取り除く，いわゆるデータクリーニングが必要となる．その際，ハーディー・ワインバーグの法則を用いた適合度検定が有効である．

　ハーディー・ワインバーグの法則とはアレル頻度と遺伝子型頻度の関係を数式化したものである．**アレル頻度**とは集団において特定のアレルが占める割合，遺伝子型頻度とは集団における特定の遺伝子型が占める割合である．W のアレル頻度が p であるとき，遺伝子型 W/W, W/M, M/M の頻度がそれぞれ p^2, $2p(1-p)$, $(1-p)^2$ となる状態をハーディー・ワインバーグ平衡（HWE：Hardy-Weinberg's equilibrium）という．一般に HWE は自由交配集団において成り立つものであり，人間において，ほとんどの遺伝子座でこの法則が成り立つと考えられる．特定の SNP においてこの法則が成り立たない理由は複数考えられるが，最も有力なものは，遺伝子型の読み間違い，すなわちデータ取得のミスである．したがって，データクリーニングの手順として，実際に得られた遺伝子型データが HWE に基づいているかを検定し，棄却された場合にはその SNP のデータは測定ミスを含んでいるとして除くという方法が用いられる．HWE を適合度検定で検定するときの帰無仮説と対立仮説は

$$H_0 : データが HWE に基づいている$$

$$H_1 : データが HWE に基づいていない$$

である．得られた W/W, W/M, M/M の観測度数をそれぞれ o_1, o_2, o_3 とすると，期待度数は表 7.4 のようになる．

　したがって，ここで行う適合度検定の検定統計量は

表 **7.4**　観測度数と期待度数

遺伝子型	W/W	W/T	T/T	計
観測度数	o_1	o_2	o_3	N
期待度数	Np^2	$2Np(1-p)$	$N(1-p)^2$	N

$$\chi^2 = \frac{(o_1 - N\hat{p}^2)^2}{N\hat{p}^2} + \frac{(o_2 - 2N\hat{p}(1-\hat{p}))^2}{2N\hat{p}(1-\hat{p})} + \frac{(o_3 - N(1-\hat{p})^2)^2}{N(1-\hat{p})^2},$$

$$\hat{p} = \frac{2o_1 + o_2}{2N}$$

である．帰無仮説が真であるとき，χ^2 は自由度 1 のカイ 2 乗分布に従う．自由度が 1 である理由は，7.1 節に書かれている自由度 $k - r - 1$ において $k = 3$ であり，推定する未知母数が p のみで $r = 1$ だからである．R でこの検定を行うには例えば HWE_test（HP 参照）のような関数を作成すればよい．

　例として，200 人についてある SNP の遺伝子型を計測したところ，W/W が 50 人，W/M が 120 人，M/M が 30 人であったとする．このとき，R で作成した関数を用い，

　　HWE_test (50,120,30)

とすると，0.002701153 という p 値が計算され，これを有意水準と比較してデータが HWE に基づいているか検討する．有意である場合，この SNP のデータは測定ミスであると考え除外する．

　ここで，用いる有意水準は低めに設定する必要がある．有意水準とは第 1 種過誤の確率であり，HWE に基づいている SNP を誤って排除してしまう確率である．例えば有意水準を 0.05 として 55 万の SNP を検定すると，すべてが HWE に基づいているとしても 55 万 × 0.05 = 27500 と，約 27500 の SNP が適合度検定により棄却されてしまい，データクリーニングの時点で排除されてしまうことになる．第 1 種過誤で排除される SNP が多いと，その中に本当に疾患に関連する SNP が含まれてしまう可能性が高くなってしまう．したがって，非常に低い有意水準，例えば 1.0×10^{-6} といった値を用いる．有意水準を低く設定すると検出力が下がるが，もともとこの検定の検出力は非常に高く，測定ミスに対しては非常に低い p 値が得られる．したがって，実際にこれくらいの有意水準を用いれば，十分タイピングミスのデータを排除でき，

第 1 種過誤により排除される SNP 数も減らすことができる．なお，セルの期待度数が小さい場合（一般的に 5 未満の場合），正確確率検定により検定を行う．HWE の正確確率検定については，鎌谷（2007）を参照されたい．

　データクリーニングは HWE の検定以外にもいくつかの基準を用いて行われる．そして，クリーニングされたデータについて，疾患と関連がある SNP の探索を行うことになるが，その際も適合度検定，ここでは独立性の検定が用いられる．まず，疾患の患者を $n_{1.}$ 人，健常者を $n_{2.}$ 人集める．それぞれについて，ある SNP における各遺伝子型の人数を得るものとし，その人数を表 7.5 のように表記する．

表 7.5 遺伝子型の度数

遺伝子型	W/W	W/M	M/M	計
患者	n_{10}	n_{11}	n_{12}	$n_{1.}$
健常者	n_{20}	n_{21}	n_{22}	$n_{2.}$
計	$n_{.0}$	$n_{.1}$	$n_{.2}$	n

独立性の検定を，上記の 2×3 分割表に適用してもよいが，最もよく行われるのは患者群，健常者群のおける M の頻度に差があるかについての検定である．上記の 2×3 分割表から患者におけるアレル W，M の個数，健常者におけるアレル W，M の個数を表 7.6 のように得ることができる．

表 7.6 アレルの度数

アレル	W	M	計
患者	$2n_{10} + n_{11}$	$2n_{12} + n_{11}$	$2n_{1.}$
健常者	$2n_{20} + n_{21}$	$2n_{22} + n_{21}$	$2n_{2.}$
計	$2n_{.0} + n_{.1}$	$2n_{.2} + n_{.1}$	$2n$

もしこの SNP が疾患の発症に無関係であれば，患者における W の頻度と健常者における W の頻度は同じはずである．これが患者と健常者で異なる場合，その SNP が疾患の発症に関与していることを示唆する．すなわち，アレルの個数と患者・健常者が独立ではない場合，それが疾患に関連する SNP であると考えられる．なお，データをこのようにすると，2×3 分割表に比べてサンプル数が 2 倍になるため，一般的には検出力が高くなると考えられる．したがって，この方法を採用することが多い．以下では上記の 2×2 の分割表

について独立性の検定を行う．帰無仮説と対立仮説は

$$H_0：疾患とアレル頻度に関連がない$$

$$H_1：疾患とアレル頻度に関連がある$$

である．前述の 2×2 分割表から独立性の検定の検定統計量 χ^2 を計算する．帰無仮説が真のとき，χ^2 は自由度 1 のカイ 2 乗分布に従う．R でこの検定を行うには例えば Association_test（HP 参照）のような関数を作成すればよい．

　例として，患者 200 人，健常者 300 人についてある SNP の遺伝子型を計測したところ，患者における W/W が 50 人，W/M が 120 人，M/M が 30 人，健常者における W/W が 60 人，W/M が 150 人，M/M が 90 人であったとする．このとき，R で作成した関数を用い，

```
Association_test(50,120,30,60,150,90)
```

とすると，p 値が 0.001942 になる．ただし，セルの期待度数が 5 未満である場合は，フィッシャーの正確確率検定を用いる．その場合は，上記の関数 Association_test の 3 行目の関数 chisq.test を fisher.test に変更した Association_test_fisher（HP 参照）を用いればよい．このように得られた p 値と有意水準を比較して，疾患との関連の有無を判断する．しかし，ここでも有意水準には注意しなければならない．ハーディー・ワインバーグ平衡の検定と同様，有意水準を 0.05 とすると，約 27500 の本当は疾患に関係がない SNP が有意となってしまう．この問題は多重比較と呼ばれ，ゲノムワイド関連解析において大きな問題となる．多重比較に関する解説は本書の 10 章にあるので，ここでは詳細な説明は省略するが，解決法としては**ボンフェローニ検定法**を用いることが一般的である．ボンフェローニ検定法はその簡便な手順から多重比較の問題解決によく用いられる方法である．その手順とは，全体での有意水準を α に設定したとき，それを検定の回数 k で割った値 α/k を，個々の検定での有意水準として用いることである．すると，全体の有意水準はもともと設定した有意水準 α 以下となる（詳細は第 10.2 節参照）．

　ここでは 55 万 SNP の例を挙げるのは難しいため，5SNP の例を示す．表 7.7 は遺伝子データのモデルに基づいて作成した，患者 200 人，健常者 300 人

表 7.7 シミュレーションデータ

	患者			健常者			HWE の 検 定の p 値	分割表の検定の p 値
	W/W	W/M	M/M	W/W	W/M	M/M		
SNP1	102	82	16	180	110	10	0.360973	0.01371
SNP2	79	97	24	168	113	19	0.862333	0.00017
SNP3	71	103	26	98	147	55	0.474742	0.19870
SNP4	99	80	21	150	132	18	0.507678	0.39340
SNP5	86	92	51	134	88	39	1.31×10^{-7}	0.00063

について 5SNP の遺伝子型を計測したシミュレーションデータである. SNP1
〜5 の中から疾患に関連があるものを探索することを目的とする. HWE の検
定の有意水準を 1.0×10^{-6}, 5 つの分割表の検定における全体の有意水準を
0.05 とする. 最初に HWE の検定を行うと, SNP5 が有意となり, これは測
定ミスが含まれるデータとして除外される. 次に残った 4 つの SNP について
分割表の検定を行うと, 表 7.7 のような p 値が得られる. ここでボンフェロー
ニ検定法により, 有意水準は $0.05/4 = 0.0125$ となるので, これより低い p 値
の SNP2 のみが疾患に関連がある SNP として特定される.

例えば 55 万 SNP の検定を行う場合, 通常の第 1 種過誤の確率 0.05 を 55
万で割った 9.1×10^{-8} という非常に低い有意水準を用いることになる. この
有意水準で有意になるためには検定統計量 χ^2 が 28.57798 より大きくならな
ければならず, 少ないサンプル数ではほとんど検出力がなくなってしまう. し
たがって, ゲノムワイド関連解析で高い検出力を得るためには大きなサンプル
が求められる.

この問題は時間とともに解決されてきている. 解決策の 1 つはサンプルサ
イズの増加である. これまでは遺伝子配列を読むためのコストが大きく, 大量
のサンプルを収集することが難しかったが, 現在はそのコストが下がり, 以前
より多くのサンプル収集が可能になっている. また, メタアナリシスによる解
決も盛んに行われている. **メタアナリシス**とは, 他の研究で集めたサンプルと
自身が集めたサンプルを統合して検定を行う方法である. 海外や, 他の研究機
関が報告した論文のデータと自分のデータを統合することで, より検出力が高
い研究を行うことが可能である. メタアナリシスの詳細は丹後 (2016) を参
照されたい.

　なお，実際の解析は，通常のパソコンでは難しく大きなメモリーを搭載した計算機を用いる．また，ここで例示した関数などは用いることはなく，実際には GenABEL などの R のパッケージを用いて計算することになる．

演 習 問 題

問 7.1　ある 1 週間の全国の交通事故死亡者数は以下のようであった.

死亡者数	日	月	火	水	木	金	土	計
日数	14	21	16	10	16	22	27	126

　死亡者数は曜日によって異なるといえるか，有意水準 5% で検定せよ.

問 7.2　ある地域の 1 日あたりの交通事故死亡者数を 90 日間にわたって調べたところ，次のような結果を得た.

死亡者数	0	1	2	3	4	5	計
日数	36	31	16	4	2	1	90

　死亡者数はポアソン分布に従っているとみなしてよいか，有意水準 5% で検定せよ.

8

モデル選択法

8.1 よいモデルとは

8.1.1 統計的モデル

6章において，いくつかの説明変数から目的変数を予測する方法として**重回帰モデル**を扱った．この分析においては，それらの説明変数の中からどの説明変数を用いた方がよいかという問題が生じる．

今，xの値ととも変化するyに関して，次のような11個の観測値が与えられている例で考えてみる．

表 8.1 x と y についての観測値

x の値	1.50	2.00	2.50	3.00	3.50	4.00	4.500	5.00	5.50	6.00	6.50
y の値	−4.86	−4.10	−1.49	−3.66	−1.92	−1.42	2.60	5.54	7.66	11.41	16.23

これらの観測値を順に $(x_1, y_1), (x_2, y_2), \cdots, (x_n, y_n)$ と表すことにする．ここに，$n = 11$ である．このデータに対して，直線回帰モデルを当てはめたモデルを考える．これは，y_i が平均 $\beta_0 + \beta_1 x_i$，分散 σ^2 の正規分布にしたがって互いに独立に分布しているというモデル，

$$M_1 : y_i = \beta_0 + \beta_1 x_i + \varepsilon_i \qquad (i = 1, \cdots, n)$$

である．ここで，$\beta_0, \beta_1, \sigma^2$ は未知パラメータである．このとき，誤差項 $\varepsilon_1, \cdots, \varepsilon_n$ は互いに独立で，それぞれ正規分布 $N(0, \sigma^2)$ に従っている．また別なモデルとして，2次曲線，3次曲線を当てはめたモデル

$$M_2: \ y_i = \beta_0 + \beta_1 x_i + \beta_2 x_i^2 + \varepsilon_i \qquad (i = 1, \cdots, n),$$

$$M_3: \ y_i = \beta_0 + \beta_1 x_i + \beta_2 x_i^2 + \beta_3 x_i^3 + \varepsilon_i \qquad (i = 1, \cdots, n)$$

も考える.

これら3つのモデルは表8.1で与えられるデータに対して想定されるモデルであって，候補のモデルともよばれる．モデル M_1 の説明変数は x，モデル M_2 の説明変数は x, x^2，モデル M_3 の説明変数は x, x^2, x^3 である．このとき，どのモデルが最適であろうか．

8.1.2 残差平方和とモデルの複雑さ

モデルのよさの重要な側面として，当てはまりがよいことが挙げられる．モデル M_1 では直線を当てはめるが，6.2節で見てきたようにこの直線は**最小2乗法**によって求められる．すなわち，x の各値において観測値と直線上の値との差の2乗を考え，それをすべての x について加えた

$$(y_1 - \beta_0 - \beta_1 x_1)^2 + (y_2 - \beta_0 - \beta_1 x_2)^2 + \cdots + (y_n - \beta_0 - \beta_1 x_n)^2$$

を最小にするような (β_0, β_1) の値 (b_0, b_1) と，そのときの平方和である残差平方和 s_1^2 を求める．このとき，最小2乗法によって求められた直線は $y = b_0 + b_1 x$ として与えられる．

当てはまりの程度は，そのときの残差平方和の値で測られる．図8.1には，データの散布図と，各モデルの下で当てはめられた直線あるいは曲線が描かれている．当てはめられた，直線，2次曲線，3次曲線はそれぞれ，

$$y = -13.482 + 3.961x,$$

$$y = -0.5770 - 3.6861x + 0.9559x^2,$$

$$y = -5.13312 + 0.60868x - 0.22751x^2 + 0.09862x^3$$

となる．当てはまりのよさを表す残差平方和の値を，それぞれ s_1^2, s_2^2, s_3^2 とすると，それらは次のようになる．

$$s_1^2 = 58.59 > s_2^2 = 9.59 > s_3^2 = 8.65$$

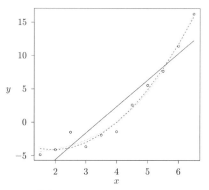

図 8.1 散布図とモデル M_1, M_2, M_3 の当てはめ

これより，モデル M_3, M_2, M_1 の順に当てはまりがよいことになる．

 一方，モデルのよさを測る別な尺度として，モデルの**複雑度**がある．モデルが単純であればあるほど，解釈も簡単で，また，予測に際して安定していると考えられる．そこで，モデル M_k の複雑さを測る簡単な尺度として，モデルに含まれる未知パラメータの数 d_k を用いる．モデル M_1 の未知パラメータは，$\beta_0, \beta_1, \sigma^2$ の 3 個で $d_1 = 3$ となる．以下同様にして

$$d_1 = 3 < d_2 = 4 < d_3 = 5$$

となる．

 上で与えた 2 つの規準をよりどころにして，よいモデルを特定することを考えると，当てはまりをよくしようとすると複雑なモデルになり，また，簡単なモデルであると当てはまりが悪くなる，というジレンマに陥ってしまう．両者をうまく取り入れた規準については，次節で扱う．

8.2 モデル選択規準

 前節で考えた 3 つのモデル M_1, M_2, M_3 の中から最適なモデルを選ぶための規準について考える．そこでは，当てはまりのよさを表す残差平方和とモデル複雑さを表すパラメータの個数をうまく取り入れた規準が重要であると指摘した．このような規準の代表的なものとして，**AIC 規準**がある．AIC はモ

デルのよさ（実際には，悪さの規準）を測る規準であって，モデル $M_k(k = 1, 2, 3)$ に対する AIC は

$$AIC_k = n\log(s_k^2/n) + n(\log 2\pi + 1) + 2d_k$$

として与えられる．AIC_k の定義式における最初の 2 項は "$-2\log($最大尤度$)$" である．各モデルに対して AIC の値を求め，その値が最小になるモデルを最良のモデルと考える．

今の例の場合，各モデルに対して AIC の値は

$$AIC_1 = 55.62, \quad AIC_2 = 37.68, \quad AIC_3 = 38.54$$

となり，モデル M_2 が最適なモデルとなる．

他の規準として，**C_p 規準**がある．これは規準化予測誤差の 2 乗和の推定量として定義される．モデル M_k に対するこの規準は

$$C_{p,k} = \frac{s_k^2}{\hat{\sigma}^2} + 2(d_k - 1)$$

で定義される．ここに，$\hat{\sigma}^2$ は σ^2 の推定量で，通常最大モデルのもとでの不偏推定量が用いられる．最大モデルとは，すべての説明変数を用いたモデルのことである．今の場合，M_3 が最大モデルであるので，$\hat{\sigma}^2 = s_3^2/(n - 4)$ が用いられる．各モデルに対して C_p の値を求めると

$$C_{p,1} = 51.59, \quad C_{p,2} = 13.76, \quad C_{p,3} = 15.00$$

となり，AIC 規準の場合と同様にモデル M_2 が最適なモデルとして選ばれることになる．

ところで，表 8.1 のデータは，実は y の平均が $x^2 - 4x$ で分散が $\sigma^2 = 1$ になるように生成されたデータである．したがって，真のモデルは 2 次曲線モデルであるので，AIC 規準および C_p 規準によっても，真のモデルが選ばれている．

AIC 規準は回帰モデルのみならず，より一般のモデルに対しても定義される．与えられたデータに対して，それを最も適切に表現する真の確率分布は未知である．したがって，実際には，真の確率分布の近似である，いわゆる

統計モデルを考える．統計モデルは多くの場合，データ $y_1, \cdots, y_n$ に想定される確率分布族として表される．例えば，前節におけるモデル M_1 の場合，$(y_1, \cdots, y_n)$ の分布は

$$\prod_{i=1}^{n} \frac{1}{\sqrt{2\pi\sigma^2}} \exp\left\{-\frac{1}{2\sigma^2}(y_i - \beta_0 - \beta_1 x_i)^2\right\}$$

$$= (2\pi\sigma^2)^{-n/2} \exp\left\{-\frac{1}{2\sigma^2}\sum_{i=1}^{n}(y_i - \beta_0 - \beta_1 x_i)^2\right\}$$

$$= f(\boldsymbol{y}; \boldsymbol{\theta})$$

と表せる．ここに，$\boldsymbol{y} = (y_1, \cdots, y_n)', \boldsymbol{\theta} = (\beta_0, \beta_1, \sigma^2)'$ である．上記の分布は，パラメータ $\boldsymbol{\theta}$ の値によって種々の分布が考えられ，そのような分布の集まりを表している．

一般に，$\boldsymbol{y} = (y_1, \cdots, y_n)'$ の統計モデルが，その確率分布 $f(\boldsymbol{y}; \boldsymbol{\theta})$ として与えられるとしよう．このとき，適当な正則条件のもとで AIC 規準は

$$AIC = -2\log f(\boldsymbol{y}; \hat{\boldsymbol{\theta}}) + 2 \times (\text{独立パラメータ数})$$

として定義される．ここに，$\hat{\boldsymbol{\theta}}$ は $\boldsymbol{\theta}$ の最尤推定量である．このような規準は，各モデルに導入されるリスクの推定量として導出される．

前節で扱った回帰モデル $M_k(k = 1, 2, 3)$ の場合，最尤推定量は

$$\hat{\beta}_i = b_i, \quad \hat{\sigma}^2 = s_k^2/n$$

で与えられる．

AIC 規準と C_p 規準の応用として，セメントが硬化中に発生する熱量を予測する問題を考えてみよう．熱量はいくつかの化合物の関数と考えられているが，ここでは 4 つの化合物と熱量についての表 8.2 で与えられるデータ（Hald データ）からどの化合物を用いればよい予測が得られるかを問題にする．4 つの化合物は

$x_1 = \mathrm{Ca_3[Al(OH)_6]_2}$（アルミ酸（三）カルシウム）の量

$x_2 = \mathrm{Ca_2Si_2O_7}$（ケイ酸（三）カルシウム）の量

$x_3 = \mathrm{Ca_2SiO_4}$（ケイ酸（二）カルシウム）の量

$x_4 =$ アルミノ亜鉄酸カルシウムの量

$y =$ セメント 1 g あたり放出する熱量（カロリー）

である.

表 **8.2** セメントの硬化に関するデータ

セメント	x_1	x_2	x_3	x_4	y
1	7	26	6	60	78.5
2	1	29	15	52	74.3
3	11	56	8	29	104.3
4	11	31	8	47	87.6
5	7	52	6	33	95.9
6	11	55	9	22	109.2
7	3	71	17	6	102.7
8	1	31	22	44	72.5
9	2	54	18	22	93.1
10	21	47	4	26	115.9
11	1	40	23	34	83.8
12	11	66	9	12	113.3
13	10	68	8	12	109.4

このデータに対して, 4つの説明変数 x_1, x_2, x_3, x_4 のうちどの説明変数を用いたモデルが適切であろうか. 説明変数 x_1 を用いたモデルを M_1, 説明変数 x_1 と x_2 を用いたモデルを M_{12} などと表す. 各説明変数の組に対して, AIC規準および C_p 規準の値を求め, 各規準について小さい順に5つモデルと規準値を与えたのが表 8.3 である. 2つの規準によって, 順位の差がみられるがそれぞれ値の違いはわずかである. モデル M_{124}, M_{12} が適切なモデルと考えられる.

表 **8.3** セメントデータに対する AIC 規準, C_p 規準

AIC		C_p	
M_{124}	63.87	M_{12}	15.68
M_{123}	63.90	M_{124}	16.02
M_{12}	64.31	M_{123}	16.04
M_{134}	64.62	M_{134}	16.50
M_{1234}	65.84	M_{1234}	18.00

R でのコマンド

HP 参照.

8.3　適合度モデルの選択

---

7 章において，適合度検定問題を考えた．例えば，さいころにゆがみがない
かどうかを仮説検定によって判定したり，また，予防注射と病気の独立性を仮
説検定によって判定する方法を示した．ここでは，このような適合度の問題を
モデル選択の方法によって考えてみよう．

さいころの適合度検定問題は一般に次のように述べられる．いま，6 個の互
いに排反な事象 $A_1, \cdots, A_6$ があって，それらの確率，および出現頻度が次の
ように与えられているとしよう．

事象	A_1	A_2	$\cdots$	A_6	計
確率	p_1	p_2	$\cdots$	p_6	1
出現頻度	n_1	n_2	$\cdots$	n_6	n

このとき，n 回の独立実験において A_1 が n_1 回，$\cdots$，A_6 が n_6 回起る確率，
すなわち尤度は

$$L = L(p_1, \cdots, p_6; n_1, \cdots, n_6)$$
$$= \frac{n!}{n_1! \cdots n_6!} p_1^{n_1} \cdots p_6^{n_6}$$

となる．関心のあるモデルとして，さいころにゆがみがないとするモデル M_1
と，さいころにゆがみがあるとするモデル M_2 を考える．具体的には，

$$M_1 : p_1 = \frac{1}{6}, \cdots, p_k = \frac{1}{6}$$

$$M_2 : p_1, \cdots, p_k \text{ はそれらの和が 1 である正数}$$

と表されるモデルである．モデル M_2 は，$p_1, \cdots, p_6$ に対して特定な値ある
いは特定な構造を想定しないモデルであって，無構造モデルともよばれる．
AIC 規準は

$$AIC = -2\log\hat{L} + 2 \times (\text{独立パラメータ数})$$

と表される．ここに，$\hat{L}$ は考えているモデルのもとでの尤度 L の最大値である．したがって，それぞれのモデルにおける AIC 規準は

$$AIC_1 = -2\log\hat{L}\left(\frac{1}{6},\cdots,\frac{1}{6};n_1,\cdots,n_6\right),$$

$$AIC_2 = -2\log\hat{L}(\hat{p}_1,\cdots,\hat{p}_6;n_1,\cdots,n_6) + 2(6-1)$$

となる．ここで，$\hat{p}_i$ は p_i の最尤推定量で次のように与えられる．

$$\hat{p}_1 = \frac{n_1}{n},\ \cdots,\ \hat{p}_k = \frac{n_k}{n}.$$

今，120 回さいころを投げたとき，それぞれの出現回数が次のように与えられたとしよう．

さいころの目	1	2	3	4	5	6	計
出現回数	17	22	21	14	22	24	120

モデル M_1 に対する AIC 規準は次のように計算できる．

$$AIC_1 = -2\left(17\log\frac{1}{6} + 22\log\frac{1}{6} + 21\log\frac{1}{6} + 14\log\frac{1}{6} + 22\log\frac{1}{6} + 24\log\frac{1}{6}\right)$$
$$= 26.00$$

また，さいころにゆがみがあるとするモデル M_2 に対する AIC 規準は次のように計算される．

$$AIC_2 = -2\left(17\log\frac{17}{120} + 22\log\frac{22}{120} + 21\log\frac{21}{120} + 14\log\frac{14}{120}\right.$$
$$\left. + 22\log\frac{22}{120} + 24\log\frac{24}{120}\right) + 2\times(6-1)$$
$$= 32.33$$

これより，このさいころはゆがみがないと判定される．

次に，独立性の検定問題をモデル選択の観点から考える．いま，2 つの事象 A と B があり，これらの事象の生起によって定まる確率，および n 回の独立試行による観測値が次のように与えられているとしよう．

	確率		
	B	B^c	計
A	p_{11}	p_{12}	$p_{1\cdot}$
A^c	p_{21}	p_{22}	$p_{2\cdot}$
計	$p_{\cdot 1}$	$p_{\cdot 2}$	1

	観測値		
	B	B^c	計
A	n_{11}	n_{12}	$n_{1\cdot}$
A^c	n_{21}	n_{22}	$n_{2\cdot}$
計	$n_{\cdot 1}$	$n_{\cdot 2}$	n

ここで，上記の表は例えば，$A \cap B$ が起きる確率が p_{11} で，n 回の試行で $A \cap B$ が n_{11} 回起こったことを意味している．また，これらの確率，および，観測値の間には次の関係がある．

$$p_{1\cdot} = p_{11} + p_{12}, \quad p_{2\cdot} = p_{21} + p_{22}, \quad p_{\cdot 1} = p_{11} + p_{21}, \quad p_{\cdot 2} = p_{12} + p_{22}$$

$$n_{1\cdot} = n_{11} + n_{12}, \quad n_{2\cdot} = n_{21} + n_{22}, \quad n_{\cdot 1} = n_{11} + n_{21}, \quad n_{\cdot 2} = n_{12} + n_{22}$$

このとき，n 回の独立試行の結果，上記のような結果が得られる確率である尤度は

$$L = L(p_{11}, p_{12}, p_{21}, p_{22}; n_{11}, n_{12}, n_{21}, n_{22})$$
$$= \frac{n!}{n_{11}! n_{12}! n_{21}! n_{22}!} p_{11}^{n_{11}} p_{12}^{n_{12}} p_{21}^{n_{21}} p_{22}^{n_{22}}$$

となる．関心のあるモデルは，A と B は独立であるとするモデル M_1 と，独立でないとするモデル M_2 である．モデル M_1 はパラメータ p, q $(0 < p < 1, 0 < q < 1)$ を用いて

$$M_1 : p_{11} = pq, \quad p_{12} = p(1-q), \quad p_{21} = (1-p)q, \quad p_{22} = (1-p)(1-q)$$

と表せる．また，モデル M_2 はいわゆる無構造モデルであって，パラメータ a, b, c, d $(a > 0, \ b > 0, \ c > 0, \ d > 0)$ を用いて

$$M_2 : p_{11} = a, \quad p_{12} = b, \quad p_{21} = c, \quad p_{22} = d, \quad a + b + c + d = 1$$

と表せる．このとき，それぞれのモデルにおける AIC 規準は

$$AIC_1 = -2L(\hat{p}, \hat{q}; n_{11}, n_{12}, n_{21}, n_{22}) + 2 \times 2,$$
$$AIC_2 = -2 \log L(\hat{a}, \hat{b}, \hat{c}, \hat{d}; n_{11}, n_{12}, n_{21}, n_{22}) + 2 \times 3$$

として与えられる．ここで，$\hat{p}, \hat{q}$ はモデル M_1 のもとでの p, q の最尤推定量

で，$\hat{a}, \hat{b}, \hat{c}, \hat{d}$ はモデル M_2 のもとでの a, b, c, d の最尤推定量である．これら
の最尤推定量は

$$\hat{p} = \frac{n_{1\cdot}}{n}, \quad q = \frac{n_{\cdot 1}}{n},$$
$$\hat{a} = \frac{n_{11}}{n}, \quad \hat{b} = \frac{n_{12}}{n}, \quad \hat{c} = \frac{n_{21}}{n}, \quad \hat{d} = \frac{n_{22}}{n}$$

と表せる．

この結果を次のような予防注射と病気のデータに適用してみよう．

予防注射＼病気	かかった	かからなかった	計
受けた	5	45	50
受けなかった	20	80	100
計	25	125	150

まず，予防注射と病気に関連性がないとするモデル M_1 に対する AIC 規準は

$$AIC_1 = -2\left(50 \log \frac{50}{150} + 25 \log \frac{25}{150} + 100 \log \frac{100}{150} + 125 \log \frac{125}{150}\right) + 2 \times 2$$
$$= 330.12$$

となる．次に，予防注射と病気に関連性があるとするモデル M_2 に対する AIC
規準は

$$AIC_2 = -2\left(5 \log \frac{5}{150} + 45 \log \frac{45}{150} + 20 \log \frac{20}{150} + 80 \log \frac{80}{150}\right) + 2 \times 3$$
$$= 329.54$$

となる．これより，2 つのモデルの適切についての差はわずかであるが，予防
注射と病気に関連性があると判定される．

演 習 問 題

問 8.1　（1）　表 8.1 のデータに対して，直線モデル M_1 および 2 次曲線モデル M_2
を想定したときの回帰係数の推定値を求めよ．また，それぞれにおける残差平方和
s_1^2, s_2^2 を求めよ．

(2) 直線モデル M_1 および 2 次曲線モデル M_2 に対する AIC 規準を AIC_1, AIC_2 とする. このとき, $AIC_2 \leq AIC_1$ であることと,

$$F = \frac{s_1^2 - s_2^2}{s_2^2} \geq (n-3)\left(e^{\frac{2}{n}} - 1\right)$$

であることとは同値であることを示せ.

(3) $n = 11$ である. $F_{1,n-3}$ を自由度 1, $n-3$ の F 分布に従う確率変数とするとき,

$$P\left(F_{1,n-3} \geq (n-3)\left(e^{\frac{2}{n}} - 1\right)\right)$$

を求めよ.

(4) 2 次曲線モデル M_2 を想定して, 2 次の係数の有意性検定は, (2) における F 統計量を用い, これが例えば, 0.05 以下であれば有意であると判定する. 一方, $AIC_2 \leq AIC_1$ のとき, 2 次の係数に有意性があると判断すれば, この検定の有意水準はどのような値になるか.

問 8.2 (1) 2 つの事象 A, B の生起に関する独立性モデル M_1 と, 無制約 (構造) モデル M_2 の AIC 規準をそれぞれ AIC_1, AIC_2 とする. このとき, $AIC_2 \leq AIC_1$ であることと,

$$F = \frac{s_1^2 - s_2^2}{s_2^2} \geq (n-3)\left(e^{\frac{2}{n}} - 1\right)$$

であることとは同値であることを示せ.

(2) 問 8.1 (3), (4) と同様な考察を行え.

9

ノンパラメトリック検定

これまでの章では，母集団分布が正規分布や特定の分布に従う検定問題を扱ってきた．しかしながら，母集団分布に関して正規分布や指数分布，一様分布などの特定の分布を仮定することができない場合や正規分布を仮定する根拠が見出せない場合がある．そのような状況の下での仮説検定はどのように扱えばよいだろうか？ この章では，正規分布や特定な分布を仮定できない場合の検定法について述べる．本節で扱うノンパラメトリック検定は，基本的な検定統計量に焦点を当てている．しかし，長年の研究によってさまざまな検定統計量やノンパラメトリック法に関する理論が確立されている．ノンパラメトリック法について，さらに詳しく知りたい読者は村上 (2015) を参照されたい．

9.1　線形順位和検定

ノンパラメトリック法は大きく "統計的仮説検定" と "密度推定" に分類することができる．特に，統計的仮説検定では，順位に基づく手法がノンパラメトリック検定の大部分を占めているため，まず初めに**順位変換**について紹介する．例えば，次のようなデータが与えられているとする．

X_1	0.64	-2.54	-1.60	1.28	1.57
X_2	1.04	0.77	-0.82		

このとき，X_1 の合計および平均は，それぞれ -0.65 と -0.13 である．同様に，X_2 の合計および平均は，それぞれ 0.99 と 0.33 である．

さて，ここで X_1 と X_2 を結合し，昇順にしてみよう．ただし，データが

確率標本 X_1 に属するものであれば 1, 確率標本 X_2 に属するものであれば 0
とする. すなわち,

結合データ	**−2.54**	**−1.60**	−0.82	**0.64**	0.77	1.04	**1.28**	**1.57**
順位	1	2	3	4	5	6	7	8
属性	1	1	0	1	0	0	1	1

となる. ただし, 太字の数値は X_1 に属するものを表す. これをもともとの
標本に割り当ててみると

X_1	4	1	2	7	8
X_2	6	5	3		

と順位変換を施すこととなる.

　ところで, データの収集や入力をする際, 何らかの間違いが起こる可能性も
ある. 例えば, X_1 のあるデータは, 本来は 1.57 であるが, 入力ミスによっ
て 157 と入力されたとすると, X_1 の合計および平均値は, それぞれ 154.78
と 30.956 となってしまう. これに対し, 順位を用いた場合は 4, 1, 2, 7, 8 と
変わらない. ノンパラメトリック法が外れ値に影響されにくい, すなわち頑健
であるゆえんのひとつである.

　もうひとつ具体例を挙げて, 順位について紹介をする. 例えば, 次のような
データが与えられているとする.

X_1	−0.64	−2.54	−1.60	−1.28	−1.57
X_2	1.04	0.77	0.82		

このとき, X_1 と X_2 の合計は, それぞれ −7.63 と 2.63 である. また, 前の例
と同様の方法で順位をつけると

X_1	5	1	2	4	3
X_2	8	6	7		

となる. このとき, X_1 の順位の合計は 15 となることから, 確率標本 X_2 の
データが, 確率標本 X_1 のデータよりも大きい傾向にあるならば, X_2 のデー
タの順位は X_1 のデータの順位よりも大きくなる傾向がある. すなわち, 順

位に変換しても本来のデータの特性を反映していることがわかる.

さて，一般論で順位に基づく検定統計量の紹介をする. $\boldsymbol{X}_1 = (X_{11}, X_{12}, \cdots, X_{1n_1})$ を分布関数 $F_1(x)$ をもつ母集団からの確率標本，$\boldsymbol{X}_2 = (X_{21}, X_{22}, \cdots, X_{2n_2})$ を分布関数 $F_2(x)$ をもつ母集団からの確率標本とする. このとき，

$$H_0 : F_1(x) = F_2(x)$$

のような検定問題を考える. ただし，F_1 と F_2 については連続性だけが仮定され，それ以外についてはわからないものとする. まず，確率標本 $\boldsymbol{X}_1 = (X_{11}, \cdots, X_{1n_1})$ と $\boldsymbol{X}_2 = (X_{21}, \cdots, X_{2n_2})$ を統合し，昇順に並べた確率標本を $\boldsymbol{Y} = (Y_{(1)}, Y_{(2)}, \cdots, Y_{(N)})$ とする. ただし，$N = n_1 + n_2$ であり，$Y_{(i)}$ は**順序統計量**と呼ばれている. 確率標本 $\boldsymbol{Y}$ において，$Y_{(i)}$ $(i = 1, \cdots, N)$ が確率標本 $\boldsymbol{X}_1$ に属するものであれば $Z_i = 1$，確率標本 $\boldsymbol{X}_2$ に属するものであれば $Z_i = 0$ とする.

このとき，**線形順位和検定** は

$$T = \sum_{i=1}^{N} a_i Z_i \tag{9.1}$$

で定義される検定統計量であり，a_i をスコア関数と呼ぶ. 帰無仮説 H_0 の下で，$Z_i (i = 1, \cdots, N)$ の期待値，分散，共分散は

$$E[Z_i] = \frac{n_1}{N}, \quad V[Z_i] = \frac{n_1 n_2}{N^2}, \quad \mathrm{cov}(Z_i, Z_j) = \frac{-n_1 n_2}{N^2(N-1)} \quad (i \neq j) \tag{9.2}$$

となり，これらの性質を使うことで，検定統計量 T の期待値，分散は

$$E[T] = \frac{n_1}{N} \sum_{i=1}^{N} a_i, \tag{9.3}$$

$$V[T] = \frac{n_1 n_2}{N^2(N-1)} \left[N \sum_{i=1}^{N} a_i^2 - \left(\sum_{i=1}^{N} a_i \right)^2 \right] \tag{9.4}$$

で与えられる. また，2つの線形順位和統計量を

$$T = \sum_{i=1}^{N} a_i Z_i, \qquad T^* = \sum_{i=1}^{N} a_i^* Z_i$$

とするとき，帰無仮説 H_0 の下で線形順位和統計量の共分散は

$$\mathrm{cov}(T, T^*) = \frac{n_1 n_2}{N^2(N-1)} \left(N \sum_{i=1}^{N} a_i a_i^* - \sum_{i=1}^{N} a_i \sum_{i=1}^{N} a_i^* \right)$$

で与えられる.

9.2 ウィルコクソン順位和検定

データ解析において，最もよく利用される情報は**分布の加法性**である. つまり，未知母数 Δ に対して

$$F_2(x) = P(X_2 \le x) = P(X_1 \le x - \Delta) = F_1(x - \Delta) \qquad (\Delta \ne 0)$$

とおくことと同じである. よって，X_2 と $X_1 + \Delta$ は同じ分布，もしくは，X_1 と $X_2 - \Delta$ は同じ分布となる. $\Delta > 0$ ならば，分布関数 F_1 は右方向へ平行移動し，$\Delta < 0$ ならば，分布関数 F_1 は左方向へ平行移動する. また，$\Delta = 0$ の場合，分布関数 F_1 と F_2 は等しくなる. 本節では，位置母数に対する検定問題について考える. まず，帰無仮説

$$H_0 : F_1(x) = F_2(x)$$

に対して，両側対立仮説は

$$H_{11} : F_2(x) = F_1(x - \Delta) \qquad (\Delta \ne 0)$$

となる. 別な表現を用いると，

帰無仮説 H_0：母集団分布の中央値は等しい

対立仮説 H_{11}：母集団分布の中央値は等しくない

を検定することになる.

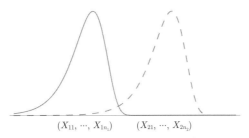

図 9.1 確率標本 $\boldsymbol{X}_1$ の順位が小さい傾向のとき

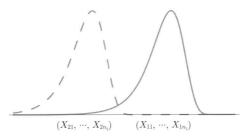

図 9.2 確率標本 $\boldsymbol{X}_1$ の順位が大きい傾向のとき

もし，確率標本 $\boldsymbol{X}_2$ の中央値が確率標本 $\boldsymbol{X}_1$ よりも大きいならば，$\boldsymbol{X}_2$ のデータの順位は $\boldsymbol{X}_1$ のデータの順位よりも大きくなる傾向があり，図 9.1 のようになる．

逆に，確率標本 $\boldsymbol{X}_1$ の中央値が確率標本 $\boldsymbol{X}_2$ よりも大きいならば，$\boldsymbol{X}_1$ のデータの順位は $\boldsymbol{X}_2$ のデータの順位よりも大きくなることより，図 9.2 のようになる．

この点に着目し，$\boldsymbol{X}_1$ の順位和を用いた検定統計量

$$W := T = \sum_{i=1}^{N} i Z_i = \sum_{i=1}^{n_1} R_i$$

が提案された（Gibbons and Chakraborti, 2010）．ただし，R_i は確率標本 $\boldsymbol{Y}$ における X_{1i} の順位を表す．これは (9.1) 式において $a_i = i$ とした統計量であり，**ウィルコクソン順位和検定**として広く知られている．つまり，ウィルコクソン順位和検定とは $X_{11}, X_{12}, \cdots, X_{1n_1}$ の順位和のことである．片側検定

$H_{12} : \Delta > 0$ ($H_{13} : \Delta < 0$) の場合, この検定統計量 W が十分に大きければ (小さければ), 帰無仮説を棄却することができる. 両側検定の場合は十分に大きい, もしくは小さければ帰無仮説を棄却できる.

帰無仮説の下での検定統計量 W の期待値および分散は, 同順位がない場合, (9.3) 式および (9.4) 式より

$$E[W] = \frac{n_1(N+1)}{2}, \qquad V[W] = \frac{n_1 n_2 (N+1)}{12}$$

で与えられる. n_1, n_2 が十分大きい場合には, 検定統計量 T_W

$$T_W = \frac{W - E[W]}{\sqrt{V[W]}}$$

は漸近的に標準正規分布に従う. このことは, チェルノフとサーベージ (Chernoff and Savage, 1958) が線形順位和検定統計量が漸近的に標準正規分布に従うことを示したが, ウィルコクソン順位和検定がその条件を満たすことに由来する. 検定統計量 T_W が標準正規分布に従うとすると, $|T_W| \geq 1.96$ であるならば, 有意水準 5% の検定で帰無仮説は棄却される. n_1 と n_2 が小さい場合には, 検定統計量 W の棄却点が正確に計算されている (HP 参照). 例えば, 標本サイズが $n_1 = n_2 = 7$ の場合,

W	16	17	18	19	20	21
正確	.0006	.0017	.0052	.0122	.0256	.0466
近似	.0016	.0035	.0073	.0141	.0232	.0478
W	22	23	24	25	26	27
正確	.0804	.1270	.1894	.2652	.3537	.4493
近似	.0794	.1233	.1742	.2604	.3502	.4487

となる. 現実問題として, $n_1 \geq 10$, $n_2 \geq 10$ ならばウィルコクソン順位和検定には正規近似を用いてもよいが, この近似のよさはまれである.

正規分布を仮定した下で, t 検定は位置の違いに関して一様最強力検定である. その t 検定に対するウィルコクソン順位和検定の**漸近相対効率** (HP 参照) は $3/\pi \fallingdotseq 0.955$ となる. 漸近相対効率については, HP の「漸近相対効率」を参照されたい. ちなみに, ロジスティック分布を仮定した下で, ウィルコクソン順位和検定は局所最強力検定となる.

次に1つの具体例をあげてみる．20匹のマウスをランダムに2群に分け，一方は対照群 Π_1 とし，他方の実験群 Π_2 にはある薬品を一定量投与した後，それぞれのリンパ球を数えた．2群の母集団分布の形はほぼ同等ということはわかっている．われわれは薬品の投与によってリンパ球数は影響を受けるのかを調べたい．すなわち

$$\text{帰無仮説 } H_0 : F_1(x) = F_2(x)$$

$$\text{対立仮説 } H_{11} : F_2(x) = F_1(x - \Delta) \qquad (\Delta \neq 0)$$

を検定する．別な表現を用いると，

$$\text{帰無仮説 } H_0 : \text{対照群と実験群の中央値は等しい}$$

$$\text{対立仮説 } H_{11} : \text{対照群と実験群の中央値は等しくない}$$

を検定することになる．

この実験から次の表のような結果を得た．

表 9.1　マウスのリンパ球数

| Π_1 | 59 | 91 | 64 | 53 | 75 | 69 | 36 | 43 | 54 | 99 |
| Π_2 | 67 | 93 | 72 | 55 | 109 | 86 | 50 | 80 | 95 | 103 |

表 9.1 の数字は，5×10^2 個を単位としている．この表のデータを大きさの順に並べ，Π_1 の観測値を太字にしたものが表 9.2 となる．

表 9.2　順位付けされたデータ

$Y_{(i)}$	**36**	**43**	50	**53**	**54**	55	**59**	**64**	67	**69**
順位	1	2	3	4	5	6	7	8	9	10
Z_i	1	1	0	1	1	0	1	1	0	1
$Y_{(i)}$	72	**75**	80	86	**91**	93	95	**99**	103	109
順位	11	12	13	14	15	16	17	18	19	20
Z_i	0	1	0	0	1	0	0	1	0	0

表 9.2 から

$$W = 1 + 2 + 4 + 5 + 7 + 8 + 10 + 12 + 15 + 18 = 82$$

$$E[W] = 105, \ V[W] = 175$$

となる．これを検定統計量 T_W に適用してみると

$$T_W = \frac{|82 - 105|}{\sqrt{175}} = 1.73$$

となり，標準正規分布の両側 5% 点の 1.96 より小さい．ゆえに，有意水準 5%
で帰無仮説を棄却することはできない．正確な W の有意水準 5% 確率は

$$P(79 \leq W \leq 131) = 0.9566$$

で与えられる．W は 82 であるので，いずれにしても帰無仮説を棄却すること
はできない．すなわち，リンパ球数は薬品の投与によって影響を受けると結論
づけることはできない．このように，位置については不明であるが母集団分布
の形が等しいことがわかっているときに，ウィルコクソン順位和検定は有効で
あると考えられる．また，ウィルコクソン順位和検定を

$$W^* = |W - E[W]|$$

として扱う場合が非常に多い．その理由のひとつとして，検定統計量 W が平
均に対して対称となるからである．

　ここで，**マン・ウィットニーの U 検定**と呼ばれる検定統計量を紹介する．
確率標本 $\boldsymbol{X}_1 = (X_{11}, X_{12}, \cdots, X_{1n_1})$ が $\boldsymbol{X}_2 = (X_{21}, X_{22}, \cdots, X_{2n_2})$ より大
きくなる個数を，指示関数

$$U(i,j) = \begin{cases} 0 & (X_{1i} < X_{2j}) \\ 1 & (X_{1i} \geq X_{2j}) \end{cases}$$

を用いて定義する．このとき，検定統計量 MW

$$MW = \sum_{i=1}^{n_1} \sum_{j=1}^{n_2} U(i,j)$$

が提案されており，マン・ウィットニーの U 検定として広く知られている
(Gibbons and Chakraborti, 2010)．
　また，確率標本 $\boldsymbol{Y}$ における X_{1i} の順位 R_i は

$$R_i = \sum_{j=1}^{n_2} U(i,j) + i$$

と表すことができる．ただし，一般性を失うことなく $X_{11} < X_{12} < \cdots < X_{1n_1}$ が仮定されるものとする．したがって，検定統計量 W は

$$W = \sum_{i=1}^{N} iZ_i = \sum_{i=1}^{n_1} R_i = \sum_{i=1}^{n_1} \sum_{j=1}^{n_2} U(i,j) + \frac{n_1(n_1+1)}{2}$$

となる．右辺の第2項はデータ数のみに依存するので必ず定数となることから，本質的にウィルコクソン順位和検定とマン・ウィットニーの U 検定は等しいことがわかる．帰無仮説，すなわち，すべての x に対して $H_0 : F_1(x) = F_2(x)$ が成り立つとき，検定統計量 MW の期待値と分散は

$$E[MW] = \frac{n_1 n_2}{2}, \qquad V[MW] = \frac{n_1 n_2 (N+1)}{12}$$

によって与えられる．例えば，確率母関数や理論的に考えるときなど，マン・ウィットニーの U 検定で考えたほうが便利な場合がある（HP 参照）．

9.3 尺度の違いの検定方法

データ解析において，分布の加法性と並んで，よく利用される情報としてスカラー性がある．つまり，未知母数 Δ に対して

$$F_2(x) = P(X_2 \le x) = P\left(\frac{X_1}{\Delta} \le x\right) = F_1(\Delta x) \qquad (\Delta > 0)$$

とおくことと同じである．したがって，X_2 と X_1/Δ は同じ分布，もしくは，X_1 と ΔX_2 は同じ分布となる．$\Delta > 1$ ならば，分布関数 F_1 は左右に広がった形状となり，$\Delta < 1$ ならば，分布関数 F_1 は左右にあまり広がっていない形状となる．また，$\Delta = 1$ の場合，分布関数 F_1 と F_2 は等しくなる．

前節で述べたウィルコクソン順位和検定やマン・ウィットニーの U 検定は，2つの母集団分布の形があまり違わないということがわかっているときに，それぞれの分布の位置に差があるかどうかを検定する方法であった．本節では，

母集団分布の位置はほぼ同じであることがわかっている下での分布の散らばり
の程度が等しいかどうかを調べる検定方法，すなわち，尺度母数に対する検定
問題について考える．$X_1 = (X_{11}, X_{12}, \cdots, X_{1n_1})$ を分布関数 $F_1(x)$ をもつ母
集団からの確率標本，$X_2 = (X_{21}, X_{22}, \cdots, X_{2n_2})$ を分布関数 $F_2(x)$ をもつ母
集団からの確率標本とする．このとき，帰無仮説

$$H_0 : F_1(x) = F_2(x)$$

に対して，両側対立仮説は

$$H_{21} : F_2(x) = F_1(\Delta x) \qquad (\Delta \neq 1, \quad \Delta > 0)$$

となる．別な表現を用いると，

    帰無仮説 H_0：母集団分布の散らばりは等しい

    対立仮説 H_{21}：母集団分布の散らばりは等しくない

を検定することになる．

 同順位がない N 個の順位付けされた確率標本において，結合順位の平均は
$(N+1)/2$ となる．確率標本 X_1 から得られるデータが，確率標本 X_2 から得
られるデータに比べて散らばっていると，確率標本 X_2 の順位は中心付近の
順位となる．尺度母数の違いを検定するために，X_1 と X_2 の中央値が既知で
あるか，もしくは未知であっても等しいことが仮定される必要がある．中央値
が未知であり，等しいことがいえない場合，その確率標本の推定値を利用して
中央値を合わせる必要がある．この場合，ノンパラメトリック検定ではないと
いう意見もあるが，本書は基本を学ぶことを目的としているため，深くは追求
しないこととする．

 $f_1(x)$ と $f_2(x)$ をそれぞれ分布関数 $F_1(x)$ と $F_2(x)$ の密度関数とする．その
とき $f_2(x) = \Delta f_1(\Delta x)$ のような関係であるとする．Δ の値が大きいと確率標
本 X_2 の順位は中央に位置づけられ，図 9.3 のようになる．

 また，$f_2(x) = \Delta f_1(\Delta x)$ のような状況において $0 < \Delta < 1$ の値のとき，確
率標本 X_2 の順位は両側に位置づけられ，図 9.4 のようになる．

 この点に着目し，X_1 の順位に基づく検定統計量

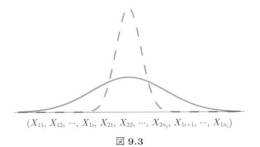

$$(X_{11}, X_{12}, \cdots, X_{1i}, X_{21}, X_{22}, \cdots, X_{2n_2}, X_{1i+1}, \cdots, X_{1n_i})$$

図 **9.3**

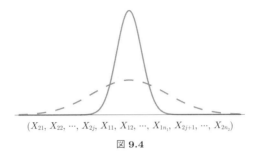

$$(X_{21}, X_{22}, \cdots, X_{2j}, X_{11}, X_{12}, \cdots, X_{1n_1}, X_{2j+1}, \cdots, X_{2n_2})$$

図 **9.4**

$$MO := T = \sum_{i=1}^{N} \left(i - \frac{N+1}{2} \right)^2 Z_i = \sum_{i=1}^{n_1} \left(R_i - \frac{N+1}{2} \right)^2$$

が提案された（Gibbons and Chakraborti, 2010）. これは（9.1）式において $a_i = \{i - (N+1)/2\}^2$ とした検定統計量であり, **ムード検定**として広く知られている. H_{21} において, Δ の値が大きいと確率標本 $\boldsymbol{X}_2$ の順位は中央に位置づけられることから, 結果として, MO は大きい値を取ることになる. 逆に, H_{21} において $0 < \Delta < 1$ のとき, MO は小さい値を取ることになる. よって, MO が大きな値, もしくは, 小さい値をとるときは帰無仮説を棄却する. 片側検定 $H_{22} : \Delta > 1 (H_{23} : 0 < \Delta < 1)$ の場合, この検定統計量 MO が十分に大きければ（小さければ）帰無仮説を棄却できる.

　帰無仮説の下でのムード検定の期待値および分散は, 同順位がない場合, （9.3）式および（9.4）式より

$$E[MO] = \frac{n_1(N^2 - 1)}{12}, \qquad V[MO] = \frac{n_1 n_2 (N+1)(N^2 - 4)}{180}$$

となる. n_1 と n_2 が大きい場合には, 検定統計量 T_{MO}

$$T_{MO} = \frac{MO - E[MO]}{\sqrt{V[MO]}}$$

は, 帰無仮説のもとで漸近的に標準正規分布に従う. チェルノフとサーベージ (Chernoff and Savage, 1958) によって, 線形順位和検定統計量が漸近的に標準正規分布に従うことが示されたが, ムード検定がその条件を満たすことに由来する. つまり, $|T_{MO}| \geq 1.96$ であるならば, 有意水準 5% の検定で帰無仮説は棄却される. n_1 と n_2 が小さい場合には, 検定統計量 MO の正確な棄却点が計算されている (HP 参照). 例えば, 標本サイズが $n_1 = n_2 = 8$ の場合,

MO	172	182	194	206	222	236	248	262
正確	.4844	.3934	.2856	.1936	.0984	.0496	.0239	.0078
近似	.4796	.3792	.2693	.1782	.0914	.0454	.0228	.0092

となる. ウィルコクソン順位和検定の正規近似とは異なり, 近似精度はあまり良くない. 現実問題として, $n_1 \geq 20$, $n_2 \geq 20$ は欲しいところである.

正規分布を仮定した下で, F 検定に対するムード検定の漸近相対効率は $15/2\pi^2 = 0.76$ となる. ちなみに, 自由度 2 の t 分布を仮定した下で, ムード検定は局所最強力検定となる.

ここで具体例をあげる. 2 種類の睡眠薬 Π_1, Π_2 の効能の比較のため, 24 匹のマウスをランダムに 2 群に分けて実験を行った. それぞれの効能の強さはほぼ同じであることはわかっている. 睡眠薬 Π_1 に対する反応は個体差が大きく関係し, 睡眠薬 Π_2 は個体差の影響は少ないことが予想されている. われわれは睡眠薬による個体差にばらつきがあるか調べたい. すなわち,

帰無仮説 $H_0 : F_1(x) = F_2(x)$

対立仮説 $H_{21} : F_2(x) = F_1(\Delta x) \qquad (\Delta \neq 1, \Delta > 0)$

を検定する. 別な表現を用いると,

帰無仮説 H_0：睡眠薬 Π_1 と Π_2 では個体差によるばらつきの間に差はない

対立仮説 H_{21}：睡眠薬 Π_1 と Π_2 では個体差によるばらつきの間に差はある

を検定することになる.

それぞれの睡眠薬を同じ濃度に希釈し，モルモットが眠るまでの時間を観測したところ表 9.3 のような結果を得た.

表 **9.3** モルモットが眠るまでの時間（秒）

Π_1	45	60	68	47	66	40	41	55	30	58	51	31
Π_2	50	56	48	57	53	54	61	42	46	39	49	52

表 9.3 のデータに対して，大きさの順に並べたものが表 9.4 である．睡眠薬 Π_1 の観測値は太字で表すことにする.

表 **9.4** 順位付けられたデータ

$Y_{(i)}$	**30**	**31**	39	**40**	**41**	42	**45**	46	**47**	48	49	50
順位	1	2	3	4	5	6	7	8	9	10	11	12
Z_i	1	1	0	1	1	0	1	0	1	0	0	0
$Y_{(i)}$	**51**	52	53	54	**55**	56	57	**58**	**60**	61	**66**	**68**
順位	13	14	15	16	17	18	19	20	21	22	23	24
Z_i	1	0	0	0	1	0	0	1	1	0	1	1

表 9.4 から検定統計量 MO は

$$MO = 132.25 + 110.25 + 72.25 + 56.25 + 30.25 + 12.25 + 0.25$$
$$+ 20.25 + 56.25 + 72.25 + 110.25$$
$$= 805$$

となる．検定統計量 MO の期待値と分散は

$$E[MO] = 575, \qquad V[MO] = 11440$$

で与えられるので

$$T_{MO} = \frac{805 - 575}{\sqrt{11440}} = 2.1504$$

となる．検定統計量 T_{MO} の値は標準正規分布の両側 5% 点の 1.96 より大き

いので帰無仮説は棄却される.

統計ソフト R におけるムード統計量は，基準化されていること，すなわち T_{MO} であることに注意されたい．表 9.3 の例では，下記のプログラムを実行することにより，検定統計量 T_{MO} の p 値を求めることができる（HP 参照）.

9.4　位置と尺度の違いを検定する方法

前節までは，分布の散らばりが等しいという条件の下，その位置に違いがあるかどうか，もしくは分布の位置が等しいという条件の下で分散に違いがあるかどうかを検定するために有効な検定統計量について述べてきた．しかしながら，位置母数を検定するのに有効な検定統計量は，尺度母数の違いにはあまり有用ではない．また，尺度母数を検定するのに有効な検定統計量は，2 つの分布の中央値が等しいという仮定が必要であった．また，母集団分布について前提となる知識がない場合には，どのような検定が適切だろうか？　本節では，もっと広い意味で分布に何らかの違いがあるかを検定する問題について考える.

$\boldsymbol{X}_1 = (X_{11}, X_{12}, \cdots, X_{1n_1})$ を分布関数 $F_1(x)$ をもつ母集団からの確率標本，$\boldsymbol{X}_2 = (X_{21}, X_{22}, \cdots, X_{2n_2})$ を分布関数 $F_2(x)$ をもつ母集団からの確率標本とする．また，帰無仮説を

$$H_0 : F_1(x) = F_2(x)$$

とする.

少し狭い範囲での検定になってしまうが，位置母数および尺度母数の違いを検定する場合，すなわち $X_2 = (X_1 + \Delta_1)/\Delta_2$ という変数変換が行えるとき，

$$P(X_2 \leq x) = P\left(\frac{X_1 + \Delta_1}{\Delta_2} \leq x\right) = P(X_1 \leq \Delta_2 x - \Delta_1)$$
$$= F_1(\Delta_2 x - \Delta_1) \tag{9.5}$$

となる．ただし，$\Delta_1 \neq 0, \Delta_2 > 0, \Delta_2 \neq 1$ である.

確率分布に違いがあるか検定する場合，両側対立仮説は

$$H_{31} : F_1(x) \neq F_2(x) \tag{9.6}$$

となる.

9.4.1 ラページ型検定

対立仮説 H_{31} （9.6）に対して，ラページは，ウィルコクソン順位和検定およびアンサリー・ブラッドレー検定（Gibbons and Chakraborti, 2010）に基づく平方和検定統計量を提案した（村上, 2015）．ラページ検定統計量が提案されて以降，さまざまなラページ型検定統計量が提案されているが，Pettitt によって提案されたラページ型検定統計量

$$LP = \left(\frac{W - E[W]}{\sqrt{V[W]}} \right)^2 + \left(\frac{MO - E[MO]}{\sqrt{V[MO]}} \right)^2$$

が最も有名なラページ型統計量のひとつである（村上, 2015）.

ここで，ウィルコクソン順位和検定とムード検定が無相関となることを示す．まず，（9.1）式より，2 つの線形順位和統計量は

$$T = \sum_{i=1}^{N} a_i Z_i, \qquad T^* = \sum_{i=1}^{N} b_i Z_i$$

と定義できる．2 つの線形順位和統計量のスコア関数がそれぞれ

$$a_i + a_{N+1-i} = k \qquad (k \text{ は定数}, \ i = 1, 2, \cdots, N) \tag{9.7}$$

および

$$b_i = b_{N+1-i} \qquad (i = 1, 2, \cdots, N) \tag{9.8}$$

を満たすとき，線形順位統計量 T および T^* は，帰無仮説の下で無相関になることが Randles and Hogg (1971) によって示されている．ウィルコクソン順位和検定とムード検定は，それぞれ（9.7）式と（9.8）式を満たすことから無相関となる．また，ウィルコクソン順位和検定とムード検定は漸近的に標準正規分布に従うことから，ラページ型検定統計量 LP の極限分布は自由度 2

の χ^2 分布となる.

ここで,ある国に生息する昆虫のデータを用いて具体例をあげる.昆虫の生息地域によって成長に違いがあるかを調査した.北の方に生息する昆虫7匹（グループ Π_1）と南の方に生息する昆虫7匹（グループ Π_2）をある方法で抽出して,昆虫の成長の違いを調査した.知りたい仮説は

帰無仮説 H_0：北方に生息する昆虫と南方に生息する昆虫の

成長の分布は等しい

対立仮説 H_{31}：北方に生息する昆虫と南方に生息する昆虫の

成長の分布は等しくない

である.われわれは表 9.5 のようなデータを得た.

表 9.5 昆虫の大きさ（mm）

| Π_1 | 191 | 173 | 188 | 163 | 184 | 200 | 174 |
| Π_2 | 211 | 185 | 201 | 195 | 189 | 199 | 180 |

表 9.5 のデータに対してラページ型検定を行ってみる.ラページ型統計量の計算のため,2つの母集団からの標本を結合して昇順に並べ,Π_1 の観測値を太字で表したものが表 9.6 である.

表 9.6 順位付けられたデータ

$Y_{(i)}$	**163**	**173**	**174**	180	**184**	185	**188**
順位	1	2	3	4	5	6	7
Z_i	1	1	1	0	1	0	1
$Y_{(i)}$	189	**191**	195	199	**200**	201	211
順位	8	9	10	11	12	13	14
Z_i	0	1	0	0	1	0	0

表 9.6 より,ラページ検定統計量 LP は

$$LP = 2.97551 + 0.08163 = 3.0571$$

となり,有意水準5%の値 5.991 より小さいので帰無仮説を棄却しない.ちな

みに，$n_1 = n_2 \leq 13$ の場合には正確な棄却点が求められており，$n_1 = n_2 = 7$ の棄却点は 5.560 である（HP 参照）．よって，いずれにしても帰無仮説を棄却することはできない．

9.4.2 バウムガートナー型統計量

前項までは，平均および分散に違いがあるか検定する方法について述べたが，本項からは，もう少し広げて，確率分布そのものに違いがあるか検定する統計量について紹介する．すなわち，対立仮説（9.6）について考える．対立仮説（9.6）に対して，最もよく知られている検定統計量はコルモゴロフ・スミルノフ検定（Gibbons and Chakraborti, 2010）であろう．しかし，近年 Neuhäuser *et al.* (2017) によってバウムガートナー型統計量と Zhang の統計量を用いることが推奨されていることから，本項で取り扱う検定統計量に限定する．

$\boldsymbol{X}_1 = (X_{11}, X_{12}, \cdots, X_{1n_1})$ を連続な分布関数 $F_1(x)$ をもつ母集団からの確率標本，$\boldsymbol{X}_2 = (X_{21}, X_{22}, \cdots, X_{2n_2})$ を連続な分布関数 $F_2(x)$ をもつ母集団からの確率標本とする．また，連続な分布関数 $F_1(x)$, $F_2(x)$ から得られる大きさ n_1, n_2 の順序統計量を $\boldsymbol{X}_1 = (X_{1(1)}, X_{1(2)}, \cdots, X_{1(n_1)})$ と $\boldsymbol{X}_2 = (X_{2(1)}, X_{2(2)}, \cdots, X_{2(n_2)})$ とする．さらに，$R_1 < \cdots < R_{n_1}$ と $H_1 < \cdots < H_{n_2}$ は大きさの順に並べた $\boldsymbol{X}_1$ と $\boldsymbol{X}_2$ の順位を表す．このとき，検定統計量

$$B = \frac{1}{2}(B_{X_1} + B_{X_2})$$

が Baumgartner *et al.* (1998) によって提案されており，**バウムガートナー統計量**として知られている．ただし，

$$B_{X_1} = \frac{1}{n_2 N} \sum_{i=1}^{n_1} \frac{\left(R_i - \dfrac{N}{n_1}i\right)^2}{\dfrac{i}{n_1+1}\left(1 - \dfrac{i}{n_1+1}\right)},$$

$$B_{X_2} = \frac{1}{n_1 N} \sum_{j=1}^{n_2} \frac{\left(H_j - \dfrac{N}{n_2}j\right)^2}{\dfrac{j}{n_2+1}\left(1 - \dfrac{j}{n_2+1}\right)}$$

である．クラーメル・フォンミーゼス検定と比較すると，バウムガートナー統
計量はクラーメル・フォンミーゼス検定よりも分布の裾を強調する検定統計
量となっている．この検定統計量の検出力は，位置母数の違いに対してウィル
コクソン順位和検定の検出力と近く，尺度母数などの違いに対してコルモゴ
ロフ・スミルノフ検定やクラーメル・フォンミーゼス検定よりも検出力が高く
なることがシミュレーション実験により示されている（Baumgartner *et al.*,
1998）．

前述した順序統計量を用いることで，R_i と H_j の期待値と分散はそれぞれ

$$E[R_i] = \frac{N+1}{n_1+1}i, \qquad V[R_i] = \frac{i}{n_1+1}\left(1 - \frac{i}{n_1+1}\right)\frac{n_2(N+1)}{n_1+2}$$

$$E[H_j] = \frac{N+1}{n_2+1}j, \qquad V[H_j] = \frac{j}{n_2+1}\left(1 - \frac{j}{n_2+1}\right)\frac{n_1(N+1)}{n_2+2}$$

となることから，Murakami (2006) はバウムガートナー型統計量

$$B^* = \frac{1}{2}(B^*_{X_1} + B^*_{X_2})$$

を提案した．ただし，

$$B^*_{X_1} = \frac{1}{n_1}\sum_{i=1}^{n_1} \frac{\left(R_i - \dfrac{N+1}{n_1+1}i\right)^2}{\dfrac{i}{n_1+1}\left(1 - \dfrac{i}{n_1+1}\right)\dfrac{n_2(N+1)}{n_1+2}},$$

$$B^*_{X_2} = \frac{1}{n_2}\sum_{j=1}^{n_2} \frac{\left(H_j - \dfrac{N+1}{n_2+1}j\right)^2}{\dfrac{j}{n_2+1}\left(1 - \dfrac{j}{n_2+1}\right)\dfrac{n_1(N+1)}{n_2+2}}$$

である．バウムガートナー型統計量を用いる利点のひとつに，$\Delta \neq 0$ の条件
の下で，$F_2(x) = F_1(x-\Delta)$ と $F_2(x) = F_1(x+\Delta)$ に対するバウムガートナー
型統計量の検出力が等しくなることがある（Murakami, 2008）．また，検定統
計量 B と B^* の極限分布は，$b>0$ に対して

$$\lim_{n_1,n_2\to\infty} P(B < b) = \lim_{n_1,n_2\to\infty} P(B^* < b)$$

$$= \sqrt{\frac{\pi}{2}}\frac{1}{b}\sum_{j=0}^{\infty}\frac{(-1)^j\,\Gamma\left(j+\frac{1}{2}\right)}{\Gamma\left(\frac{1}{2}\right)j!}\int_0^1\frac{(4j+1)}{\sqrt{r^3(1-r)}}\exp\left(\frac{rb}{8}-\frac{\pi^2(4j+1)^2}{8rb}\right)dr$$

となる. n_1 と n_2 が小さい場合には, 検定統計量 B^* の棄却点が正確に計算されている (HP 参照).

　ここで, 表 9.5 のデータを用いてバウムガートナー型統計量を説明する. 知りたい仮説は

　　　帰無仮説 H_0：北方に生息する昆虫と南方に生息する昆虫の

　　　　　　成長の分布は等しい

　　　対立仮説 H_{31}：北方に生息する昆虫と南方に生息する昆虫の

　　　　　　成長の分布は等しくない

であった. また, 表 9.5 のデータを昇順に並べ, Π_1 の観測値を太字で表したものが表 9.6 であった. よって, 表 9.6 より, バウムガートナー型統計量 B^* は

$$B^* = \frac{1}{2}\left(\frac{14739}{8575}+\frac{3191}{1715}\right) \fallingdotseq 1.78974$$

となり, 有意水準 5% の棄却点 2.493 より小さいので棄却することはできない. ちなみに, $n_1, n_2 \leq 13$ の場合には正確な棄却点が求められている. $n_1 = n_2 = 7$ のときの正確な棄却点は 2.804 であり, いずれにしても仮説を棄却することはできない. 表 9.5 の例では, プログラムを実行することにより, バウムガートナー型統計量を求めることができる (HP 参照).

演 習 問 題

問 9.1　次のデータにおいて, 条件 A と条件 B に差があるかどうかを, ウィルコクソン順位和検定とマン・ウィットニーの U 検定を用いて調べよ.

条件 A	19	9	18	8	22	24	25	11	23	25
条件 B	14	6	19	2	33	12	19	24	17	16

ただし，条件 A と条件 B の散らばりの大きさは等しいとする．

問 9.2 ウィルコクソン順位和検定は，$n_1(N+1)/2$ に関して対称となることを示せ．

問 9.3 ウィルコクソン順位和検定とムード検定が無相関となることを示せ．

10

多 重 比 較 法

多くの平均をまとめて比較したり，また，多くの信頼区間をまとめて構成したいことがある．このとき，全体としての有意水準や信頼係数が指定された値になるようにするためには，個々の有意水準や信頼係数を調整する必要がある．このための方法として多重比較法があり，大きな分類としてシングルステップ法とステップワイズ法に分けられ，ステップワイズ法はさらにステップダウン法とステップアップ法に分けられる．ここでは，シングルステップ法とステップダウン法の代表的な手法や，同時信頼区間の構成法について解説する．

10.1　ダネット法・テューキー法

3つの方法で作られた支台歯の破壊強度が測定され，表 10.1 のような実験結果が得られたとしよう．3種類の方法を単に，処理 1, 2, 3 とよぶことにし，各処理のデータは，それぞれ正規母集団 $N(\mu_1, \sigma^2)$, $N(\mu_2, \sigma^2)$, $N(\mu_3, \sigma^2)$ からの無作為標本とする．

表 10.1　破壊強度の測定結果

処理	標本数	平均値	標準偏差
1	6	37.2	6.7
2	6	31.4	8.4
3	6	25.8	4.7

まず，3つの平均の有意性検定

$$H_0 : \mu_1 = \mu_2 = \mu_3, \qquad H_1 : H_0 でない$$

を考える．各処理の標本数を n_1, n_2, n_3，平均を $\bar{x}_1, \bar{x}_2, \bar{x}_3$，分散を s_1^2, s_2^2, s_3^2 とし，$n = n_1 + n_2 + n_3$ とする．このとき，この検定に対して，2つの平均の同等性検定に関する t^2 統計量を拡張した以下の統計量が一般に用いられる．

$$F = \frac{n_1(\bar{x}_1 - \bar{x})^2 + n_2(\bar{x}_2 - \bar{x})^2 + n_3(\bar{x}_3 - \bar{x})^2}{(n_1 - 1)s_1^2 + (n_2 - 1)s_2^2 + (n_3 - 1)s_3^2} \cdot \frac{n - 3}{3 - 1}$$

この統計量は，帰無仮説 H_0 の下で自由度 $(2, n - 3)$ の F 分布に従うことが知られているため，この F 分布の上側 α 点 $F_{2,n-3}(\alpha)$ を用いて

$$F \geq F_{2,n-3}(\alpha) \quad \Rightarrow \quad H_0 \text{ を棄却する}$$

と判定する．表 10.1 のデータの場合，検定統計量の値は

$$F = \frac{\{6(37.2 - 31.5)^2 + 6(31.4 - 31.5)^2 + 6(25.8 - 31.5)^2\}}{(6 - 1)6.7^2 + (6 - 1)8.4^2 + (6 - 1)4.7^2} \cdot \frac{18 - 3}{2}$$

$$= 4.25$$

となり，$F_{2,15}(0.05) = 3.682$ より，3つの処理の平均は異なっているといえる．このとき，処理 1 と処理 2，処理 1 と処理 3，あるいは，処理 2 と処理 3 との比較において，どれが有意であるかに関心がある．あるいは，処理 1 が他の処理 2, 3 と比べて有意に大きいといえるかどうか，などにも関心がある場合がある．ここでは，まず，後者の場合から考えてみよう．

処理 1 の強度が他の処理 2, 3 の強度と比べて有意に大きいといえるかどうかを調べるため，次の仮説検定を考える．

(ⅰ) $H_{12} : \mu_1 = \mu_2,$ $\quad K_{12} : \mu_1 > \mu_2$

(ⅱ) $H_{13} : \mu_1 = \mu_3,$ $\quad K_{13} : \mu_1 > \mu_3$

検定 (ⅰ) だけを考えるのであれば，2 群の平均の有意性検定に用いられる t 統計量を利用する．処理 1 と処理 2 の合併分散を $s_{12}^2 = \{(n_1 - 1)s_1^2 + (n_2 - 1)s_2^2\}/(n_1 + n_2 - 2)$ とするとき，t 統計量の値は

$$t_{12} = \frac{\bar{x}_1 - \bar{x}_2}{\sqrt{\left(\dfrac{1}{n_1} + \dfrac{1}{n_2}\right) \cdot s_{12}^2}} = \frac{37.2 - 31.4}{\sqrt{\left(\dfrac{1}{6} + \dfrac{1}{6}\right) \cdot \dfrac{(6-1)6.7^2 + (6-1)8.4^2}{6+6-2}}}$$

$$= 1.3222$$

となる．この値の p 値は，自由度 $n_1 + n_2 - 2 = 10$ の t 分布の表を利用して 0.2169 となり，有意な差があるとはいえない．同様に $s_{13}^2 = \{(n_1 - 1)s_1^2 + (n_3 - 1)s_3^2\}/(n_1 + n_3 - 2)$ とおくと，検定問題 (ii) に対する検定統計量の値は

$$t_{13} = \frac{\bar{x}_1 - \bar{x}_3}{\sqrt{\left(\dfrac{1}{n_1} + \dfrac{1}{n_3}\right) s_{13}^2}} = 3.412$$

となる．この p 値は 0.0078 で仮説 H_{13} は棄却される．

　2 つの検定 (i)，(ii) についてまとめて結論を出したい場合には，それぞれの検定水準が 5% であっても全体としては大きくなるであろう．実際，今それぞれの検定が独立であるとしてみよう．このとき，3 つの平均が等しいときに，誤って処理 1 の平均が処理 2 の平均より大きい，または，誤って処理 1 の平均が処理 3 の平均より大きいと判断する確率は，処理 1 と処理 2 および処理 1 と処理 3 が同等であると正しく判断される確率が $(1 - 0.05)^2$ であるから

$$1 - (1 - 0.05)^2 = 0.0975$$

となり，5% より大きくなっている

　いくつかの検定について，まとめて結論が出せる検定法は多重比較という．具体的には，正しい帰無仮説のうち少なくとも 1 つを誤って棄却する確率（**タイプ I FWE**（type I familywise error rate）とよぶ）が与えられた有意水準以下になるような検定法が考えられている．

　今の場合の検定（対照比較）に対しては，次のような**ダネット検定法**を行えばよい．そこでは，統計量 t_{12}, t_{13} の代わりに，平均の差の標準誤差を 3 つの実験結果を利用した

$$s^2 = \frac{1}{n-3}\left\{(n_1-1)s_1^2 + (n_2-1)s_2^2 + (n_3-1)s_3^2\right\}$$

で置き換えたものが用いられる. すなわち $\tilde{t}_{12}$ と $\tilde{t}_{13}$ の代わりに

$$T_{12} = \frac{\bar{x}_1 - \bar{x}_2}{\sqrt{\left(\dfrac{1}{n_1} + \dfrac{1}{n_2}\right)s^2}}, \qquad T_{13} = \frac{\bar{x}_1 - \bar{x}_3}{\sqrt{\left(\dfrac{1}{n_1} + \dfrac{1}{n_3}\right)s^2}}$$

である. 棄却点は

$$P\left(\max\{T_{12}, T_{13}\} \geq t_d \mid \mu_1 = \mu_2 = \mu_3\right) = 0.05$$

となる t_d を用いる. このような t_d については数値表より与えられる. このとき

$$T_{12} \geq t_d \quad \Rightarrow \quad H_{12} \text{ を棄却する}$$
$$T_{13} \geq t_d \quad \Rightarrow \quad H_{13} \text{ を棄却する}$$

と判定する. 表 10.1 の場合には

$$s^2 = \frac{1}{18-3}\left\{(6-1)6.7^2 + (6-1)8.4^2 + (6-1)4.7^2\right\}$$
$$= 45.847$$

となり

$$T_{12} = \frac{\bar{x}_1 - \bar{x}_2}{\sqrt{\left(\dfrac{1}{n_1} + \dfrac{1}{n_2}\right)s^2}} = \frac{37.2 - 31.4}{\sqrt{\left(\dfrac{1}{6} + \dfrac{1}{6}\right)45.847}} = 1.484$$

となる. また, 同様にして

$$T_{13} = \frac{\bar{x}_1 - \bar{x}_3}{\sqrt{\left(\dfrac{1}{n_1} + \dfrac{1}{n_3}\right)s^2}} = 2.916$$

となる. そして, 数値表より $t_d = 2.067$ であることより

$$T_{12} = 1.484 < t_d = 2.067, \quad T_{13} = 2.916 > t_d = 2.067$$

となる. したがって, 仮説 H_{12} は保留されるが, 仮説 H_{13} は棄却されるとい

う結論を得る．すなわち，正しい帰無仮説のうち少なくとも 1 つを誤って棄却する確率であるタイプ I FWE を 0.05 以下にコントロールした上で，処理 1 と処理 2 の間に有意差が生じていると考えることができる．

　注　上記では，対立仮説を $K_{1i} : \mu_1 > \mu_i$ とした片側検定を考えたが，$K_{1i} : \mu_1 < \mu_i$ とした片側検定や，$K_{1i} : \mu_1 \neq \mu_i$ とした両側検定も行うことができる．

　すべての処理の組み合わせを比較する方法として**テューキー検定法**がある．これは，次の 3 つの仮説検定を同時に考える．

$$\text{(i)} \quad H_{12} : \mu_1 = \mu_2, \qquad K_{12} : \mu_1 \neq \mu_2$$
$$\text{(ii)} \quad H_{13} : \mu_1 = \mu_3, \qquad K_{13} : \mu_1 \neq \mu_3$$
$$\text{(iii)} \quad H_{23} : \mu_2 = \mu_3, \qquad K_{23} : \mu_2 \neq \mu_3$$

このとき，検定 (i)，(iii) に対しては，ダネットの場合に用いた T_{12}, T_{13} を用い，同様に検定 (ii) に対しては

$$T_{23} = \frac{\bar{x}_2 - \bar{x}_3}{\sqrt{\left(\dfrac{1}{n_2} + \dfrac{1}{n_3}\right) s^2}}$$

を用いる．この場合の棄却点は

$$P\left(\max\{|T_{12}|, |T_{13}|, |T_{23}|\} \geq t_c | \mu_1 = \mu_2 = \mu_3\right) = 0.05$$

となる t_c を用いる．このような t_c については数値表より与えられる．このとき

$$|T_{12}| \geq t_c \quad \Rightarrow \quad H_{12} \text{ を棄却する}$$
$$|T_{13}| \geq t_c \quad \Rightarrow \quad H_{13} \text{ を棄却する}$$
$$|T_{23}| \geq t_c \quad \Rightarrow \quad H_{23} \text{ を棄却する}$$

と判定する．

　実際，表 10.1 のデータの場合

$$T_{12} = 1.484, \quad T_{13} = 2.916, \quad T_{23} = 1.433$$

となる．また，数値表より $t_c = 2.597$ であることより

$$T_{12} = 1.484 < t_0 = 2.597; \quad H_{12} \text{ は保留}$$

$$T_{13} = 2.916 > t_0 = 2.597; \quad H_{13} \text{ を棄却}$$

$$T_{23} = 1.433 < t_0 = 2.597; \quad H_{23} \text{ は保留}$$

という結論を得る.

10.2　シェフェ法・ボンフェローニ法

　前節で見てきたダネット法やテューキー法においては，種々の標本数に対して数値表があるが十分なものではなく，一方，一般の場合に対して検定の棄却点を求めるのが困難になる．この点を解消した2つの方法を紹介する．ここでも，3つの処理の比較を扱うが，一般の q 個の場合へ拡張できる．

　まず，シェフェの検定法を考える．これは，母平均 μ_1, μ_2, μ_3 についてすべての対比に関する同時検定である．一般に，1次結合 $c_1\mu_1 + c_2\mu_2 + c_3\mu_3$ において，係数 $\boldsymbol{c} = (c_1, c_2, c_3)'$ が

$$c_1 + c_2 + c_3 = 0$$

を満たすとき，**対比**（コントラスト）とよばれる．任意の対比に対する仮説検定

$$H\boldsymbol{c} : c_1\mu_1 + c_2\mu_2 + c_3\mu_3 = 0, \qquad K : c_1\mu_1 + c_2\mu_2 + c_3\mu_3\mu_i \neq 0$$

を考える．係数 $\boldsymbol{c}$ を1組与えれば，

$$t_c = \frac{c_1\bar{x}_1 + c_2\bar{x}_2 + c_3\bar{x}_3}{\sqrt{\{c_1^2/n_1 + c_2^2/n_2 + c_3^2/n_3\}s_e^2/(n-3)}}$$

を用いて検定できる．ここに，$s_e^2 = (n_1-1)s_1^2 + (n_2-1)s_2^2 + (n_3-1)s_3^2$ である．一方，すべての対比に対する同時比較を考える場合は，統計量

$$F_{\boldsymbol{c}} = \frac{(c_1\bar{x}_1 + c_2\bar{x}_2 + c_3\bar{x}_3)^2}{\{c_1^2/n_1 + c_2^2/n_2 + c_3^2/n_3\}s_e^2} \cdot \frac{n-3}{3-1}$$

に基づいている．このとき，自由度 $(3-1, n-3)$ の F 分布の上側 α 点 $F_{2,n-3}(\alpha)$ を用いて

$$F_{\boldsymbol{c}} \geq F_{2,n-3}(\alpha) \quad \Rightarrow \quad H_{\boldsymbol{c}} \text{ を棄却する}$$

と判定する．このような判定は，$\mu_1 = \mu_2 = \mu_3$ のとき，誤ってどれかの $H_{\boldsymbol{c}}$ を少なくとも 1 つ棄却する確率は α 以下になっている．このような結果は，すべての対比 $\boldsymbol{c}$ に対して

$$F_{\boldsymbol{c}} \leq \frac{n_1(\bar{x}_1 - \bar{x})^2 + n_2(\bar{x}_2 - \bar{x})^2 + n_3(\bar{x}_3 - \bar{x})^2}{s_e^2} \cdot \frac{n-3}{3-1} \equiv F_0$$

が成り立つことによる．ここで，F_0 は自由度 $(2, n-3)$ の F 分布に従っている．シェフェの方法によって，表 10.1 のデータの場合，例えば

$$\boldsymbol{c} = (1, -1, 0) \text{ のとき} \quad F_{\boldsymbol{c}} = 1.101 < F_{2,15}(0.05) = 3.682,$$

$$\boldsymbol{c} = (1, 0, -1) \text{ のとき} \quad F_{\boldsymbol{c}} = 4.252 > F_{2,15}(0.05) = 3.682,$$

$$\boldsymbol{c} = (0, 1, -1) \text{ のとき} \quad F_{\boldsymbol{c}} = 1.026 < F_{2,15}(0.05) = 3.682,$$

となり，仮説 H_{12}, H_{23} は保留されるが，仮説 H_{13} は棄却される．

次に**ボンフェローニ検定法**について考える．これはボンフェローニの不等式に基づく多重比較法のことである．**ボンフェローニの不等式**とは，k 個の事象 $A_1, \cdots, A_k$ に対して

$$P\left(\cup_{i=1}^k A_i\right) \leq \sum_{i=1}^k P(A_i)$$

が成り立つという不等式である．

ここで，次の 3 つの仮説検定を考える．

$$\text{(i)} \quad H_{12}: \mu_1 = \mu_2, \quad K_{12}: \mu_1 \neq \mu_2$$

$$\text{(ii)} \quad H_{13}: \mu_1 = \mu_3, \quad K_{13}: \mu_1 \neq \mu_3$$

$$\text{(iii)} \quad H_{23}: \mu_2 = \mu_3, \quad K_{23}: \mu_2 \neq \mu_3$$

このとき，検定統計量はテューキー法の場合と同様に T_{12}, T_{13}, T_{23} を用いて，その検定方式は

$$|T_{12}| \geq t_0 \quad \Rightarrow \quad H_{12} \text{ を棄却する}$$

$$|T_{13}| \geq t_0 \quad \Rightarrow \quad H_{13} \text{ を棄却する}$$

$$|T_{23}| \geq t_0 \quad \Rightarrow \quad H_{23} \text{ を棄却する}$$

で与えられる. それぞれの検定において, 仮説が正しとき誤って棄却する事象を A_1, A_2, A_3 とすると, ボンフェローニの不等式から, どれかの仮説を誤って少なくとも 1 つ棄却する確率は

$$P(A_1 \cup A_2 \cup A_3) \leq P(A_1) + P(A_2) + P(A_3)$$

となる. したがって, 右辺のそれぞれの確率を $\alpha/3$ に定めると, どれかの仮説を誤って棄却する確率は α 以下になる. このような検定は保守的になりすぎるという問題点がある. 表 10.1 のデータの場合,

$$T_{12} = 1.484 < t_{15-3}(0.025/3) = 2.779; \quad H_{12} \text{ は保留}$$

$$T_{13} = 2.916 > t_{15-3}(0.025/3) = 2.779; \quad H_{13} \text{ は棄却}$$

$$T_{23} = 1.433 < t_{15-3}(0.025/3) = 2.779; \quad H_{23} \text{ は保留}$$

となり, 他の方法と同じ結論になっている.

R での多重比較の計算は HP 参照.

10.3 ステップダウン法

これまでに紹介した多重比較法は, シングルステップ法とよばれる方法である. ここでは, すべての対比較を行う場合と, 対照群との対比較 (対照比較) を行う場合について, 一般にシングルステップ法より検出力の高い方法であるステップダウン法を紹介する. より詳しい内容については, 永田・吉田 (1997) を参照すること.

10.3.1 閉 検 定 手 順

例えば, 3 つの処理の比較を扱う場合, 帰無仮説

$$H_{123} : \mu_1 = \mu_2 = \mu_3$$

が成り立てば, 帰無仮説 $H_{12} : \mu_1 = \mu_2$, $H_{13} : \mu_1 = \mu_3$, $H_{23} : \mu_2 = \mu_3$ も成り立つ. このような関係性がある帰無仮説を含んでいる帰無仮説族（ファミリー）を **階層的** であるという. また, H_{123} は H_{12}, H_{13}, H_{23} を **誘導** するという.

　例　次のファミリー $\mathcal{F}_1$ は, 階層的である.

$$\mathcal{F}_1 = \{H_{12}, H_{13}, H_{23}, H_{123}\}.$$

このとき, 次の一貫性の概念を考えることができる.

　(1)　**コヒーレンス**：ある帰無仮説が保留されるとき, それが誘導する帰無仮説も, すべて保留される.

　(2)　**コンソナンス**：ある帰無仮説が棄却されるとき, それが誘導する帰無仮説のうち, 少なくとも 1 つの帰無仮説が棄却される.

　この 2 つの概念のうち, コヒーレンスは本質的であり, ここで紹介するステップダウン法は, コヒーレンスを保証するように検定方式が構成されている多重比較法である.

　さらに, 例で挙げた階層的なファミリー

$$\mathcal{F}_1 = \{H_{12}, H_{13}, H_{23}, H_{123}\}$$

について考える. 例えば, $\mathcal{F}_1$ に含まれる帰無仮説 H_{12} と H_{13} に対して「H_{12} かつ H_{13}」という仮説を $H_{12} \cap H_{13}$ と表すことにすると, $H_{12} \cap H_{13} = H_{123}$ である. このファミリー $\mathcal{F}_1$ のように, $\mathcal{F}_1$ に含まれるどの 2 つの帰無仮説 H_P と H_Q に対しても $H_P \cap H_Q$ が $\mathcal{F}_1$ に含まれるとき, このファミリーは **閉じている** とよぶ.

　また, 閉じた帰無仮説族 $\mathcal{F}_1$ に含まれる帰無仮説は, H_{123} は F 統計量, H_{12}, H_{13}, H_{23} は t 統計量を用いることによって, それぞれ有意水準 α の検定を行うことができる. 一般に, ある閉じたファミリー $\mathcal{F}$ に含まれる帰無仮説 H_P に対して, それぞれ有意水準 α の検定を行うことができる場合,「帰無仮説 H_P を誘導する, $\mathcal{F}$ に含まれるすべての帰無仮説 H_Q および H_P が, そ

れぞれ有意水準 α の検定で棄却される」という条件を満たすとき，帰無仮説 H_P を棄却することにより各仮説を検定していく方式を**閉検定手順**とよぶ．

本章で取り扱うステップダウン法は，この閉検定手順の原理に基づいたものである．この先では，代表的なステップダウン法であるテューキー・ウェルシュの方法とダネットの逐次棄却型検定法を紹介する．

10.3.2　テューキー・ウェルシュの方法

本項で紹介するテューキー・ウェルシュの方法は，すべての対の比較を行う多重比較法であり，10.1 節で紹介したテューキー法に対応したステップダウン法である．

一般に，k 個の処理に対してテューキー・ウェルシュの方法で用いられる検定統計量は，テューキー法と同様な

$$Q_P = \max_{i,j \in P} |T_{ij}| = \max_{i,j \in P} \frac{|\overline{x}_i - \overline{x}_j|}{\sqrt{\left(\frac{1}{n_i} + \frac{1}{n_j}\right) s^2}}$$

である．ただし，P は群の番号を表す数字の集合とする．さらに，p を集合 P に含まれる要素の個数を表すものとする．例えば，$H_{123} : \mu_1 = \mu_2 = \mu_3$ に対して，$P = \{1,2,3\}$ であり，$p = 3$ である．

また，検定を行う際に必要となる棄却限界値は

$$t_p = \begin{cases} \max\{q(p,\nu;\ \alpha_p)/\sqrt{2},\ c_{p-1}\} & (3 \le p \le k \text{ のとき}) \\ q(2,\nu;\ \alpha_2)/\sqrt{2} & (p = 2 \text{ のとき}) \end{cases}$$

を用いる．ただし，$\nu = \sum_{i=1}^{k}(n_i - 1)$, α_p は

$$\begin{cases} \alpha_p = 1 - (1-\alpha)^{p/k} & (2 \le p \le k-2 \text{ のとき}) \\ \alpha_{k-1} = \alpha_k = \alpha \end{cases}$$

であり，$q(p,\nu;\ \alpha_p)$ はステューデント化範囲とよばれる統計量の上側 $100\alpha\%$ 点を表し，数値表が用意されている（例えば，永田・吉田（1997）を参照）．

例　$k = 4$ のとき，$\alpha = 0.05$ とすると，

$$\alpha_2 = 0.0253, \quad \alpha_3 = 0.05, \quad \alpha_4 = 0.05.$$

以下では $\alpha = 0.05$ とし，4つの処理の比較を通してテューキー・ウェルシュの方法の検定手順を具体的に紹介する．なお $k = 4$ の場合，推測の対象となるファミリーは

$$\mathcal{F} = \{H_{12}, H_{13}, H_{14}, H_{23}, H_{24}, H_{34}, H_{123}, H_{134}, H_{234}, H_{1234}\}$$

である．

手順1 $p = 4$, つまり $P = \{1, 2, 3, 4\}$ とおき，検定統計量 Q_P の値を計算し，

(1) $Q_P < t_4$ ならば，推測の対象となるファミリー $\mathcal{F}$ に含まれるすべての帰無仮説を保留して，検定を終了する．

(2) $Q_P \geq t_4$ ならば，H_{1234} を棄却して手順2へ進む．

手順2 $p = 3$, つまり $P = \{1, 2, 3\}, \{1, 3, 4\}, \{2, 3, 4\}$ とおき，検定統計量 Q_P の値をそれぞれ計算し，

(1) $Q_P < t_3$ ならば，その帰無仮説 H_P が誘導するすべての帰無仮説を保留する．

(2) $Q_P \geq t_3$ ならば，その帰無仮説 H_P を棄却する．

帰無仮説 $H_{123}, H_{134}, H_{234}$ がすべて保留された場合，検定を終了する．そうでなければ手順3へ進む．

手順3 $p = 2$, つまり $P = \{1, 2\}, \{1, 3\}, \{1, 4\}, \{2, 3\}, \{2, 4\}, \{3, 4\}$ とおく．手順2で保留と判定されなかった帰無仮説 H_P に対応する P に対して，検定統計量 Q_P の値を計算し，

(1) $Q_P < t_2$ ならば，その帰無仮説 H_P を保留する．

(2) $Q_P \geq t_2$ ならば，その帰無仮説 H_P を棄却する．

注 本項で紹介したテューキー・ウェルシュの方法を改良したステップダウン法として，「ペリの方法」とよばれる多重比較法が提案されている．一般に，テューキー・ウェルシュの方法よりペリの方法の方が検出力が高くなることが知られている．

例 表10.1のデータに対して，テューキー・ウェルシュの方法を適用する．この場合，推測の対象となるファミリーは

$$\mathcal{F} = \{H_{12}, H_{13}, H_{14}, H_{123}\}$$

である.

手順1　$p = 3$, つまり $P = \{1,2,3\}$ とおき, 検定統計量 Q_P の値を計算すると,

$$Q_P = \max_{i,j \in P} |T_{ij}| = |T_{13}| = 2.916.$$

$t_3 = 2.597$ より, $Q_P \geq t_3$ となり, H_{123} を棄却し手順2へ進む.

手順2　$p = 2$, つまり $P = \{1,2\}, \{1,3\}, \{2,3\}$ とおく. 手順1で H_{12}, H_{13}, H_{23} のうち保留された帰無仮説はないので, それぞれの仮説に対応する P に対して検定統計量 Q_P の値を計算すると,

$$|T_{12}| = 1.484, \quad |T_{13}| = 2.916, \quad |T_{23}| = 1.433.$$

$t_2 = 2.597$ より,

$$|T_{12}| < t_2 \text{ より, } H_{12} \text{ を保留}$$
$$|T_{13}| \geq t_2 \text{ より, } H_{13} \text{ を棄却}$$
$$|T_{23}| < t_2 \text{ より, } H_{23} \text{ を保留}$$

という結論を得る.

10.3.3　ダネットの逐次棄却型検定法

本項で紹介するダネットの逐次棄却型検定法は, 対照群とのすべての対比較（対照比較）を行う多重比較法であり, 10.3.1 項で紹介したダネット法よりも検出力が高い方法である.

一般に, k 個の処理に対して, 処理1を対照群とし, 対照群と処理2から処理 k とのすべての対比較を考える. ここでは, 処理2から処理 k のサンプルサイズはすべて等しい, つまり $n_2 = n_3 = \cdots = n_k$ を満たす場合について紹介する. ダネットの逐次棄却型検定法で用いられる検定統計量はダネット法と同じく

$$T_{1i} = \frac{\overline{x}_1 - \overline{x}_i}{\sqrt{\left(\dfrac{1}{n_1} + \dfrac{1}{n_i}\right) s^2}} \qquad (i = 2, 3, \cdots, k)$$

である.

また，$\rho = n_2/(n_1 + n_2)$ とし，検定を行う際に必要となる棄却限界値を $t_a = t(a, \nu, \rho; \alpha)$ とおく．この t_a の値については，両側検定と片側検定それぞれの場合に対する数値表が用意されている（例えば，永田・吉田（1997）を参照）.

以下では $\alpha = 0.05$ とし，4つの処理の比較を通してダネットの逐次棄却型検定法の検定手順を具体的に紹介する．なお $k = 4$ の場合，推測の対象となるファミリーは

$$\mathcal{F} = \{H_{12}, H_{13}, H_{14}\}$$

であり，各帰無仮説 H_{1i} $(i = 2, 3, 4)$ に対する対立仮説として，

$$(\mathrm{i}) \qquad K_{1i} : \mu_1 \neq \mu_i$$

$$(\mathrm{ii}) \qquad K_{1i} : \mu_1 > \mu_i$$

$$(\mathrm{iii}) \qquad K_{1i} : \mu_1 < \mu_i$$

をそれぞれ考える．なお，対立仮説として（i）を設定した場合は，両側検定に対する t_a の値を，対立仮説として（ii），（iii）を設定した場合は，片側検定に対する t_a の値を用いる.

手順1 すべての $i = 2, 3, 4$ に対して，検定統計量 T_{1i} の値を計算し，

(1) 対立仮説として（i）を設定した場合，$Z_i = |T_{1i}|$ とおく.

(2) 対立仮説として（ii）を設定した場合，$Z_i = T_{1i}$ とおく.

(3) 対立仮説として（iii）を設定した場合，$Z_i = -T_{1i}$ とおく.

手順2 手順1で求めた Z_i を値が小さい順に並べて，$Z_{(2)}, Z_{(3)}, Z_{(4)}$ とする．つまり，

$$Z_{(2)} \leq Z_3 \leq Z_{(4)}$$

を満たす．さらに，$Z_{(i)}$ に対応する帰無仮説を $H_{(i)}$ とおく.

手順 3 $a = 4$ とおく.

(1) $Z_{(4)} < t_4$ ならば, 帰無仮説 $H_{(2)}, H_{(3)}, H_{(4)}$ のすべてを保留して検定を終了する.

(2) $Z_{(4)} \geq t_4$ ならば, 対応する帰無仮説 $H_{(4)}$ を棄却し, 手順 4 へ進む.

手順 4 $a = 3$ とおく.

(1) $Z_{(3)} < t_3$ ならば, 帰無仮説 $H_{(2)}, H_{(3)}$ のすべてを保留して検定を終了する.

(2) $Z_{(3)} \geq t_3$ ならば, 対応する帰無仮説 $H_{(3)}$ を棄却し, 手順 5 へ進む.

手順 5 $a = 2$ とおく.

(1) $Z_{(2)} < t_2$ ならば, 帰無仮説 $H_{(2)}$ を保留する.

(2) $Z_{(2)} \geq t_2$ ならば, 帰無仮説 $H_{(2)}$ を棄却する.

注 ここでは, $n_2 = n_3 = \cdots = n_k$ を満たす場合について紹介したが, この仮定が成り立たない場合については HP 参照.

例 表 10.1 のデータに対して, ダネットの逐次棄却型検定法を適用する. この場合, 推測の対象となるファミリーは

$$\mathcal{F} = \{H_{12}, H_{13}\}$$

であり, $\nu = (6-1) + (6-1) + (6-1) = 15$, $\rho = 6/(6+6) = 0.5$ となる. ここでは, 各帰無仮説 H_{1i} $(i = 2, 3)$ に対する対立仮説として,

$$K_{1i}: \ \mu_1 > \mu_i$$

を設定する.

手順 1 検定統計量 T_{12}, T_{13} の値を計算すると,

$$T_{12} = 1.484, \qquad T_{13} = 2.916$$

である. ここで, $Z_2 = 1.484$, $Z_3 = 2.916$ とおく.

手順 2 $Z_2 < Z_3$ より, $Z_2 = Z_{(2)}$, $Z_3 = Z_{(3)}$ とそれぞれおく. また, これに対応して $H_{(2)} = H_{12}$, $H_{(3)} = H_{13}$ とおく.

手順 3 $a = 3$ とおくと, 片側検定に対する $t_3 = t(3, 15, 0.5; \ 0.05)$ の値は 2.067 である. よって, $Z_{(3)} \geq t_3$ となり, $H_{(3)} = H_{13}$ を棄却し, 手順 4 へ進

む.

手順 4 $a = 2$ とおくと,片側検定に対する $t_2 = t(2, 15, 0.5; 0.05)$ の値は 1.753 である.よって,$Z_{(2)} < t_2$ となり,$H_{(2)} = H_{12}$ は保留する.

10.4 同時信頼区間

ある患者に降圧薬を投与し,投与後 2 時間,4 時間,6 時間,8 時間,10 時間後の血漿中薬物濃度が表 10.2 のように与えられているとしよう.

表 10.2 投与後の時間と血漿中薬物濃度

時間	2	4	6	8	10
濃度	1.922	1.443	1.065	0.703	0.369

これらの観測値を順に $(t_1, y_1), (t_2, y_2), \cdots, (t_n, y_n)$ と表すことにする.ここに,$n = 5$ である.このデータに対して,直線回帰モデルを仮定する.より具体的には,y_i が平均 $\alpha + \beta t_i$,分散 σ^2 の正規分布に従って互いに独立に分布しているというモデルであって,

$$y_i = \alpha + \beta t_i + \varepsilon_i \qquad (i = 1, \cdots, n)$$

と表せる.ここで,α, β, σ^2 は未知パラメータである.また,誤差項 $\varepsilon_1, \cdots, \varepsilon_n$ は互いに独立で,それぞれ正規分布 $N(0, \sigma^2)$ に従っている.7 章でみてきたように,α, β は最小 2 乗法によって

$$\hat{\alpha} = \bar{y} - \hat{\beta}\bar{t}, \qquad \hat{\beta} = s_{yt}/s_{tt}$$

として推定される.ここに,$\bar{t}, \bar{y}$ はそれぞれ時間 t と濃度 y の平均

$$\bar{t} = \frac{1}{n}\sum_{i=1}^{n} t_i, \qquad \bar{y} = \frac{1}{n}\sum_{i=1}^{n} y_i$$

である.また,s_{ty} は時間 t と濃度 y の共分散,s_{tt} は時間 t の分散であって

$$s_{ty} = \frac{1}{n-1}\sum_{i=1}^{n}(t_i - \bar{t})(y_i - \bar{y}), \qquad s_{tt} = \frac{1}{n-1}\sum_{i=1}^{n}(t_i - \bar{t})^2$$

で与えられる. 表 10.2 のデータの場合,

$$\bar{t} = \frac{1}{5}(2 + 4 + 6 + 8 + 10) = 6$$

$$\bar{y} = \frac{1}{5}(1.922 + 1.443 + 1.065 + 0.703 + 0.369) = 1.100$$

$$s_{ty} = \frac{1}{4}\{(2-6)(1.922 - 1.100) + \cdots + (10-6)(0.369 - 1.100)\}$$

$$= -1.924$$

$$s_{tt} = \frac{1}{4}\{(2-6)^2 + \cdots + (10-6)^2\} = 10$$

となり

$$\hat{\beta} = -1.924/10 = -0.192$$

$$\hat{\alpha} = 1.100 - (-0.192) \times 6 = 2.255$$

と計算される. この推定値を利用して t_i 時間後の濃度の平均 $\eta_i = \alpha + \beta t_i$ は

$$\hat{\eta}_i = \hat{y}_i = \hat{\alpha} + \hat{\beta} t_i \qquad (i = 1, \cdots, n)$$

で推定される. これらの値は表 10.3 で与えられている. さらに, 分散 σ^2 は不偏推定量

$$\tilde{\sigma}^2 = \frac{1}{n-2}\sum_{i=1}^{n}(y_i - \hat{y}_i)^2$$

で推定され, 今の場合 $\tilde{\sigma}^2 = 0.0024$ である.

　時間 t_i における平均濃度 η_i の信頼係数 0.95 の信頼区間の構成について考えてみよう. この場合, 特定の時間後, 例えば 2 時間後の平均濃度の信頼区間に関心がある場合と, 2 時間後, 4 時間後, $\cdots$, 10 時間後の平均濃度すべてについての信頼区間に関心がある場合がある. 前者の場合, η_1 の信頼区間を構成するのであれば,

$$\hat{\eta}_1 - a_1 \leq \eta_1 \leq \hat{\eta}_1 + a_1, \quad \text{すなわち,} \quad \eta_1 \in [\hat{\eta}_1 - a_1, \hat{\eta}_1 + a_1]$$

のような区間を考える. ここで a_1 は

$$P(\hat{\eta}_1 - a_1 \leq \eta_1 \leq \hat{\eta}_1 + a_1) \geq 0.95$$

をみたすように定める. 後者の場合, 各 η_i について同じタイプの信頼区間

$$\hat{\eta}_i - b_i \leq \eta_i \leq \hat{\eta}_i + b_i \qquad (i = 1, \cdots, n)$$

を考えるが, $b_1, \cdots, b_n$ は

$$P(\hat{\eta}_i - b_i \leq \eta_i \leq \hat{\eta}_i + b_i, \ i = 1, \cdots, n) \geq 0.95$$

をみたすように定める.

信頼幅 a_1 を決めるには, まず任意の定数 c_1, c_2 に対して

$$c_1(\hat{\alpha} - \alpha) + c_2(\hat{\beta} - \beta) \sim N(0, (v_{11}c_1^2 + 2v_{12}c_1c_2 + v_{22}c_2^2)\sigma^2)$$

であることに注意しよう（この結果や, 以下に述べる分布についての結果は HP を参照されたい）. ここに

$$\boldsymbol{V} = \begin{pmatrix} n & n\bar{t} \\ n\bar{t} & \sum_{i=1}^n t_i^2 \end{pmatrix}^{-1} = \begin{pmatrix} v_{11} & v_{12} \\ v_{21} & v_{22} \end{pmatrix}$$

である. また, $(n-2)\tilde{\sigma}^2/\sigma^2 \sim \chi_{n-2}^2$ で, $c_1(\hat{\alpha} - \alpha) + c_2(\hat{\beta} - \beta)$ とは互いに独立である. したがって

$$\frac{c_1(\hat{\alpha} - \alpha) + c_2(\hat{\beta} - \beta)}{\sqrt{(v_{11}c_1^2 + 2v_{12}c_1c_2 + v_{22}c_2^2)\tilde{\sigma}^2}} \sim t_{n-2}$$

となる. この結果より, 固定された c_1, c_2 に対して, $c_1\alpha + c_2\beta$ の信頼区間を構成することができる. とくに $c_1 = 1, c_2 = t_1$ とおくと,

$$a_1 = t_{n-2}(0.025) \times \sqrt{(v_{11} + 2v_{12}t_2 + v_{22}t_2^2)\tilde{\sigma}^2}$$

とすればよい. 同様にして, 4 時間後, 6 時間後, $\cdots$, の信頼区間の下限と上

表 **10.3** η_i の推定値 $\hat{y}_i$ と 95% 信頼区間

j	y_j	$\hat{y}_j$	個々の信頼区間		同時信頼区間	
			下限	上限	下限	上限
1	1.922	1.870	1.748	1.992	1.653	2.087
2	1.443	1.485	1.399	1.571	1.332	1.638
3	1.065	1.100	1.030	1.171	0.975	1.226
4	0.703	0.716	0.629	0.802	0.562	0.869
5	0.369	0.331	0.209	0.453	0.114	0.548

限が求められ，これらが表 10.3 に与えられている．

　一方，個々の信頼区間の信頼係数が保証されるだけでなく，全体としての信頼係数が保証されている同時信頼区間を構成するには，任意の c_1, c_2 に対して

$$\frac{\{c_1(\hat{\alpha} - \alpha) + c_2(\hat{\beta} - \beta)\}^2/2}{(v_{11}c_1^2 + 2v_{12}c_1c_2 + v_{22}c_2^2)\tilde{\sigma}^2} \leq F$$

が成り立つことを利用する．ここで，$\boldsymbol{V}$ の逆行列を

$$\boldsymbol{V}^{-1} = \left(\begin{array}{cc} v^{11} & v^{12} \\ v^{21} & v^{22} \end{array} \right)$$

とするとき，F は

$$F = [\{v^{11}(\hat{\alpha} - \alpha)^2 + 2v^{12}(\hat{\alpha} - \alpha)(\hat{\beta} - \beta) + v^{22}(\hat{\beta} - \beta)^2\}/2]/\tilde{\sigma}^2$$

として与えられる．F は自由度 $(2, n-2)$ の F 分布に従うので，同時信頼区間の構成における b_i は

$$b_i = \sqrt{F_{2,n-2}(0.025)} \cdot \sqrt{[\{v_{11} + 2v_{12}t_i + v_{22}t_i^2\}/2]\tilde{\sigma}^2} \qquad (i = 1, \cdots, 5)$$

と定めればよい．

　このようにして，2 時間おきの平均濃度について，個々の信頼区間とすべてに対しての同時信頼区間が図 10.1 に与えられている．当然のことながら，同時信頼区間の幅は，個々に構成された信頼区間の幅より大きくなる．しかし，同時信頼区間は投与後から 2, 4, 6, 8, 10 時間後において成り立つ信頼区間である．

　なお，上で同時信頼区間を考えたが，これは，すべての c_1, c_2 に対して成り

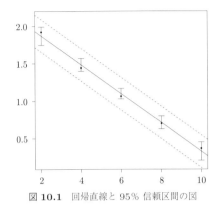

図 10.1 回帰直線と 95% 信頼区間の図

立つ信頼区間でもある. したがって, α や β 自身の信頼区間の構成にも応用でき, その結果が表 10.4 に与えられている.

表 10.4 回帰係数 α, β の推定量と 95% 信頼区間

	推定値	個々の信頼区間		同時信頼区間	
		下限	上限	下限	上限
$\hat{\beta}_0$	2.255	2.090	2.419	1.961	2.548
$\hat{\beta}_1$	-0.192	-0.217	-0.167	-0.237	-0.148

R での各時点における個々の信頼区間の求め方は HP 参照.

また, すべての対比較に対する同時信頼区間をテューキー法に基づいて構成することができる. 例えば, 水準数を 3 とすると, ここでの目標は $\mu_1 - \mu_2$, $\mu_1 - \mu_3$, $\mu_2 - \mu_3$ の各々について信頼区間を構成し, 3 つの信頼区間全体に対する信頼係数が 0.95 になるようにすることである. ここで, $1 \leq i < j \leq 3$ に対して

$$\widetilde{T}_{ij} = \frac{(\overline{x}_i - \mu_i) - (\overline{x}_j - \mu_j)}{\sqrt{\left(\dfrac{1}{n_i} + \dfrac{1}{n_j}\right) s^2}}$$

とすると,

$$P\left(|\widetilde{T}_{12}| \le t_c, |\widetilde{T}_{13}| \le t_c, |\widetilde{T}_{23}| \le t_c\right)$$

$$= P\left(\max\{|T_{12}|, |T_{13}|, |T_{23}|\} \le t_c | \mu_1 = \mu_2 = \mu_3\right)$$

$$= 1 - P\left(\max\{|T_{12}|, |T_{13}|, |T_{23}|\} \ge t_c | \mu_1 = \mu_2 = \mu_3\right)$$

$$= 1 - 0.05$$

$$= 0.95$$

が成り立つ. なお, $|\widetilde{T}_{ij}| \le t_c$ は $\mu_i - \mu_j \in I_{ij}$ と同値である. ただし,

$$I_{ij} = ((\overline{x}_i - \overline{x}_j) - t_c b_{ij}, \ (\overline{x}_i - \overline{x}_j) + t_c b_{ij}),$$

$$b_{ij} = \sqrt{\left(\frac{1}{n_i} + \frac{1}{n_j}\right) s^2}.$$

このことより, 確率(信頼係数)0.95 で

$$\mu_1 - \mu_2 \in I_{12}, \quad \mu_1 - \mu_3 \in I_{13}, \quad \mu_2 - \mu_3 \in I_{23}$$

が成り立つ. さらに, この同時信頼区間を用いることによって, 以下の基準で仮説の棄却について判断することができる.

信頼区間 I_{ij} に 0 が含まれる $\iff$ 帰無仮説 H_{ij} は保留される.

信頼区間 I_{ij} に 0 が含まれない $\iff$ 帰無仮説 H_{ij} は棄却される.

同様に, ダネット法やボンフェローニ法に基づいて同時信頼区間を構成することができる. なお, 一般にボンフェローニ法による同時信頼区間は保守的となり, 特に水準数が増えるとかなり保守的になることが知られている.

演 習 問 題

問 10.1 (1) 2次元ベクトル $\boldsymbol{c} = (c_1, c_2)'$ に依存する非負値統計量 $T(\boldsymbol{c})$ に対して

$$\max_{\boldsymbol{c}} T(\boldsymbol{c}) \le T_0$$

とする. T の上側 5% 点を t_0 とする. すなわち, $P(T_0 \ge t_0) = 0.05$ をみたす.

特定な $\boldsymbol{c}_1,\ldots,\boldsymbol{c}_k$ に対して,

$$P(T(\boldsymbol{c}_1) \le t_0, \cdots, T(\boldsymbol{c}_k) \le t_0) \ge 0.95$$

となることを示せ.

（2） 次を示せ.

$$P(T(\boldsymbol{c}_i) \ge t_0) \le 0.05 \qquad (i = 1, \cdots, k).$$

（3） 次を示せ.

$$P(\text{"}T(\boldsymbol{c}_1) \ge t_0\text{"} \cup \cdots \cup \text{"}T(\boldsymbol{c}_k) \ge t_0\text{"}) \le 0.05.$$

問 10.2 k 個の事象 $A_1, \cdots, A_k$ に対して

$$P\left(\bigcup_{i=1}^{k} A_i\right) \le \sum_{i=1}^{k} P(A_i)$$

が成り立つことを示せ.

問 10.3 10.4 節で考えられた直線回帰モデル，すなわち，y_i が平均 $\alpha + \beta t_i$，分散 σ^2 の正規分布に従うモデルにおいて，β の信頼区間を構成する方法を述べよ.

11

計算機指向型法

11.1　モンテカルロ法

　乱数を用いることにより，正確な解が求めにくい複雑な確率・統計の問題を数値的に解くことができる．このような方法は**モンテカルロ法**（あるいは**シミュレーション法**）とよばれている．ここでは，図形の面積を求める問題を考えることによって，モンテカルロ法の考え方やその原理について説明する．図 11.1 のような，縦の長さが 1，横の長さが π の長方形に含まれ，$\sin x$ の曲線で囲まれた部分（図 11.1 の色付き部分）の面積をモンテカルロ法によって求めてみよう．

　まず，適当な桁数をもつ区間 $[0, \pi)$ 上の一様乱数 x と，区間 $[0, 1)$ 上の一様乱数 y を考え，これをペアにした組 (x, y) を生成する．次に，このような一

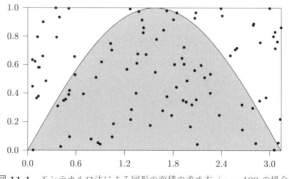

図 11.1　モンテカルロ法による図形の面積の求め方（$n = 100$ の場合）

様乱数の組 (x, y) をくり返し生成し，そのうち $\sin x$ で囲まれた色付き部分の中に入った割合を求める．いま，一様乱数の組を n 個発生させ，そのうち k 個が色付き部分の中に入ったとしよう．このとき，n を大きくするにつれて

$$S = (長方形の面積) \times \frac{k}{n} = \pi \times \frac{k}{n} = \frac{\pi k}{n}$$

の値が色付き部分の面積に近づくことが知られている（S を具体的に求める手順についてはアルゴリズム 11.1 を参照）．

アルゴリズム 11.1 モンテカルロ法による図形の面積の求め方 $\left(\int_0^{\pi} \sin x \, dx \right.$ の場合 $\left. \right)$

---

(1) 実験回数 n を指定する．

(2) 色付き部分の中に入る個数 k を 0 とする．

(3) $i = 1, \cdots, n$ に対して，以下をくり返す．

    (a) $[0, \pi)$ 上の一様乱数，$[0, 1)$ 上の一様乱数の組 (x, y) をとる．

    (b) $y \leq \sin x$ ならば，k に $k + 1$ を代入する．

(4) $S = (k/n)\pi$ を面積の近似値とする．

アルゴリズム 11.1 を R で実装する方法については HP を参照．

実際に計算を行うと，表 11.1 のようになる．乱数はその都度異なる値をとるので，同じコマンドを実行したとしても表 11.1 の結果と一致しない．しかし，実験回数を大きくするにつれて S が真の解

$$\int_0^{\pi} \sin x dx = [-\cos x]_0^{\pi} = 2$$

に近づく傾向は，計算に用いた乱数の値によらず確認することができる．

このような方法によって，なぜ図形の面積に対してほぼ正確な近似を得るこ

表 11.1 実験回数とモンテカルロ法による図形の面積の近似

n	100	100^2	100^3
S	2.105	1.990	2.001

とができるかについて考えてみよう．いま，正方形の中にでたらめにプロット
したとき，それが $\sin x$ で囲まれた色付き部分の中に落ちる割合，すなわち，
そのような事象が起こる確率を p とする．このとき，求める図形の面積は長
方形の面積 π に p を掛けた値である．一方，実際に，長方形の中にでたらめ
に n 回プロットし，色付き部分に落ちた割合について考えよう．第 i 回目の
実験で得られた結果について

$$X_i = \begin{cases} 1 & \text{（色付き部分に落ちた場合）} \\ 0 & \text{（上記以外）} \end{cases}$$

とすると，X_i は実験ごとに変動する確率変数である．色付き部分にプロット
された割合 $\bar{X} = n^{-1}\sum_{i=1}^{n} X_i = k/n$ は大数の法則により

$$\bar{X} \to p \quad \text{(in prob)}$$

となり，これは確率収束を表す．したがって，十分大きな n に対する $\bar{X}$ の値
によって p を近似することができる．そのため，実験回数 n を大きくすれば
するほどよい近似値が得られる．

11.2　ブートストラップ法

　信頼区間や検定の問題においては，いろいろな統計量のパーセント点あるい
は棄却点が必要となる．これらの値は，データの従う分布が正規分布あるいは
二項分布などであれば，理論的に求める，あるいは近似式を与えることができ
る．また，このような問題でも，データの従う分布が既知であれば，その分布
に従う乱数を発生させることにより，パーセント点あるいは棄却点を数値的に
求めることができる．

　しかし，データの確率分布が未知パラメータに依存する場合には，複雑で厄
介な問題になる．**ブートストラップ法**は，その厄介な問題を，与えられたデー
タからくり返しサンプリング（リサンプリング）を行うことに置き換えて処理
してしまうという，一見奇抜なアイディアに基づく方法である．

　具体的な統計量によってブートストラップ法の考え方をみることにする．例

えば，ある母集団の注目している特性を表す確率変数 X について，大きさ n の標本 $X_1, X_2, \cdots, X_n$ とその観測値 $x_1, x_2, \cdots, x_n$ が与えられているとしよう．このとき，X の母集団平均を μ として，統計量

$$T = (\bar{X} - \mu)/(\sqrt{S^2/n})$$

の分布を考えてみよう．ここで，$\bar{X}$ は標本平均，S^2 は標本分散であり，$S^2 = \sum_{j=1}^{n}(X_j - \bar{X})^2/n$ で定義されているものとする．$S = \sqrt{S^2}$ は**標本標準偏差**とよばれる．

X が正規分布に従う場合には，T の分布を理論的に求めることができる．すなわち $\sqrt{(n-1)/n}T$ は自由度 $n-1$ の t 分布に従う．また，X の分布が正規分布でない場合でも，もしその分布が特定できれば，モンテカルロ法を適用するなどして T の分布を数値的に計算することができる．

しかし実際の問題においては X の分布はわからないことが多いため，その分布の形についてはあまり前提をおかずに，母集団の特性値などを推測することが重要になる．例えば，母集団の平均 μ に対する信頼区間を求めたいとしよう．このとき，X の分布の形について何も仮定をおかずに T の分布を近似的に求めたいわけであるが，このような場合にブートストラップ法を適用することができる．

具体的にはまず，ブートストラップ法により，T の分布の近似であるヒストグラムを求める．次に，T の分布のパーセント点を，そのヒストグラムのパーセント点で近似する．これによって，μ の信頼区間が求められるのである．

ここで，ブートストラップ法により T の分布を求める計算例を示す．いま，標本の大きさは $n = 25$ とし，観測値が次のようなものであったとしよう．

$$
\begin{array}{lllll}
93.83, & 103.96, & 102.87, & 100.23, & 105.68, \\
101.32, & 97.95, & 89.72, & 101.00, & 95.57, \\
96.43, & 105.93, & 94.88, & 101.29, & 102.75, \\
98.06, & 97.62, & 98.60, & 102.79, & 102.64, \\
102.57, & 97.93, & 100.58, & 103.77, & 95.74.
\end{array}
$$

これらの 25 個の観測値の組は初期標本とよばれる. この場合, 初期標本の標本平均は $\bar{x} = 99.75$, 標本標準偏差は $s = 3.97$ となる.

まず, この大きさ 25 の初期標本から, 復元抽出によりランダムに 25 個を選ぶ. たとえば, それが次のようなものであったとする.

$$102.87, \quad 102.57, \quad 100.58, \quad 105.93, \quad 97.62,$$
$$102.57, \quad 103.96, \quad 102.87, \quad 102.57, \quad 102.87,$$
$$98.06, \quad 96.43, \quad 101.00, \quad 105.93, \quad 102.64,$$
$$97.93, \quad 89.72, \quad 97.95, \quad 97.62, \quad 102.79,$$
$$93.83, \quad 102.57, \quad 95.57, \quad 93.83, \quad 97.62.$$

これは**リサンプリング標本**とよばれる. 復元抽出であるので同じ観測値が選ばれることがあり, いまの場合 102.57 が 4 回も選ばれている. このリサンプリング標本の標本平均, 標本標準偏差は, それぞれ $\bar{x}^* = 99.92, s^* = 4.06$ となる.

ここで, T における母集団平均 μ を初期標本の平均 $\bar{x} = 99.75$ で置き換えて得られる値 T_1 は

$$T_1 = (\bar{x}^* - \bar{x})/(s^*/\sqrt{n})$$
$$= (99.92 - 99.75)/\sqrt{4.06^2/25} = 0.206.$$

次に T_1 の値を求めたときと全く同様にして, 初期標本から復元抽出により 25 個の値を抽出し, そのリサンプリング標本から T に対応する値 T_2 を求める. 以下, この操作を B 回くり返して得られる値を $T_1, T_2, \cdots, T_B$ とする. このとき, B として十分大きな値を選ぶ (例えば, $B = 3000$ などを選ぶ). これらの $T_b (b = 1, \cdots, B)$ の値からヒストグラムを作成すると図 11.2 のようなものが得られるが, これはブートストラップ法によって作成された T の確率密度関数の近似となっている.

この実験の場合は初期標本は正規分布 $N(100, 2^2)$ から抽出されたものであるので, $\sqrt{(n-1)/n} \cdot T$ は自由度 $n - 1 = 25 - 1 = 24$ の t 分布に従うことが理論的に示される. そこで, この分布の確率密度関数の曲線 (図 11.2 の実線) を図のヒストグラムに重ね合わせて描くと, ブートストラップ法によって得ら

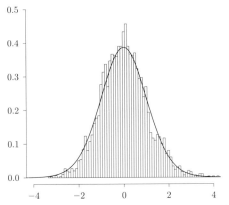

図 11.2 ブートストラップ法によって得られるヒストグラムと t 分布
の確率密度関数の比較

れたヒストグラムが理論的な分布である自由度 24 の t 分布の確率密度関数の
良い近似になっていることがわかる.

　上記の例では母集団分布が正規分布であるために $\sqrt{(n-1)/n} \cdot T$ は t 分布
に従うことがわかっていたが，T の分布がわからない場合においても全く同
様にして T の近似分布を与えることができる．このように，ブートストラッ
プ法はデータが得られた母集団に対して特定の分布を想定しない場合の統計デ
ータ解析法を発展させるうえで，基本的な役割を演じている.

11.3 　ブートストラップ信頼区間・検定

　前節でみてきたように，ブートストラップ法を用いて，信頼区間のパーセ
ント点や検定統計量の棄却点の近似値を求めることができるが，そのための
アルゴリズムをまとめておこう．未知の平均 μ をもつ母集団から，大きさ n
の初期標本 $x_1, \cdots, x_n$ に基づいて，μ に対するブートストラップ信頼区間や
ブートストラップ検定の p 値を求める問題を考える．ここで，初期標本 $\boldsymbol{x} =$
$(x_1, \cdots, x_n)$ から計算された標本平均を $\bar{x} = (x_1 + \cdots + x_n)/n$，標本分散を
$s^2 = \{(x_1 - \bar{x})^2 + \cdots + (x_n - \bar{x})^2\}/n$ とする．B をブートストラップの反復
回数（つまりリサンプリングの回数）とし，初期標本 $\boldsymbol{x} = (x_1, \cdots, x_n)$ から

得られる大きさ n のリサンプリング標本を $\boldsymbol{x}^* = (x_1^*, \cdots, x_n^*)$ と表す（アルゴリズムにおいては第 i 回目の反復におけるリサンプリング標本を $\boldsymbol{x}_i^*$ で表すことにする）.

11.3.1 ブートストラップ信頼区間

まず, 信頼区間の場合を考える. リサンプリング標本 $\boldsymbol{x}^*$ から計算される T 統計量を

$$T(\boldsymbol{x}^*) = (\bar{x}^* - \bar{x})/(s^*/\sqrt{n})$$

とする. ここに, $\bar{x}^* = n^{-1}\sum_{j=1}^{n} x_j^*$, $s^* = \sqrt{\sum_{j=1}^{n}(x_j^* - \bar{x}^*)^2/n}$ である. このとき, ブートストラップ信頼区間を求めるためのアルゴリズムは以下の通りである.

アルゴリズム 11.2 ブートストラップ信頼区間の求め方

(1) 反復回数 B を指定する.

(2) α を指定する.

(3) $m = (\alpha/2)B$ を計算する.

(4) 初期標本 $\{x_1, \cdots, x_n\}$ から標本平均 $\bar{x}$, 標本標準偏差 s を計算する.

(5) $i = 1, \cdots, B$ に対して, 以下をくり返す.

　　(a) 初期標本 $\{x_1, \cdots, x_n\}$ から大きさ n の無作為標本 $\boldsymbol{x}_i^*$ を抽出する.

　　(b) $T_i^* = T(\boldsymbol{x}_i^*)$ を計算する.

(6) $T_1^*, T_2^*, \cdots, T_B^*$ を小さい順に並べ替え, $T_{(1)}^* \leq T_{(2)}^* \leq \cdots \leq T_{(B)}^*$（順序統計量）とする.

(7) 順序統計量 $T_{(1)}^* \leq T_{(2)}^* \leq \cdots \leq T_{(B)}^*$ を用いて, 信頼係数 $1-\alpha$ のブートストラップ信頼区間は次のように与えられる（$[a]$ は a の値を超えない最大な整数値）.

$$\left[\bar{x} + \frac{s}{\sqrt{n}}T_{([m])}^*, \ \bar{x} + \frac{s}{\sqrt{n}}T_{([B+1-m])}^*\right]$$

アルゴリズム 11.2 を R で実装する方法については HP を参照.

前節の大きさ $n = 25$ の標本を初期標本に用いると，$B = 3000$ としたときの平均に対するブートストラップ信頼区間（信頼係数 0.95）は

$$[94.03, \ 106.24]$$

となる．一方，統計量 T が t 分布に従うことを用いた平均に対する信頼区間（信頼係数 0.95）は

$$[93.25, \ 106.25]$$

である．

11.3.2 ブートストラップ検定

次に平均 μ に関する仮説検定

$$H_0 : \mu = \mu_0, \qquad H_1 : \mu > \mu_0$$

についてブートストラップ検定の p 値を求めるアルゴリズムを考える．帰無仮説 H_0 の下での検定統計量の分布をブートストラップ法によって推定するため，$\boldsymbol{x}^*$ に対し $z_j^* = x_j^* - \bar{x} + \mu_0 \ (j = 1, \cdots, n)$ の変換を行う．$\boldsymbol{z}^* = (z_1^*, \cdots, z_n^*)$ に対し，統計量 T を

$$T(\boldsymbol{z}^*) = (\bar{z}^* - \mu_0)/(s^*/\sqrt{n})$$

とする．ここに，$\bar{z}^* = n^{-1} \sum_{j=1}^{n} z_j^*$, $s^* = \sqrt{\sum_{j=1}^{n}(z_j^* - \bar{z}^*)^2/n}$ である．アルゴリズム 11.3 によって p 値の近似値を求める（アルゴリズムにおいては第 i 回目の反復における変換後のリサンプリング標本を $\boldsymbol{z}_i^*$ で表すことにする）．

得られた $\hat{p}^*$ が有意水準 α 未満のとき，帰無仮説 $H_0 : \mu = \mu_0$ を棄却する（通常は $\alpha = 0.05, 0.01$ を用いる）．アルゴリズム 11.3 を R で実装する方法については HP 参照．

前節の大きさ $n = 25$ において $\mu_0 = 97$ とすると，ブートストラップ仮説検定の p 値は

$$\hat{p}^* = 0.002$$

アルゴリズム 11.3 ブートストラップ検定の p 値の求め方

(1) 反復回数 B を指定する.

(2) μ_0 を指定する.

(3) 初期標本 $\{x_1, \cdots, x_n\}$ から $T(\boldsymbol{x})$ を計算する.

(4) $i = 1, \cdots, B$ に対して,以下をくり返す.

    (a) 初期標本 $\{x_1, \cdots, x_n\}$ から大きさ n の無作為標本 $\boldsymbol{x}_i^*$ を抽出する.

    (b) リサンプリング標本 $\boldsymbol{x}_i^*$ に対して変換を行い,$\boldsymbol{z}_i^*$ を計算する.

    (c) $T_i^* = T(\boldsymbol{z}_i^*)$ を計算する.

(5) ブートストラップ p 値は次のように得られる.

$$\hat{p^*} = \frac{\#(\{i \in \{1, \cdots, B\} \mid T_i^* \geq T(\boldsymbol{x})\})}{B}.$$

である.一方,t 分布を用いて得られる p 値は $p = 0.001$ である.

11.4 ベイズ統計学

　ここでは,ベイズ統計学,特にベイズ推定について解説する.**ベイズ推定**とは,推定したいパラメータ θ に対し事前分布を仮定し,与えられたデータ $(x_1, \cdots, x_n)$ から導かれる事後分布によって θ を推定する方法である.ベイズ統計学は,これまでの統計学の枠組みとは一線を画しており,θ を未知の定数ではなく,θ もまた確率変数として扱っていることに注意すべきである.直観的なイメージとしては,事前の見立て(事前分布)と実際の状況(与えられたデータ)から現状を踏まえた結果(事後分布)を予測する方法である.

事前の見立て (事前分布)	$\times$	与えられたデータ (尤度)	$=$	現状を踏まえた結果 (事後分布)

　いささか卑近なたとえを挙げるならば,サッカー日本代表がワールドカップに出場した際に予選リーグが強豪ぞろいであると,決勝リーグへの進出を絶望視してしまうが,その後,強豪相手に善戦する,または勝利すると,もしかし

たら決勝リーグに進出できるかもしれないと考えを改めるさまに似ているかもしれない.

　それではベイズ推定の枠組みについて解説する. ベイズ推定では, 連続型確率変数における**ベイズの定理**を使用する. これは次のように表せる.

$$g(\theta|x_1,\cdots,x_n) = \frac{f(x_1,\cdots,x_n|\theta) \times g(\theta)}{\displaystyle\int_{-\infty}^{\infty} f(x_1,\cdots,x_n|\theta) \times g(\theta)d\theta}$$

　このとき, $g(\theta)$ は θ の事前分布の確率密度関数, $g(\theta|x_1,\cdots,x_n)$ は θ の事後分布の確率密度関数, $f(x_1,\cdots,x_n|\theta)$ は θ に対する尤度関数である.

　このようにベイズ推定では, データ $\{x_1,\cdots,x_n\}$ の確率密度関数 $f(x_1,\cdots,x_n|\theta)$ における θ をパラメータではなく確率変数とみなす. そうすると, $f(x_1,\cdots,x_n|\theta)$ は θ を与えたときの条件付き密度関数とみなすことができ, 上式のような連続型確率変数におけるベイズの定理として表せる.

　このようにして与えられた事後分布から, θ を推定する. 例えば, 事後分布を使った θ の推定方法として事後期待値 (EAP 推定値) $\hat{\theta}_{eap}$ がある. これは次のように計算される.

$$\hat{\theta}_{\mathrm{eap}} = E[\theta|x_1,\cdots,x_n] = \int_{-\infty}^{\infty} \theta g(\theta|x_1,\cdots,x_n)d\theta$$

　この積分を評価することができれば事後期待値 $\hat{\theta}_{\mathrm{eap}}$ を求められる. しかし, この積分の計算が一般的に困難である. そこで, 事後分布に従う乱数を生成することで解決する. 具体的には, 事後分布に従う乱数 $\theta_1,\cdots,\theta_T$ があれば $\hat{\theta}_{\mathrm{eap}}$ は次のように近似できる.

$$\hat{\theta}_{\mathrm{eap}} = E[\theta|x_1,\cdots,x_n] \fallingdotseq \frac{1}{T}\sum_{i=1}^{T} \theta_i$$

　次節では, マルコフ連鎖を利用した乱数の生成方法について解説する.

11.5　メトロポリス・ヘイスティングス法

　ここでは, 事後分布に従う乱数の生成について考える. この乱数の生成に

確率過程のマルコフ連鎖を利用する. まず, 確率過程とは $X^{(1)} \to X^{(2)} \to \cdots \to X^{(t)} \to \cdots$ のような確率変数の列のことであり, 一般的に $X^{(t)}$ の分布はそれ以前の $X^{(1)}, \cdots, X^{(t-1)}$ の状態に依存する. またマルコフ連鎖とは, この $X^{(t)}$ の分布が1つ前の $X^{(t-1)}$ の状態のみに依存する確率過程のことである. さらにマルコフ連鎖であれば, ある条件をみたすとき定常分布に収束することが知られている. 定常分布とは, これ以上変化しない分布のことである.

$$X^{(1)} \to X^{(2)} \to \cdots \to X^{(B)} \to \underbrace{X^{(B+1)} \to \cdots \to X^{(T)} \to \cdots}_{\text{定常分布}}$$

このように, マルコフ連鎖であれば $(B+1)$ 番目以降を定常分布に従っているとみなせる. また注意として, 定常分布とみなせるまでには一定程度の期間 B が必要となる. この性質を利用し, 定常分布が事後分布になるように乱数の列を生成する方法がマルコフ連鎖モンテカルロ法（**MCMC 法**）である. ここでは, MCMC 法の1つであるメトロポリス・ヘイスティングス法について解説する.

メトロポリス・ヘイスティングス法は乱数生成パートと採用パートからなる. この方法では乱数を生成し, その乱数を採用する確率を計算し, その確率にそって採用するかどうかを決めるという手順をくり返す. このとき, 乱数生成方法は分析者自身が設定するため, 通常, 乱数生成が容易なものを用いる. この乱数生成に使われる確率分布を提案分布という. 乱数生成のイメージは以下のようになる.

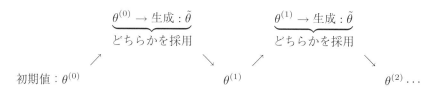

推定するパラメータが1つの場合におけるメトロポリス・ヘイスティングス法はアルゴリズム 11.4 となる. このとき, 採用確率 $r = \alpha(\tilde{\theta}|\theta^{(t)})$ は次のようにして計算される.

アルゴリズム 11.4 メトロポリス・ヘイスティングス法

(1) 反復回数 T を指定する.

(2) $\theta^{(0)}$ を指定する.

(3) $t = 1, \cdots, T$ に対して，以下をくり返す.

  (a) $\theta^{(t-1)}$ を用いて提案分布から生成した 1 個の乱数を $\tilde{\theta}$ とする.

  (b) 採用確率 $r = \alpha(\tilde{\theta}|\theta^{(t)})$ を計算する.

  (c) 0 から 1 の一様分布から乱数を 1 つ生成し，それを a とする.

  (d) 採用確率 r と a を比較し，

   $a < r$ ならば $\tilde{\theta}$ を採用し $\theta^{(t+1)} = \tilde{\theta}$ とし,

   $a \geq r$ ならば $\tilde{\theta}$ は採用せず $\theta^{(t+1)} = \theta^{(t)}$ とする.

(4) 乱数が定常分布に収束していると考えられる適当な B を指定する.

$$\alpha(\tilde{\theta}|\theta^{(t)})$$

$$= \begin{cases} 1 & \left(\dfrac{q(\theta^{(t)}|\tilde{\theta})g(\tilde{\theta}|x_1,\cdots,x_n)}{q(\tilde{\theta}|\theta^{(t)})g(\theta^{(t)}|x_1,\cdots,x_n)} \geq 1 \text{ のとき} \right) \\[3mm] \dfrac{q(\theta^{(t)}|\tilde{\theta})g(\tilde{\theta}|x_1,\cdots,x_n)}{q(\tilde{\theta}|\theta^{(t)})g(\theta^{(t)}|x_1,\cdots,x_n)} & \left(\dfrac{q(\theta^{(t)}|\tilde{\theta})g(\tilde{\theta}|x_1,\cdots,x_n)}{q(\tilde{\theta}|\theta^{(t)})g(\theta^{(t)}|x_1,\cdots,x_n)} < 1 \text{ のとき} \right) \end{cases}$$

ここで，$q(\tilde{\theta}|\theta^{(t)})$, $q(\theta^{(t)}|\tilde{\theta})$ は提案分布の確率密度関数である．$\alpha(\tilde{\theta}|\theta^{(t)})$ は 1 未満の場合，非常に複雑な式となるが，これは $\tilde{\theta}$ を与えたときの条件付き確率密度関数 $f(x_1,\cdots,x_n|\tilde{\theta})$ を $\theta^{(t)}$ を与えたときの条件付き確率密度関数 $f(x_1,\cdots,x_n|\theta^{(t)})$ で割った量である．$\alpha(\tilde{\theta}|\theta^{(t)})$ はこの量により採用確率を与えている．例えば，標本の分布が分散既知の正規分布 $N(\theta, \sigma^2)$, θ の事前分布が一様分布，提案分布が正規分布のとき，1 未満の採用確率は次のように与えられる.

$$\frac{q(\theta^{(t)}|\tilde{\theta})g(\tilde{\theta}|x_1,\cdots,x_n)}{q(\tilde{\theta}|\theta^{(t)})g(\theta^{(t)}|x_1,\cdots,x_n)} = \exp\left\{ -\frac{n(\tilde{\theta}-\bar{x})^2}{2\sigma^2} + \frac{n(\theta^{(t)}-\bar{x})^2}{2\sigma^2} \right\}$$

ここで，$\bar{x}$ は標本平均である.

より具体的な例をもって解説する．ある企業では働き方改革の一環として残業時間抑制の施策を行うことになったとする．この施策の効果を調査するため

表 **11.2**　施策前の 1 か月間の残業時間

施策前	27	41	34	29	35	30	29	30	27	33
	23	32	30	36	32	29	20	33	30	31

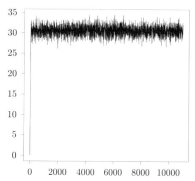

図 **11.3**　メトロポリス・ヘイスティングス法による乱数のプロット

　に施策前の残業時間の調査を行った（表 11.2）．以下のデータは，無作為に選んだ 20 人の 1 か月間の残業時間である．ここで，残業時間は $N(\mu, 5^2)$ の分布に従っていることがわかっているとする．この場合，μ が推定したい $\theta = \mu$ であり，与えられたデータが $x_1 = 27$, $x_2 = 41$, $\cdots$, $x_{20} = 31$ にあたる．このとき，μ の事前分布を一様分布，提案分布を分散 $d^2 = 3^2$ の正規分布，$T = 1000 + 10^4$, $\theta^{(0)} = 0$ としてアルゴリズム 11.4 に従って乱数を生成し，それをプロットすると図 11.3 となる．このとき，横軸は生成された番号であり縦軸は乱数の値である．

　図 11.3 より，横軸が 0 付近では下の方にあるが右に進むにつれて上方に集中する様子がみてとれる．これは，マルコフ連鎖では定常分布に収束するまでにある程度の期間を必要とするためである．その期間がアルゴリズム 11.4 における B に相当する．この図 11.3 をみると，1000 番以降の値からほぼ狭い範囲で上下しているので $B = 1000$ とする．このとき，このように生成された乱数が事後分布の乱数となっているか確認すると，理論的に標本が正規分布 $N(\mu, \sigma^2)$，事前分布が一様分布とするとき事後分布は $N(\bar{x}, \sigma^2/\sqrt{n})$ に従うことがわかっている．そこで，$T = 1000 + 10^5$, $d^2 = 3^2$, $\theta^{(0)} = 0$, $B = 1000$ と

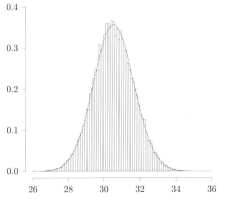

図 11.4 メトロポリス・ヘイスティングス法による乱数のヒストグラム

して乱数のヒストグラムと正規分布 $N(\bar{x}, 5^2/\sqrt{20})$ の確率密度関数の曲線を描くと図 11.4 となる. これより, おおよそ両者は似通っていることがみてとれる.

表 11.2 のベイズ推定を R で実装する方法については HP 参照.

11.6　ギブスサンプリング

次に推定するパラメータが 2 つの場合について考える. 先ほどは推定したいパラメータが 1 つであったので, 提案分布と採用確率は 1 つずつであったが, 今回の推定したいパラメータは θ_1, θ_2 の 2 つであるため, 提案分布と採用確率は 2 つずつ必要となる. ここで次のように交互に乱数を生成していく. まず, $(\theta_1^{(t)}, \theta_2^{(t)})$ を用いて θ_1 の提案分布から $\tilde{\theta}_1$ を生成し, 採用確率から採用するかどうか決めた上で $\theta_1^{(t+1)}$ を生成し, 次に $(\theta_1^{(t+1)}, \theta_2^{(t)})$ を用いて θ_2 の提案分布から $\tilde{\theta}_2$ を生成し, 採用確率から採用するかどうか決め, $\theta_2^{(t+1)}$ を生成する. このとき, θ_1 の提案分布として θ_2 の条件付き事後分布, θ_2 の提案分布として θ_1 の条件付き事後分布とすると採用確率がつねに 1 となることが知られている. つまり, 次のようにして生成していく.

$$\begin{array}{cccc} \text{生成}: \theta_1^{(1)} & \text{生成}: \theta_1^{(2)} & \text{生成}: \theta_1^{(3)} & \\ \nearrow \quad \downarrow & \nearrow \quad \downarrow & \nearrow \quad \downarrow & \cdots \end{array}$$

初期値 $:\theta_2^{(0)}$ 　　生成 $:\theta_2^{(1)}$ 　　生成 $:\theta_2^{(2)}$ 　　生成 $:\theta_2^{(3)}$

このような条件付き分布によってサンプリングする方法を**ギブスサンプリング**という.

　これより，推定するパラメータが2つの場合におけるギブスサンプリングはアルゴリズム 11.5 となる.

アルゴリズム 11.5 ギブスサンプリング
---
(1)　反復回数 T を指定する.

(2)　$\theta_2^{(0)}$ を指定する.

(3)　$t=1,\cdots,T$ に対して，以下をくり返す.

　　(a)　$\theta_2^{(t-1)}$ の値を使い，θ_1 の条件付き事後分布から乱数を1つ生成し，それを $\theta_1^{(t)}$ とする.

　　(b)　$\theta_1^{(t)}$ の値を使い，θ_2 の条件付き事後分布から乱数を1つ生成し，それを $\theta_2^{(t)}$ とする.

(4)　乱数が定常分布に収束していると考えられる適当な B を指定する.

　特に，標本が $N(\mu,\sigma^2)$ の分布に従い，(μ,σ^2) の事前分布として互いに独立な一様分布とするとき，それぞれの条件付き分布は次のように与えられる.

$$\mu|\sigma^2,\ x_1,\cdots,x_n \sim N\left(\bar{x},\frac{\sigma^2}{n}\right)$$

$$\sigma^2|\mu,\ x_1,\cdots,x_n \sim IG\left(\frac{n}{2}-1,\frac{ns^2+n(\mu-\bar{x})^2}{2}\right)$$

ここで，$IG(\alpha,\beta)$ はパラメータ (α,β) の逆ガンマ分布を表す.

　前節では残業時間抑制の施策前における残業時間を扱ったが，ここでは施策後の残業時間の調査結果に適用する. 表 11.3 は，無作為に選んだ20人の1か月間の残業時間である. ここで，残業時間は $N(\mu,\sigma^2)$ の分布に従っていることがわかっているとする. また，(μ,σ^2) の事前分布として互いに独立な一様分布とする. このような仮定のもと，アルゴリズム 11.5 を R のコマンドで

表 11.3　施策後の 1 か月間の残業時間

施策後	21	18	21	16	23	16	20	22	28	19
	19	23	18	18	26	28	19	14	22	23

実装する方法については HP 参照.

演 習 問 題

問 11.1　乱数表から 2 桁の一様乱数を生成するには，どのようにすればよいか．また，区間 $[0, \pi)$ 上の 2 桁の一様乱数を生成するには，どのようにすればよいか.

問 11.2　半径 1 の 4 分円の面積をシミュレーション法によって求めるにはどのようにすればよいか.

問 11.3　F を連続型確率変数の分布関数とし，$a < x < b$ において，狭義単調増加で $F(a) = 0$, $F(b) = 1$ とする（a を $-\infty$ あるいは b を ∞ としてもよい）．X を一様分布 $U(0,1]$ に従う確率変数とするとき，$Y = F^{-1}(X)$ の分布は分布関数 F をもつ分布になることが知られている．この事実を用いて，$(0,1]$ 上の一様乱数 $x_1, \cdots, x_n$ から標準正規乱数に従う乱数 $z_1, \cdots, z_n$ を作るにはどのようにすればよいか.

問 11.4　確率変数 X について，大きさ 5 の実現値が

$$1.2, \quad 1.5, \quad 1.7, \quad 2.0, \quad 2.5$$

として与えられているとする．このとき，リサンプリング標本を 1 組作成せよ.

問 11.5　11.2 節で与えられている大きさ n の標本が正規分布からの標本として，μ の信頼係数 95％ の信頼区間は $[93.25, 106.25]$ となることを示せ.

問 11.6　仮説検定問題 $H_0 : \mu = \mu_0, H_1 : \mu > \mu_0$ に対する検定統計量 $T = (\bar{X} - \mu_0)/(S/\sqrt{n})$ の p 値を求めよ.

問 11.7　標本が分散既知の正規分布 $N(\theta, \sigma^2)$ に従っていて，θ の事前分布が一様分布であり，提案分布が正規分布のとき 1 未満の採用確率は次のように与えられることを示せ.

$$\frac{q(\theta^{(t)}|\tilde{\theta})g(\tilde{\theta}|x_1, \cdots, x_n)}{q(\tilde{\theta}|\theta^{(t)})g(\theta^{(t)}|x_1, \cdots, x_n)} = \exp\left\{-\frac{n(\tilde{\theta} - \bar{x})^2}{2\sigma^2} + \frac{n(\theta^{(t)} - \bar{x})^2}{2\sigma^2}\right\}$$

問 11.8　標本が正規分布 $N(\mu, \sigma^2)$, (μ, σ^2) の事前分布が互いに独立な一様分布とするとき，σ^2 を与えたもとでの μ の条件付き事後分布が $N(\bar{x}, \sigma^2/\sqrt{n})$ に従うことを示せ.

問 11.9　標本が正規分布 $N(\mu, \sigma^2)$, (μ, σ^2) の事前分布が互いに独立な一様分布とするとき，μ を与えたもとでの σ^2 の条件付き事後分布が次の分布に従うことを示せ.

$$\mu | \sigma^2, x_1, \cdots, x_n \sim N\left(\bar{x}, \frac{\sigma^2}{n}\right)$$

$$\sigma^2 | \mu, x_1, \cdots, x_n \sim IG\left(\frac{n}{2} - 1, \frac{ns^2 + n(\mu - \bar{x})^2}{2}\right)$$

ここで，$IG(\alpha, \beta)$ はパラメータ (α, β) の逆ガンマ分布を表す.

12

2次元データに対する統計解析法

12.1　2次元データと基本統計量

　表 12.1 は，大学生 10 名の身長と体重を調べた結果を表にまとめたものである．

表 **12.1**　大学生 10 名の身長体重

身長 (x)	157	162	159	156	166	163	159	172	155
体重 (y)	45	52	46	47	45	48	47	62	40

　この例のように，同一個体に対して 2 つの変数（例えば，各個人の身長と体重）について観測した結果：

$$(x_1, y_1), (x_2, y_2), \cdots, (x_n, y_n)$$

を **2次元データ**と呼ぶ．2次元データの集中具合や散らばり具合を，目視するには**散布図**が便利である．実際に，表 12.1 のデータを xy 平面に散布したものが，図 12.1 である．この図から，身長と体重に緩やかな比例関係があるように見受けられる．

12.1.1　標本平均ベクトル

　2次元データの平均は，変数 x と変数 y について，それぞれ，標本平均を計算することによって得られる．すなわち

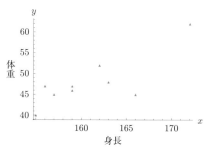

図 **12.1** 大学生 10 名の身長体重の散布図

$$\bar{x} = \frac{1}{n}\sum_{i=1}^{n} x_i, \qquad \bar{y} = \frac{1}{n}\sum_{i=1}^{n} y_i.$$

$\bar{x}$ と $\bar{y}$ をベクトルにした $(\bar{x}, \bar{y})'$ を**標本平均ベクトル**とよぶ．例えば，表 12.1 のデータの標本平均ベクトルは，$(\bar{x}, \bar{y})' = (161, 48)'$ である．

12.1.2 平均によるデータの中心化

データ $x_1, x_2, \cdots, x_n$, データ $y_1, y_2, \cdots, y_n$ を，それぞれ

$$x_1 - \bar{x}, x_2 - \bar{x}, \cdots, x_n - \bar{x}, \quad y_1 - \bar{y}, y_2 - \bar{y}, \cdots, y_n - \bar{y}$$

と変換して得られるデータを，**中心化したデータ**と呼ぶ．図のように，元の データの平均ベクトルは $(\bar{x}, \bar{y})'$ となっているのに対し，中心化したデータ の平均ベクトルは $(0, 0)'$ となっている．図 12.2 は，表 12.1 のデータを記号 "▲" で表し，中心化したデータを記号 "●" で表した散布図である．散布図 から，中心化を行うことでデータの中心位置は変わるが，バラツキは変化しな いことがわかる．

12.1.3 標本共分散行列

1 次元データと同様に考え，変数 x と変数 y について，それぞれ標本分散を 計算することによって

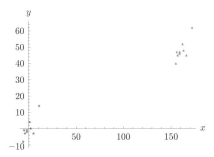

図 12.2 中心化データ（●，左下）と元のデータ（▲，右下）の散布図

$$s_{xx} = \frac{1}{n-1} \sum_{i=1}^{n} (x_i - \bar{x})^2, \qquad s_{yy} = \frac{1}{n-1} \sum_{i=1}^{n} (y_i - \bar{y})^2$$

を得ることができる．表 12.1 のデータでは，$s_{xx} = 59/2, s_{yy} = 75/2$ となる．

ここまでは 1 次元データと同様に考え，各変数について平均や分散を考察してきたわけだが，2 次元データ特有の概念について議論する．次で与えられるデータ A とデータ B について考える．

データ A：$(-2\sqrt{10}/5, -2\sqrt{10}/5)$, $(-\sqrt{10}/5, -\sqrt{10}/5)$, $(0,0)$,
$\qquad\qquad (\sqrt{10}/5, \sqrt{10}/5)$, $(2\sqrt{10}/5, 2\sqrt{10}/5)$

データ B：$(1, -1)$, $(-1, 1)$, $(1, 1)$, $(-1, -1)$, $(0, 0)$

両データの標本平均は，ともに $\bar{x} = \bar{y} = 0$ であり，標本分散は $s_{xx} = s_{yy} = 1$ となっている．しかしながら，両者には明らかな視覚的な違いがある．

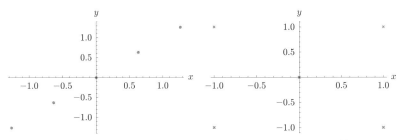

図 12.3 データ A の散布図　　**図 12.4** データ B の散布図

図 12.3 と図 12.4 はそれぞれ，データ A とデータ B の散布図を表している．データ A の散布図では，すべてのデータが第 1 象限と第 3 象限に集中してい

るのに対し，データ B の散布図では，データが各象限にまんべんなく散らば
っている．

そこで，各データに対し

$$s_{xy} = \frac{1}{n-1} \sum_{i=1}^{n} (x_i - \bar{x})(y_i - \bar{y})$$

を計算し比較を試みる．データ A においては，$s_{xy} = 1.0$ となり，データ B
においては，$s_{xy} = 0.0$ となる．このように，第 1 象限と第 3 象限（第 2 象限
と第 4 象限）に多くのデータが存在すればするほど s_{xy} は大きい値（小さい
値）をとり，各象限にまんべんなく散らばっている場合は s_{xy} は 0 に近い値
をとることが期待される．一般に，s_{xy} を，変数 x と変数 y の**標本共分散**とい
う．また，変数 x の標本分散 s_{xx}，変数 y の標本分散 s_{yy}，変数 x と変数 y の
標本共分散 s_{xy} によって与えられる行列：

$$\boldsymbol{S} = \begin{pmatrix} s_{xx} & s_{xy} \\ s_{yx} & s_{yy} \end{pmatrix}$$

を，**標本共分散行列**と呼ぶ．ここで，$s_{yx} = s_{xy}$ であるから，$\boldsymbol{S}$ は実対称行列
である．また，$\boldsymbol{W} = (n-1)\boldsymbol{S}$ を**平方和積和行列**という．

12.1.4　標本共分散行列と 2 次元データのバラツキ

簡単のため，データを中心化して考える．いま，原点 O，A$(x_i - \bar{x}, y_i - \bar{y})$，
B$(x_j - \bar{x}, y_j - \bar{y})$ によって作られる図 12.5 のような平行四辺形を考える．

この面積が大きいほど，2 つのデータはデータの平均 $(\bar{x}, \bar{y})$ から乖離してい

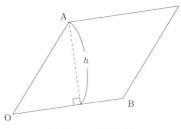

図 12.5　平行四辺形

ると捉えることができる．図における点 B と原点 O を通る直線の方程式は

$$\frac{y_j - \bar{y}}{x_j - \bar{x}} x - y = 0$$

であるから，三角形 OAB の高さ h は

$$h = \frac{|(x_i - \bar{x})(y_j - \bar{y}) - (x_j - \bar{x})(y_i - \bar{y})|}{\sqrt{(x_j - \bar{x})^2 + (y_j - \bar{y})^2}}$$

である．また，OB の長さは $\{(x_j - \bar{x})^2 + (y_j - \bar{y})^2\}^{1/2}$ であるから，点 O, 点 A, 点 B によって作られる平行四辺形の面積は

$$v_{ij} = |(x_i - \bar{x})(y_j - \bar{y}) - (x_j - \bar{x})(y_i - \bar{y})|$$

となる．これを 2 乗し，(i, j) の組み合わせに関して総和を取ったもの：

$$\sum_{i<j}^{n} v_{ij}^2 = 2 \sum_{i<j}^{n} \{(x_i - \bar{x})^2 (y_j - \bar{y})^2 - (x_i - \bar{x})(y_i - \bar{y})(x_j - \bar{x})(y_j - \bar{y})\}$$

は，$(x_1, y_1), (x_2, y_2), \cdots, (x_n, y_n)$ のある種のバラツキと捉えることができる．この量は 2 次元の平方和行列 $\boldsymbol{S}$ の行列式に比例する．実際に

$$|\boldsymbol{W}| = 2 \sum_{i<j}^{n} \{(x_i - \bar{x})^2 (y_j - \bar{y})^2 - (x_i - \bar{x})(y_i - \bar{y})(x_j - \bar{x})(y_j - \bar{y})\}$$

となる．ここで，$|\boldsymbol{S}| = (n-1)^{-2} |\boldsymbol{W}|$ を一般化分散という．

12.2　2次元データを圧縮するための統計解析法

12.2.1　主成分分析

2次元データを，1次元データへ圧縮することを考える．2次元データを，1次元へ圧縮するという行為は，身近なところでも行われている．例えば，数学と理科の2科目の得点の和をとった合計点という新たな指標が存在する．もとのデータは，(数学の得点, 理科の得点) という2つの成分をもつのに対し，総合点はただ1つの成分となっている．これは次元の圧縮の1つの例であり，情報を削ぎ落したにも関わらず，理系の学力を測るには十分な指標となってい

る．このように，データに適当な処理を行うことで，情報量の削減と特徴抽出
を同時に行うことが可能となる．

　例では，恣意的に総合点という変数へ次元を圧縮したわけだが，ここでは，
与えられたデータの傾向からその変数を良く表す低次元の変数を自動的に見つ
け出す手法である**主成分分析**について紹介する．

　変数 x と変数 y の線形な合成変量

$$z = a_1(x - \bar{x}) + a_2(y - \bar{y})$$

を考える．このとき，どのように a_1 と a_2 を定めるかという問題が残る．主
成分分析では，次のように考える．直線へデータを代入した

$$z_1 = a_1(x_1 - \bar{x}) + a_2(y_1 - \bar{y}), \cdots, z_n = a_1(x_n - \bar{x}) + a_2(y_n - \bar{y})$$

の標本平均は $\bar{z} = 0$ であり，標本分散は

$$s_{zz} = \frac{1}{n-1} \sum_{i=1}^{n} (z_i - \bar{z})^2 = a_1^2 s_{xx} + 2a_1 a_2 s_{xy} + a_2^2 s_{yy} = (a_1, a_2)\boldsymbol{S}(a_1, a_2)'$$

と表すことができる．

　主成分分析は，分散 s_{zz} が最大となるように (a_1, a_2) を決定する．ただし，
s_{zz} は $(a_1, a_2)'$ の長さに比例するため，$a_1^2 + a_2^2 = 1$ という制約の下で s_{zz} の
最大化を考える．ラグランジュ未定乗数法を利用し，この問題の解を導くこと
ができる．結果的に，標本共分散行列 $\boldsymbol{S}$ の第1固有値 ℓ_1 に対する長さが1で
ある固有ベクトル $\boldsymbol{h}_1 = (h_{11}, h_{12})'$ がこの問題の解となる．つまり，s_{zz} を最
大とするような z は

$$z_1 = h_{11}(x - \bar{x}) + h_{12}(y - \bar{y})$$

である．これを，**第1主成分**という．

　ここで，分散 s_{zz} 最大化の解釈について考える．もとの2次元データを，あ
る直線へ射影した様子を表したのが図12.6である．射影した結果，直線の垂
直方向のバラツキが完全に失われ，直線の平行方向のバラツキのみ残る．ちな
みに，直線の平行方向におけるデータの分散が ℓ_1 である．分散 s_{zz} の最大化

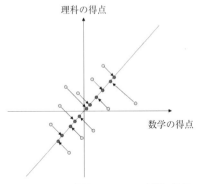

図 12.6 ある直線へのデータの射影の様子

は，直線上でのデータのバラツキをなるべく大きくするような直線を発見するための手続きと解釈することができる．

次に，$a_1^2 + a_2^2 = 1$ に，第1主成分と直交するという条件 $h_{11}a_1 + h_{12}a_2 = 0$ を追加したもとで分散 s_{zz} を最大とするような係数 (a_1, a_2) を決定する．結果的に，この解は標本共分散行列 $\boldsymbol{S}$ の第2固有値 ℓ_2 に対する長さが1である固有ベクトル $\boldsymbol{h}_2 = (h_{21}, h_{22})'$ となる．これを**第2主成分**といい，

$$z_2 = h_{21}(x - \bar{x}) + h_{22}(y - \bar{y})$$

と表す．固有値が重根の場合（$\ell_1 = \ell_2$）には，実際の計算では，各固有空間の基底をグラム・シュミット法で直交化する手続きを行う．第1主成分と第2主成分の説明力を，**寄与率**で評価する．寄与率とは，全情報量のうち，該当する主成分が占める情報量の割合である．第 i 主成分の寄与率 r_i は，以下の式で与えられる．

$$r_i = \frac{\ell_i}{\ell_1 + \ell_2}$$

図 12.7 は，ある中学校の 20 名の学生に行った理科と数学の学力試験の結果に対して，主成分分析を実行した例である．このデータの標本共分散行列は

$$\boldsymbol{S} = \begin{pmatrix} 51.6 & 48.1 \\ 48.1 & 73.6 \end{pmatrix}$$

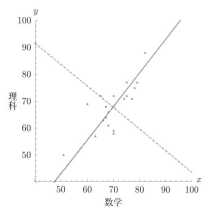

図 12.7 主成分分析の例（実線が第 1 主成分軸，破線が第 2 主成分軸）

であった．S の固有値と固有ベクトルを求めることで，第 1 主成分の係数 は およそ $(0.62, 0.78)$，第 2 主成分の係数はおよそ $(-0.78, 0.62)$ となる．また，第 1 固有値がおよそ 111.9，第 2 固有値がおよそ 13.3 であるから，第 1 主成分の寄与率はおよそ 0.89 であり，第 2 主成分の寄与率はおよそ 0.11 である．つまり，第 2 主成分に元のデータの説明力を求めるのは厳しいといわざるを得ない．また，図 12.7 より，第 1 主成分は，数学と理科の総合的な学力を測る軸といえる．

12.2.2　R によるデータ解析手順
HP 参照．

12.3　2 次元データを分類するための統計解析法

本節では 2 次元データを分類するための統計解析法について学ぶ．分類に関する基本的な考え方は，次元が 3 以上のデータの場合もほぼ同様である．

12.3.1　分 類 の 問 題
統計科学における分類の問題は以下の 2 種類に大別され，その種類によって統計解析法が異なることに注意すべきである．

(a)　あらかじめ得られている各グループ（群）の個体のデータを用いて，
　　　新たに得られた個体のグループを推測する問題.

　　［**例**］　2種のワインの色（色調，色彩強度）に関するデータを用いて，品
　　　種が未知のワインの分類を行う.

(b)　グループ（クラスター）に関する規準は用意されておらず，各個体の
　　　データの距離だけを頼りにグループ自体を探索する問題.

　　［**例**］　プロ野球選手の成績データによって，プロ野球選手の分類を行う.

　本書では，(a) の分類の問題を扱う統計解析法として知られている**判別分
析**，(b) の分類の問題を扱う統計解析法として知られている**クラスター分析**
について，それぞれ解説する.

12.3.2　判　別　分　析

　各母集団（群）から得られた個体のデータ（トレーニングデータ）を用い
て，新たに得られた個体のデータ（テストデータ）の群を推測する判別分析に
ついて考える.

　判別分析については，ほぼ同程度の割合で流通している2種のワインの色
調，色彩強度に関するデータセットを用いて説明する．ここで第1品種群（第
1群，Π_1）から得られたトレーニングデータの標本のサイズは $n_1 = 47$，第
2品種群（第2群，Π_2）から得られたトレーニングデータの標本のサイズは
$n_2 = 57$，テストデータの標本のサイズは26である.

　このデータにおける統計解析の目的は，（ワインの含有成分を調べることな
く得られる）色調および色彩強度によって，26個のワインの品種を正確に判
別する規準を求めることである.

　本来，判別分析は群が未知であるテストデータの群を統計的に判別する方法
であるが，本書では品種群が既知である26個のワインの判別を行う．これに
より，実際の品種と（真の品種の情報を用いずに）判別した結果を比較し，判
別分析の正確さを評価することができる.

　正確な判別規準を求めるには，**誤判別確率**の最小化を考えればよい．ここ
で，データが Π_1 から得られる確率を p_1，データが Π_2 から得られる確率を
$p_2(= 1 - p_1)$ とする（**先験確率**，図 12.8 参照）．Π_1 から得られたデータが Π_2

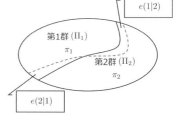

図 **12.8**　先験確率　　　図 **12.9**　2 種類の誤判別確率（点線：判別規準）

のデータとして誤判別される誤判別確率を $e(2|1)$, $\varPi_2$ から得られたデータが $\varPi_1$ のデータとして誤判別される誤判別確率を $e(1|2)$ とする（図 12.9 参照）. このとき, 誤判別確率は

$$p_1 e(2|1) + p_2 e(1|2) \tag{12.1}$$

とかくことができる.（12.1）式を最小化する判別規準を**ベイズ判別規準**という. ベイズ判別規準を用いて判別を行うことが理想的であるが, ベイズ判別規準は各群 $\varPi_1$, $\varPi_2$ の分布のパラメータに依存するため, テストデータの判別には, 推定量を代入して得られる**判別関数**を用いる. 以下, ワインの色調および色彩強度のデータセットにおいて判別分析を行う. ベイズ判別規準の詳細については HP を参照されたい.

1 変数の判別分析

　最初にワインの色調だけを用いて, 群が不明なデータ x に対する判別規準を求めよう. ここで, 各群のワインの色調の確率分布はそれぞれ $\varPi_1 : N(\mu_1, \sigma_1^2)$, $\varPi_2 : N(\mu_2, \sigma_2^2)$ とする.

　このとき, 判別関数 $L(x), Q(x)$ および判別規準は以下の通りである. ただし, **判別分岐点** c は $c = \log(p_2/p_1)$ であり, $p_1 = p_2 = 1/2$ のとき $c = 0$ となる.

（1）　$\sigma_1^2 = \sigma_2^2 = \sigma^2$ のとき, **線形判別関数**

$$L(x) = \frac{\overline{x}_1 - \overline{x}_2}{s^2}\left[x - \frac{1}{2}(\overline{x}_1 + \overline{x}_2)\right]$$

によって, $L(x) > c$ ならば x を $\varPi_1$, $L(x) \le c$ ならば x を $\varPi_2$ に判別する.

⑵　$\sigma_1^2 \neq \sigma_2^2$ のとき，**2次判別関数**

$$Q(x) = \frac{1}{2}\left\{\left(\frac{x - \overline{x}_2}{s_2}\right)^2 - \left(\frac{x - \overline{x}_1}{s_1}\right)^2 + \log\left(\frac{s_2^2}{s_1^2}\right)\right\}$$

によって，$Q(x) > c$ ならば x を Π_1, $Q(x) \leq c$ ならば x を Π_2 に判別する．

ここに，$\overline{x}_g\ (g = 1, 2)$ は各群のトレーニングデータの標本平均，$s_g^2\ (g = 1, 2)$ は各群のトレーニングデータの標本分散，

$$s^2 = \frac{1}{n-2}[(n_1 - 1)s_1^2 + (n_2 - 1)s_2^2] \qquad (n = n_1 + n_2)$$

である．

今回のデータにおいて，線形判別関数，2次判別関数はそれぞれ

$$L(x) = -1.397182x + 1.519492 \tag{12.2}$$
$$Q(x) = -21.78064x^2 + 45.56991x - 23.33467$$

となる．2種のワインは同程度の割合で流通していることから，$p_1 = p_2 = 1/2$ を仮定する．したがって，判別分岐点は $c = 0$ を用いる．

$L(x)$ および $Q(x)$ によって判別した結果は表 12.2, 表 12.3 の通りである．総じて誤判別されたテストデータの割合は大きい．

表 **12.2**　1変数の線形判別関数による判別分析の結果

	Π_1 に判別	Π_2 に判別
Π_1	8	4
Π_2	14	0

2次判別関数は線形判別関数の結果を改良しているものの，誤判別されたテストデータの割合は8/26であり，Π_2 のテストデータの判別には未だ問題があるようである．

表 **12.3**　1変数の2次判別関数による判別分析の結果

	Π_1 に判別	Π_2 に判別
Π_1	10	2
Π_2	6	8

2 変数の判別分析

次に，1 変数の判別分析を改良する目的で，色調 x_1 と色彩強度 x_2 の 2 次元データ $\boldsymbol{x} = (x_1, x_2)'$ に対する判別規準を求める．ここで，各群のワインの色調および色彩強度の結合確率分布はそれぞれ 2 変量正規分布

$$\Pi_1 : N_2(\boldsymbol{\mu}_1, \boldsymbol{\Sigma}_1), \qquad \Pi_2 : N_2(\boldsymbol{\mu}_2, \boldsymbol{\Sigma}_2)$$

とする（確率密度関数については HP 参照）．ここで $\boldsymbol{\mu}_g$ は第 g 群の平均ベクトル，$\boldsymbol{\Sigma}_g$ は第 g 群の共分散行列である．つまり，$\boldsymbol{\mu}_g, \boldsymbol{\Sigma}_g$ はそれぞれ

$$\boldsymbol{\mu}_g = \begin{pmatrix} \mu_1^{(g)} \\ \mu_2^{(g)} \end{pmatrix}, \qquad \boldsymbol{\Sigma}_g = \begin{pmatrix} \sigma_{11}^{(g)} & \sigma_{12}^{(g)} \\ \sigma_{12}^{(g)} & \sigma_{22}^{(g)} \end{pmatrix}$$

である．ここに $\mu_i^{(g)}$ は第 g 群における第 i 変数の平均，$\sigma_{ij}^{(g)}$ は第 g 群における第 i 変数と第 j 変数の共分散（特に $i = j$ のとき，第 i 変数の分散）である．

1 変数の場合と同様に，ベイズ判別規準にパラメータ $\boldsymbol{\mu}_1, \boldsymbol{\mu}_2, \boldsymbol{\Sigma}_1$ および $\boldsymbol{\Sigma}_2$ の推定量を挿し込むために

$\Pi_1 : N_2(\boldsymbol{\mu}_1, \boldsymbol{\Sigma}_1)$ から無作為抽出した標本 $(x_{11}^{(1)}, x_{12}^{(1)})', \cdots, (x_{n_1 1}^{(1)}, x_{n_1 2}^{(1)})'$，

$\Pi_2 : N_2(\boldsymbol{\mu}_2, \boldsymbol{\Sigma}_2)$ から無作為抽出した標本 $(x_{11}^{(2)}, x_{12}^{(2)})', \cdots, (x_{n_2 1}^{(2)}, x_{n_2 2}^{(2)})'$

から推定量を構成する．ここで各パラメータの推定量は

・ $\boldsymbol{\mu}_g \ (g = 1, 2)$ の推定量：$\widehat{\boldsymbol{\mu}}_g = (\overline{x}_1^{(g)}, \overline{x}_2^{(g)})'$．
　$\overline{x}_1^{(g)}, \overline{x}_2^{(g)}$ はそれぞれ

$$\overline{x}_1^{(g)} = \frac{1}{n_g} \sum_{i=1}^{n_g} x_{i1}^{(g)}, \qquad \overline{x}_2^{(g)} = \frac{1}{n_g} \sum_{i=1}^{n_g} x_{i2}^{(g)}$$

　である．

・ $\boldsymbol{\Sigma}_1 \neq \boldsymbol{\Sigma}_2$ のとき，$\boldsymbol{\Sigma}_g \ (g = 1, 2)$ の推定量：

$$\widehat{\boldsymbol{\Sigma}}_g = \begin{pmatrix} s_{11}^{(g)} & s_{12}^{(g)} \\ s_{12}^{(g)} & s_{22}^{(g)} \end{pmatrix}.$$

$s_{11}^{(g)}, s_{22}^{(g)}, s_{12}^{(g)}$ はそれぞれ

$$s_{11}^{(g)} = \frac{1}{n_g - 1} \sum_{i=1}^{n_g} (x_{i1}^{(g)} - \overline{x}_1^{(g)})^2, \quad s_{22}^{(g)} = \frac{1}{n_g - 1} \sum_{i=1}^{n_g} (x_{i2}^{(g)} - \overline{x}_2^{(g)})^2$$

$$s_{12}^{(g)} = \frac{1}{n_g - 1} \sum_{i=1}^{n_g} (x_{i1}^{(g)} - \overline{x}_1^{(g)})(x_{i2}^{(g)} - \overline{x}_2^{(g)})$$

である.

・ $\boldsymbol{\Sigma}_1 = \boldsymbol{\Sigma}_2 = \boldsymbol{\Sigma}$ のとき，$\boldsymbol{\Sigma}$ の推定量：

$$\widehat{\boldsymbol{\Sigma}} = \frac{1}{n-2}[(n_1 - 1)\widehat{\boldsymbol{\Sigma}}_1 + (n_2 - 1)\widehat{\boldsymbol{\Sigma}}_2].$$

ベイズ判別規準に推定量を挿し込んで得られる判別関数 $L(\boldsymbol{x}), Q(\boldsymbol{x})$ および判別規準は以下の通りである.

(1) $\boldsymbol{\Sigma}_1 = \boldsymbol{\Sigma}_2 = \boldsymbol{\Sigma}$ のとき，**線形判別関数**

$$L(\boldsymbol{x}) = (\widehat{\boldsymbol{\mu}}_1 - \widehat{\boldsymbol{\mu}}_2)'\widehat{\boldsymbol{\Sigma}}^{-1}\left[\boldsymbol{x} - \frac{1}{2}(\widehat{\boldsymbol{\mu}}_1 + \widehat{\boldsymbol{\mu}}_2)\right]$$

を用いて，$L(\boldsymbol{x}) > c$ ならば $\boldsymbol{x}$ を Π_1, $L(\boldsymbol{x}) \leq c$ ならば $\boldsymbol{x}$ を Π_2 に判別する.

(2) $\boldsymbol{\Sigma}_1 \neq \boldsymbol{\Sigma}_2$ のとき，**2 次判別関数**

$$Q(\boldsymbol{x}) = \frac{1}{2}\Bigg[(\boldsymbol{x} - \widehat{\boldsymbol{\mu}}_2)'\widehat{\boldsymbol{\Sigma}}_2^{-1}(\boldsymbol{x} - \widehat{\boldsymbol{\mu}}_2)$$

$$- (\boldsymbol{x} - \widehat{\boldsymbol{\mu}}_1)'\widehat{\boldsymbol{\Sigma}}_1^{-1}(\boldsymbol{x} - \widehat{\boldsymbol{\mu}}_1) + \log\frac{|\widehat{\boldsymbol{\Sigma}}_2|}{|\widehat{\boldsymbol{\Sigma}}_1|}\Bigg]$$

を用いて，$Q(\boldsymbol{x}) > c$ ならば $\boldsymbol{x}$ を Π_1, $Q(\boldsymbol{x}) \leq c$ ならば $\boldsymbol{x}$ を Π_2 に判別する.

今回のデータにおいて，線形判別関数，2 次判別関数はそれぞれ

$$L(\boldsymbol{x}) = -1.235004x_1 + 2.022625x_2 - 7.164648, \tag{12.3}$$

$$Q(\boldsymbol{x}) = -21.94762x_1^2 + 1.125440x_1x_2 + 0.3114263x_2^2$$

$$+ 41.07483x_1 - 1.662629x_2 - 21.8979$$

となる. 判別分岐点は $c = 0$ を用いる.

$L(\boldsymbol{x}), Q(\boldsymbol{x})$ によって判別した結果は表 12.4，表 12.5 の通りである. 誤判

別されたテストデータの割合はともに 1/26 となっており，1 変数の場合の線形判別関数，2 次判別関数における判別分析の結果を大幅に改良している．このように，1 変数では判別が困難であったとしても，判別に寄与する 2 変数を適切に選択すれば判別分析を改良することができる例がある．

表 12.4　2 変数の線形判別関数による判別分析の結果

	Π_1 に判別	Π_2 に判別
Π_1	12	0
Π_2	1	13

表 12.5　2 変数の 2 次判別関数による判別分析の結果

	Π_1 に判別	Π_2 に判別
Π_1	12	0
Π_2	1	13

R によるデータ解析手順
HP 参照．

補足
　線形判別関数の係数を求める問題は，ある行列の固有ベクトルを求める問題として捉えることもできる（HP 参照）．R では固有ベクトルの計算によって線形判別関数を求めているが，一般に固有ベクトルの表し方はただ 1 つではない．したがって，1 変数，2 変数いずれの場合も線形判別関数（12.2）式，（12.3）式と R で計算された線形判別関数の結果は一致しないことがある．しかし，2 変数の場合，（12.3）式と R で計算された線形判別関数はいずれも，x_1(color1)，x_2(color2) を用いて

$$x_1 - 1.63774x_2 + (\text{定数})$$

の正負で定まる判別規準である．このことから，計算方法は異なるものの，両式はいずれも本質的には同一の判別規準であることがわかる．

12.3.3　クラスター分析
データ間の距離によってグループ（クラスター）を与える際に用いられるク

ラスター分析について考える．クラスター分析については，表 12.6 のデータ
セットを用いて説明する．このデータにおける統計解析の目的は，打率と長打
率のデータによって選手の分類を行うことである．

表 12.6 広島東洋カープ所属選手（400 打席以上）の打率，長打率のデータ

名前	打率	長打率	名前	打率	長打率
菊池	0.233	0.355	野間	0.286	0.393
鈴木	0.320	0.618	バティスタ	0.242	0.546
田中	0.309	0.450	松山	0.302	0.466
西川	0.262	0.383	丸	0.306	0.627

距離行列

クラスター分析は，初期状態では n 個の個体を n 個のクラスターとして考
え，逐次的にデータ間の距離が近いクラスター同士を合併する．この合併を
n 個の個体が 1 個のクラスターに属するようになるまで続けていく．つまり，
早い段階で同一クラスターに合併された個体同士ほど類似したデータであると
いうことがわかり，個体の分類を行うことができる．

表 12.6 の例によって，実際にクラスター分析を行うことにしよう．8 名の
選手の打率・長打率の組を

$$\boldsymbol{x}_1 = \begin{pmatrix} 0.233 \\ 0.355 \end{pmatrix}, \boldsymbol{x}_2 = \begin{pmatrix} 0.320 \\ 0.618 \end{pmatrix}, \cdots, \boldsymbol{x}_8 = \begin{pmatrix} 0.306 \\ 0.627 \end{pmatrix}$$

とし，クラスター分析の開始時は $\boldsymbol{x}_1 = (x_{11}, x_{12})', \cdots, \boldsymbol{x}_8 = (x_{81}, x_{82})'$ 自身
が 8 個のクラスター：

$$C_1 = \{1\}, \cdots, C_8 = \{8\}$$

であると考える．最も近い 2 つの $\{C_i, C_j\}$ を見つけるために，$C_1, C_2, \cdots, C_8$
のすべての組み合わせで距離を求める必要がある．ここで，C_i と C_j の距離，
すなわち $\boldsymbol{x}_i$ と $\boldsymbol{x}_j$ の距離は

$$d(\boldsymbol{x}_i, \boldsymbol{x}_j) = \sqrt{(x_{i1} - x_{j1})^2 + (x_{i2} - x_{j2})^2}$$

であり，この距離を行列の要素とした**距離行列**を定義すると，表 12.6 の場合

は表 12.7 の通りとなる（$i \leq j$ の場合の結果は省略）.

　距離行列の結果を見ると，C_2 と C_8 の距離 0.0166 が最小値となっている.
したがって，最初に C_2 と C_8 を合併し，これを改めてクラスター $C_2 = \{2, 8\}$
とする．つまり，8 名の選手の中で打率・長打率が最も類似しているのは，鈴
木選手と丸選手ということになる.

表 12.7　広島東洋カープ所属選手（400 打席以上）の打率，長打率の距離行列

	C_1	C_2	C_3	C_4	C_5	C_6	C_7	C_8
C_1（菊池）								
C_2（鈴木）	0.2770							
C_3（田中）	0.0403	0.2421						
C_4（西川）	0.1217	0.1684	0.0818					
C_5（野間）	0.0652	0.2276	0.0260	0.0615				
C_6（バティスタ）	0.1912	0.1062	0.1642	0.1171	0.1592			
C_7（松山）	0.1307	0.1531	0.0921	0.0175	0.0747	0.1000		
C_8（丸）	0.2816	0.0166	0.2479	0.1770	0.2349	0.1032	0.1610	

クラスター間の距離

　次の段階では $C_1, C_2, C_3, C_4, C_5, C_6, C_7$ の 7 個のクラスター間の距離行列を
求めることになるが，C_2 は複数の選手を含んでいる点に注意すべきである.
このとき，C_2 と $C_i (i \neq 2)$ の距離や，複数の選手が属するクラスター同士の
距離はどのように定義すればよいだろうか．クラスター分析では，クラスター
間の距離の定義の違いがクラスター分析における手法の違いとなっている.
以下，n_k 個の個体からなるクラスター C_k と n_ℓ 個の個体からなるクラスター
C_ℓ

$$C_k = \{k_1, \cdots, k_{n_k}\}, \qquad C_\ell = \{\ell_1, \cdots, \ell_{n_\ell}\}$$

の距離 $d(C_k, C_\ell)$ の定義を紹介する．それぞれを図示すると以下の通りとなる
（$n_k = 2$, $n_\ell = 3$ の場合）.

（i）　最短距離法（単連結法）　　C_k に属する i と C_ℓ に属する j のすべての組
み合わせにおける $d(\boldsymbol{x}_i, \boldsymbol{x}_j)$ を求め，その最小値を $d(C_k, C_\ell)$ として定義する
方法（図 12.10）.

（ii）　最長距離法（完全連結法）　　C_k に属する i と C_ℓ に属する j のすべて
の組み合わせにおける $d(\boldsymbol{x}_i, \boldsymbol{x}_j)$ を求め，その最大値を $d(C_k, C_\ell)$ として定義

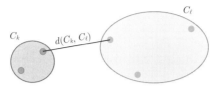

図 **12.10**　クラスター間の距離（最短距離法）

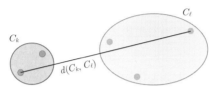

図 **12.11**　クラスター間の距離（最長距離法）

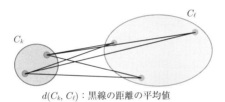

$d(C_k, C_\ell)$：黒線の距離の平均値

図 **12.12**　クラスター間の距離（群平均法）

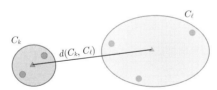

（三角印は各クラスターにおけるすべての点の重心）

図 **12.13**　クラスター間の距離（重心法）

する方法（図 12.11）.

(**iii**)　**群平均法**　　C_k に属する i と C_ℓ に属する j のすべての組み合わせにおける $d(\boldsymbol{x}_i, \boldsymbol{x}_j)$ を求め，その平均値を $d(C_k, C_\ell)$ として定義する方法（図 12.12）.

(**iv**)　**重心法**　　C_k に属する i におけるすべての $\boldsymbol{x}_i$ の重心と C_ℓ に属する j におけるすべての $\boldsymbol{x}_j$ の重心を求め，重心間の距離を $d(C_k, C_\ell)$ として定義す

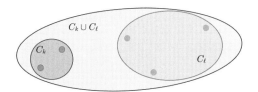

$d(C_k, C_\ell)$：$C_k \cup C_\ell$ におけるすべての点の偏差平方和から
C_k におけるすべての点の偏差平方和と
C_ℓ におけるすべての点の偏差平方和を引いた値

図 12.14 クラスター間の距離（ウォード法）

る方法（図 12.13）.

(v) ウォード法　C_k に属する i における $\boldsymbol{x}_i$ の偏差平方和，C_ℓ に属する j における $\boldsymbol{x}_j$ の偏差平方和

$$S_k = \sum_{i=k_1,\cdots,k_{n_k}} d^2(\boldsymbol{x}_i, \overline{\boldsymbol{x}}_k),$$

$$S_\ell = \sum_{j=\ell_1,\cdots,\ell_{n_\ell}} d^2(\boldsymbol{x}_j, \overline{\boldsymbol{x}}_\ell),$$

および $C_k \cup C_\ell$ に属する i における $\boldsymbol{x}_i$ の偏差平方和

$$S_{k,\ell} = \sum_{i=k_1,\cdots,k_{n_k}} d^2(\boldsymbol{x}_i, \overline{\boldsymbol{x}}_{k,\ell}) + \sum_{j=\ell_1,\cdots,\ell_{n_\ell}} d^2(\boldsymbol{x}_j, \overline{\boldsymbol{x}}_{k,\ell})$$

をそれぞれ求め，$d(C_k, C_\ell) = S_{k,\ell} - (S_k + S_\ell)$ と定義する方法（図 12.14）. ここに $\overline{\boldsymbol{x}}_k, \overline{\boldsymbol{x}}_\ell, \overline{\boldsymbol{x}}_{k,\ell}$ はそれぞれ $C_k, C_\ell, C_k \cup C_\ell$ に属する $\boldsymbol{x}_i$ の標本平均ベクトルである.

デンドログラム

　クラスター分析の結果を考察する上で合併の過程を理解することが必要となるが，距離 $d(C_k, C_\ell)$ の数値の大小をすべての組み合わせで比較することは容易でない. そのため，クラスター分析では**デンドログラム（樹状図）**とよばれる図によってその過程を一目で解釈することができる（図 12.15 参照）.

　図 12.15 のデンドログラムの高さはクラスター間の距離を表す. 図の下部で統合されている個体ほど早い段階で合併された様子を表す. 最初に合併した鈴木選手と丸選手が図の下部で統合されているのはそのためである. 1 つのクラ

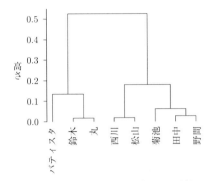

図 **12.15**　デンドログラム（ウォード法）

スターになるまで合併をくり返すので，この場合は高さ0.5を超えた段階です
べての個体が1個のクラスターに合併されている．

　個体をいくつかのクラスターに分類するときは，ある高さでデンドログラ
ムを切断する．図12.15のウォード法によるデンドログラムにおいて2個のク
ラスターを構成したい場合，高さ0.3でデンドログラムを横に切断すると交点
が2個得られる（図12.16）．各交点と連結している個体の組がクラスターと
なる．この場合は，バティスタ選手，鈴木選手，丸選手のクラスターと，その
他の選手のクラスターを得ることができる．表12.6を確認すれば，バティス
タ選手，鈴木選手，丸選手のクラスターは長打率が高いという共通の特徴を持
っていることがわかる．

　より多くの個数のクラスターを構成したいときはデンドログラムの切断の高
さを低くすればよい．例えば，切断の高さが0.15の場合は3個，切断の高さ
が0.1の場合は4個のクラスターを得ることができる．

　当然のことながら，クラスター分析の結果はクラスター間の距離の定義によ
って変化する．表12.6のデータにおいては最短距離法以外はすべてウォード
法（図12.15）と同様のデンドログラムを構成する．ただし，各クラスター間
の距離は異なっている．ある程度クラスター間の距離に差があり，明確なクラ
スターの構成を行うことができるという観点では，ウォード法が適した方法で
あると言える．また，応用上も広く使われている方法である（各手法の利点や
問題点等の詳細についてはHP参照）．

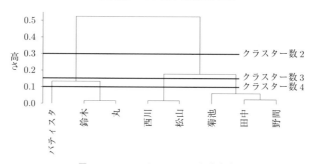

図 **12.16**　デンドログラムの解釈方法

R によるデータ解析手順

HP 参照.

補足

　この種のクラスター分析では，距離が 0.0166 で合併した鈴木選手と丸選手は，0.0166 よりも高い箇所でデンドログラムを切断してクラスターを構成するとき，いずれも同じクラスターに属することになる．ある距離で合併したクラスターの構成は，その距離よりも高い箇所の切断においても同じクラスターに属するという意味で，この方法は**階層的クラスター分析**とよばれる．

　これに対して，クラスターの構成の際に個体の入れ替えを許容し，必ずしも各段階で得られるクラスターの構成が階層的でない**非階層的クラスター分析**も存在する．関心がある読者は HP を参照されたい．

13

経時データ解析入門

13.1　経時データとは

　経時データ（repeated measures data）とは，各個体について同一の特性を時点を変えて，または，異なる条件のもとでくり返し測定することによって得られるデータのことである．例えば，降圧薬の有効性をみるため，被検者に薬を投与し，投与前，投与1時間後，投与2時間後の血圧の測定値は典型的な経時データである．このようなデータは，臨床試験データ，成長データ，教育・社会データ，経済データなど，数多くみられる．経済データの場合，個体として家計，企業，国などが考えられ，**パネルデータ**ともよばれる．経時データに対しては，時間的経過を考慮した**縦断的研究**（longitudinal study）が重要であり，本章ではそのための分析法を取り上げる．

　この章では表 13.1 のデータを用いて分析法を説明する．このデータは，11人の少女と 16 人の少年について，下垂体の中心から翼突上顎裂までの長さをレントゲン撮影により，8 歳から 14 歳まで 2 年ごとに計測したデータである（Potthoff and Roy, 1964）．このデータは，顎の長さと関係し，歯列矯正の治療に有用な情報を与えており，歯学データともよばれる．とくに発育時には顎の発育にあわせて治療器具を調整する必要があり，そのため，8 歳から 14 歳までの間にどのように成長するかを調べることは，とても重要になってくる．少年のデータのうち 2 人については異常値と考えられる計測値があり（杉浦（1997）を参照），表 13.1 ではそれらを除いたデータが与えられている．分析においては，少女および少年の標本数は，それぞれ $n_1 = 11$, $n_2 = 14$ で，

表 **13.1**   少女と少年の歯学データ（Potthoff and Roy, 1964）

		年齢時						年齢時		
個体	8	10	12	14	個体	8	10	12	14
1	21.0	20.0	21.5	23.0	1	26.0	25.0	29.0	31.0
2	21.0	21.5	24.0	25.5	2	21.5	22.5	23.0	26.5
3	20.5	24.0	24.5	26.0	3	23.0	22.5	24.0	27.5
4	23.5	24.5	25.0	26.5	4	25.5	27.5	26.5	27.0
少 5	21.5	23.0	22.5	23.5	5	20.0	23.5	22.5	26.0
女 6	20.0	21.0	21.0	22.5	6	24.5	25.5	27.0	28.5
7	21.5	22.5	23.0	25.0	少 7	22.0	22.0	24.5	26.5
8	23.0	23.0	23.5	24.0	年 8	24.0	21.5	24.5	25.5
9	20.0	21.0	22.0	21.5	9	27.5	28.0	31.0	31.5
10	16.5	19.0	19.0	19.5	10	23.0	23.0	23.5	25.0
11	24.5	25.0	28.0	28.0	11	21.5	23.5	24.0	28.0
					12	22.5	25.5	25.5	26.0
					13	23.0	24.5	26.0	30.0
					14	22.0	21.5	23.5	25.0

単位は mm

表 **13.2**   表 13.1 の変換データ

sex	id	age	dis
F	F01	8	21
F	F01	10	20
F	F01	12	21.5
⋮	⋮	⋮	⋮
M	M16	14	25

全標本数は $n = 25$ として扱うことにする．表 13.1 のデータは表 13.2 と表される．これをファイルとして読み込み分析を行う．また，図 13.1 は表 13.1 のデータをプロットしたものである．このプロットから，測定値は年齢の増加に伴って単調に増加するが，少女の方が少年よりも若干緩やかであることが読み取れる．また，個体間の違いも見受けられる．

　変化の様子をさらに詳しくみるため，この章では，3 つのモデル：A 混合効果分析モデル，B 成長曲線モデル，C 線形混合モデルを想定した分析法を考える．データは少女と少年の 2 群として与えられているが，簡単のため，1 群，すなわち，少女のデータあるいは少年のデータに限定した分析法を説明す

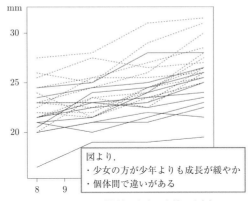

データのプロット（実線：少女，点線：少年）

図 13.1 表 13.1 のプロット（実線：少女，点線：少年）

る．

なお，経時データの分析事例として，8歳から11歳までの語彙に関する
データ，3施設の病院ごとにおける人工透析に関するデータ，子供の7歳か
ら10歳時における喘息の有無と母親の喫煙データ，などが扱われている（藤
越（2006）を参照）．また，パネルデータの分析事例としては，企業の総投資
を企業価値と有形固定資産から予測するため，これらの20期分のデータが扱
われている（福地・伊藤, 2011）．

13.2　混合効果分散分析モデル

この節では，11人のデータに対して，混合効果分散分析法を適用すること
を考えよう．より一般に，n 人の個体について，ある変数 y が t_1 時点，$\cdots$，
t_p 時点で観測されているとしよう．少女の歯学データでは，$n = 11$, $p = 4$,
$t_1 = 8, t_2 = 10, t_3 = 12, t_4 = 14$ である．第 i 個体の第 t_j 時点での観測値を

$$y_{ij}, \quad i = 1, \cdots, n \quad (j = 1, \cdots, p)$$

と表す．データは，2元配置計画のデータと見ることもできる．**混合効果分散
分析モデル**では，測定値が個体に依存する変量（ランダム）因子と，時点に依
存する母数因子との和として表されることを想定する．とくに，個体に関す

る因子は，ランダムな変数として導入されていることに注意しておこう．より正確には，y_{ij} は，一般効果 μ，個体 i のランダム効果 δ_i，時点 t_j の母数効果 β_j，および，誤差項 ε_{ij} の和として次のように表されることを想定する．

$$y_{ij} = \mu + \delta_i + \beta_j + \varepsilon_{ij} \qquad (i = 1, \cdots, n; \; j = 1, \cdots, p) \tag{13.1}$$

ここに，μ は全体の平均を表す未知母数であり，β_j は t_j 時点の効果である．変量因子の各水準に相当する $\delta_1, \cdots, \delta_n$ は，個体変動を表す変量であり，それぞれ独立に正規分布 $N(0, \sigma_\delta^2)$ に従っている．誤差項 ε_{ij} は変量因子とは独立でそれぞれ正規分布 $N(0, \sigma^2)$ に従うとする．また，未知母数に対して，$\sigma_\delta^2 \geq 0$，$\sigma^2 > 0$ を仮定し，制約条件 $\beta_1 + \cdots + \beta_p = 0$ をみたすものとする．$\beta_1, \cdots, \beta_p$ に関する制約は，これらが一意に定義されるためにおかれる．

モデル(13.1)式において，時点間に有意な差があるかどうか，また，個体間に有意な差があるかどうかに関心がある．これらを検定するための検定統計量は，結果的には，y_{ij} を通常の2元配置分散分析モデルに従う観測値とみなしたときの検定統計量と同じものである．時点間平方和（変動）を s_β^2, 個体間平方和（変動）を s_δ^2, 誤差平方和（変動）を s_e^2 とし，全平方和（変動）を s_t^2 と表す．

このとき，時点間の有意性検定，すなわち，仮説 $H_\beta : \beta_1 = \cdots = \beta_p$ の検定は，統計量

$$F_1 = \frac{s_\beta^2/(p-1)}{s_e^2/\{(p-1)(n-1)\}}$$

が仮説のもとで自由度 $p-1, (p-1)(n-1)$ の F 分布に従うことを用いて調べられる．有意水準 α の検定は，F_1 の値が自由度 $p-1, (p-1)(n-1)$ の F 分布の上側 α 点 $F_{p-1,(p-1)(n-1)}(\alpha)$ より大きければ，仮説 H_β を棄却する．同様に，個体効果の有意性は，仮説検定問題 $H_\delta : \sigma_\delta^2 = 0$ vs. $K_\delta : \sigma_\delta^2 > 0$ を考え，統計量

$$F_2 = \frac{s_\delta^2/(n-1)}{s_e^2/\{(p-1)(n-1)\}}$$

が仮説のもとで自由度 $n-1, (p-1)(n-1)$ の F 分布に従うことを用いて調べられる．これらの結果は，表13.3の分散分析表としてまとめられる．各平方

表 13.3 1 群の場合の混合効果分散分析表

要因	自由度	平方和	不偏分散	分散比
時点	$p-1$	s_β^2	$\tilde{s}_\beta^2 = s_\beta^2/(p-1)$	$\tilde{s}_\beta^2/\tilde{s}_e^2$
個体	$n-1$	s_δ^2	$\tilde{s}_\delta^2 = s_\delta^2/(n-1)$	$\tilde{s}_\delta^2/\tilde{s}_e^2$
誤差	$(p-1)(n-1)$	s_e	$\tilde{s}_e^2 = s_e^2/\{(n-1)(p-1)\}$	
全体	$np-1$	s_t^2		

和を自由度で割ったものは不偏分散とよばれる.

表 13.1 の少女のデータに対して混合効果分散分析を行ったところ表 13.4 の結果となった. この結果, 時点間および個体間に有意な差があるといえる.

表 13.4 表 13.1 の少女のデータの混合効果モデルによる分析結果

要因	自由度	平方和	不偏分散	分散比	p 値
時点	3	50.65	16.88	26.10	1.67×10^{-8}
個体	10	177.23	17.72	27.39	2.16×10^{-12}
誤差	30	19.41	0.65		
全体	43	247.29			

表 13.4 を計算する R のコマンドはコマンド 13.1 のようになる（HP 参照）.

13.3 成長曲線モデル

各個体について経時的にくり返し測定され, さらに測定時点はすべての個体について一定であると仮定されるデータのモデル化のひとつとして**成長曲線モデル**がある. これは, 各個体の時間変化に対して 1 次直線あるいは 2 次曲線などの多項式を当てはめ, さらに, 各個体のくり返し測定間に未知の共分散を想定し, 多くの場合, 多次元正規性も仮定される.

例えば, 表 13.1 の少女だけのデータで, そのモデル化を考えてみよう. 第 i 番目の少女の測定値を

$$8\text{歳時}:y_{i1}, \quad 10\text{歳時}:y_{i2}, \quad 12\text{歳時}:y_{i3}, \quad 14\text{歳時}:y_{i4}$$

とする. この観測値は, ある少女の集団からの無作為標本であって, その集団の各測定時での平均を

$$E[y_{i1}] = \mu_1, \quad E[y_{i2}] = \mu_2, \quad E[y_{i3}] = \mu_3, \quad E[y_{i4}] = \mu_4$$

とする. このとき, 年齢が 8 歳から 14 歳まで増えても変化しないというモデルは

$$\mu_1 = \mu_2 = \mu_3 = \mu_4 = \theta$$

として表すことができる. また, その変化が直線的であるというモデルは, $t_1 = 8$, $t_2 = 10$, $t_3 = 12$, $t_4 = 14$ とおくと

$$\mu_1 = \theta_0 + \theta_1 t_1, \quad \mu_2 = \theta_0 + \theta_1 t_2, \quad \mu_3 = \theta_0 + \theta_1 t_3, \quad \mu_4 = \theta_0 + \theta_1 t_4$$

と表せる. さらに, その変化が 2 次曲線であるというモデルは,

$$\mu_1 = \theta_0 + \theta_1 t_1 + \theta_2 t_1^2, \qquad \mu_2 = \theta_0 + \theta_1 t_2 + \theta_2 t_2^2$$
$$\mu_3 = \theta_0 + \theta_1 t_3 + \theta_2 t_3^2, \qquad \mu_4 = \theta_0 + \theta_1 t_4 + \theta_2 t_4^2$$

と表せる. このとき, 直線モデルは, 成長が直線的である場合である. 一方, 2 次曲線モデルでは, 成長がより急激な場合や, ある程度成長したところでブレーキがかかる場合にも利用できる.

　このように, 成長曲線モデルにより, μ_1 から μ_4 の変化を時間の多項式としてとらえ, さらに, y_{i1}, y_{i2}, y_{i3}, y_{i4} の間に未知の関連性があるとして分析することができる. 実際の推定法や検定法については, 藤越 (2009) などを参照してほしい. ここでは, 分析結果のみの説明にとどめる.

　表 13.1 の少女だけのデータに対して 1 次の成長曲線モデルを仮定し分析を行ったところ表 13.5 の結果となった. 検定統計量は切片や傾きの有意性を調べるための統計量である.

表 13.5　表 13.1 の少女データの 1 次成長曲線モデルによる分析結果

	推定値	分散の推定値	検定統計量	p 値
切片 θ_1	22.73	0.5574	1067.97	8.38×10^{-10}
傾き θ_2	0.48	0.0067	40.17	2.23×10^{-3}

13.4 線形混合モデル

　経時データにおいては，測定時点や測定条件が個体ごとに異なったり，各個体のくり返し測定数も個体によって異なる場合が生じる．このようなデータに対して回帰モデルによる方法を利用できるが，回帰係数を群のみに依存させるとデータによっては個体変動が十分には記述できないであろう．一方，回帰係数を個体ごとに変えたモデルも考えられるが，データによっては各個体の変動を過剰にモデル化しているという問題点が生じる．

　このような測定時点や測定条件が異なるデータに対するモデルとして，次のような**線形混合係数モデル**がある．線形混合モデル自身の歴史は古いが，経時データに対して展開されたのは Laird and Ware (1982) 等による．

　例えば，表 13.1 の少年だけのデータで，そのモデル化を考えてみよう．第 i 番目の少年の時点 t_j での測定値 y_{ij} は，時間が経つにつれて直線的に成長していると思われるので，まず次のようなモデルが考えられる．

$$y_{ij} = \beta_0 + \beta_1 t_j + \varepsilon_{ij} \qquad (i = 1, \cdots, n; \ j = 1, \cdots, p_i)$$

ここで，ε_{ij} はモデルでは説明しきれない誤差を表す．通常は，正規分布が仮定される．しかし，このモデルでは個人の特性，ここでは成長の度合いは無視されている．実際，子供の成長は一様ではなく個々によって異なる．そこで，このモデルを次のように拡張する．

$$y_{ij} = \beta_{0i} + \beta_{1i} t_j + \varepsilon_{ij}$$

ここで，β_{0i}, β_{1i} は各個体の成長度合いを表すパラメータであり，この値によって成長の違いを表すことができる．しかし，このままだと各個体ごとにパラメータを推定する必要があり，推定するパラメータが多くなる問題がある．さらに，このモデルはあくまで分析した個体だけに対するオンリーワンのモデルであり他の個体とは全く関係ない．そのため，他の個体を予測するのに役立てることができない．そこで，個体ごとのパラメータ β_{0i}, β_{1i} に次の構造を導入する．

・β_{0i} は β_0 のまわりでランダムに分布する：$\beta_{0i} = \beta_0 + b_{0i}$

・β_{1i} は β_1 のまわりでランダムに分布する：$\beta_{1i} = \beta_1 + b_{1i}$

このように分布を導入することで，個体によって成長が異なることを表しつつ，パラメータ数の増大を防いでいる．また，適切な分布を選ぶことで極端に成長が早い個体や遅い個体は少なく，だいたいが平均周り，ここでは β_0, β_1 周りに分布することなども表すことができる．通常，分布として正規分布が仮定される．さらに，b_{0i} と b_{1i} の間に相関係数を導入することで，b_{0i} と b_{1i} の間の関連性も記述できる．例えば，b_{0i} と b_{1i} が正の相関をもつのであれば，観測時点で大きく成長している個体は今後も大きく成長することを表し，また逆に負の相関をもつのであれば，観測時点で大きく成長している個体は伸びしろが少なく，逆に成長が不十分な個体の方がその遅れを取り戻すように大きく成長することを表すことになる．

　以上のようにして，表 13.1 の少年だけのようなデータに対する，直線回帰に基く線形混合モデルは次のようになる．

$$y_{ij} = (\beta_0 + b_{0i}) + (\beta_1 + b_{1i})t_j + \varepsilon_{ij} \qquad (i = 1, \ldots, n; \; j = 1, \ldots, p_i)$$

$$\varepsilon_{ij} \sim N(0, \sigma^2), \quad b_{0i} \sim N(0, \delta_0^2), \quad b_{1i} \sim N(0, \delta_1^2)$$

ここで，b_{0i} と b_{1i} の相関係数を ρ，ε_{ij} は互いに独立，b_{0i} は互いに独立，b_{1i} は互いに独立，ε_{ij} と (b_{0i}, b_{1i}) も互いに独立とする．このとき，推定するパラメータは β_0, β_1, σ^2, δ_0^2, δ_1^2, ρ となり，これらの推定量として "$-2\log(\text{尤度})$" を最小にする最尤法（ML）によるものや，最尤法の他にその修正版である制限付き最尤法（REML）がある．

　このとき最尤法（ML）によって分析を行ったところ表 13.6 の結果となった．定数項および年齢も有意である．

表 13.6　表 13.1 の少年のデータ：最尤法（ML）による線形混合モデルでの分析結果

	推定値	標準誤差	自由度	t 値	p 値
定数項 β_0	17.45	0.882	41	19.78	0.0000
年齢 β_1	0.68	0.071	41	9.70	0.0000

これを計算する R のコマンドはコマンド 13.2 のようになる（HP 参照）．

13.5　ま　と　め

この章では，次の3つのモデル

　A：混合効果分析モデル，　　B：成長曲線モデル，　　C：線形混合モデル

を用いた分析について解説した．

　まず，これらのモデルには次の違いや特色がある．

(1)　（誤差以外の）個体変動を取り入れたモデルはAとCで，Bでは取り入れられていない．

(2)　時間の変化に関して，Aは時点効果を考えているが，一方，BとCでは，より詳しく時間の関数（曲線）として表されている．

(3)　AとBは，測定時点が個体ごとに同一なバランスデータに適用できるが，アンバランスデータには適用できない．Cはアンバランスデータにも適用できる．

(4)　時点間の共分散構造について，AとCにはある種の構造が仮定されているが，Bには構造は仮定されていない．

　次に，分析する際の注意点についてまとめておく．

　混合効果分析モデルにより，時点効果の有無について調べることができる．また，線形混合モデルと同様，個体ごとの違いをモデルに取り入れているため，個体に対する効果も調べることができる．ただし，成長曲線モデルや線形混合モデルとは違い，予測的な分析をすることはできない．また，誤差の構造に関して，各時点は独立，各個体は独立という仮定がおかれていることに注意が必要である．

　成長曲線モデルにより，時点効果の有無と予測的な分析をすることができる．しかし，混合効果分析モデルや線形混合モデルとは違い，個体間の違いをモデルに取り入れていないため，集団としての構造を分析していることになっている．その分，誤差の構造として各時点は独立という仮定は外して，各個体が独立という仮定のみで分析することができる．

　線形混合モデルにより，時点効果の有無と予測的な分析をすることができ

る．また，混合効果分析モデルと同じく個体ごとの違いをモデルに取り入れて
いるため，個体に対する効果も調べることができる．しかし，誤差の構造とし
て各時点は独立，各個体は独立という仮定をおいていることに注意が必要であ
る．これが成長曲線モデルとの違いである．成長曲線モデルでは各時点間の共
分散構造がどんな形であっても分析することができるが，線形混合モデルでは
各時点間の共分散構造にある種の構造を想定したもとでの分析を行っている．

演 習 問 題

  問 13.1　表 13.1 の少年だけのデータに，混合効果分散分析を想定したときの分析結
　果はどうなるか．
  問 13.2　表 13.1 のデータに，2 群の交互作用なし混合効果分散分析モデルを想定し
　たときの分析結果はどうなるか．
  問 13.3　表 13.1 の少女だけのデータに，1 次の線形混合モデルを想定したときの分
　析結果はどうなるか．

付録　R・Pythonについて

■ R について

　R はニュージーランドの 2 人の統計学者によって作成された統計解析のための
ソフトウェア（オープンソースプログラミング言語）である．S や Schema の影
響を受けているとされる．

　統計分析のためのソフトはたくさんあるが，高価なものが多く，予算のある組織
でしか利用できなかった．そのため，個人や退職者は利用できず，分析を再現した
り保管したりしづらかった．しかし，R は無料で，またユーザーが作成・配布し
たソースコードを簡単に取り込むことができるために利用者が増え，現在では研究
機関でも個人でも統計ソフトとして標準的になっている．

　R は統計解析のためのソフトだが，近年，多くのライブラリが用意されて，多機
能になってきた．RMeCab などの形態素解析，Shiny などの web アプリ構築，rvest
や RCurl といった web クローリング（web 情報の収集）用，そして，Tidyverse
（https://www.tidyverse.org）というデータ処理ライブラリも存在する．

■ Python について

　Python はオランダ国立情報数学研究所に所属していた Guido van Rossum 氏
が手がけたオープンソースの汎用型プログラミング言語である．プログラミング教
育目的で作成された ABC 言語を参考にしており，C 言語ベースで記述された高水
準言語である．

　処理速度では C 言語や Java に及ばないが，データ処理，統計処理，アプリケー
ション開発など幅広く用いることができ，そして可読性高く記述できることから非
常に人気である．統計解析目的で設計された R 言語に対し，Python は汎用性か
ら出発しており，2007 年の Google Summer of Code プロジェクトを通じて公開
された scikit-learn というライブラリや statsmodels というライブラリを中心に統
計解析機能が充実されている．

　Python は 2 系と 3 系と呼ばれる言語バージョンがあり，社内の資産コードが 2
系の場合もしくは，2 系のみ対応しているライブラリを利用しなければならない
場合を除いて，3 系を利用することを勧める．なお，2020 年より Python2 系のサ

ポート終了が python.org において発表されている.

■ インストール方法について

　R や Python を利用する場合,どちらも「言語」「ライブラリ」「エディター」の準備が必要である.それぞれ公式サイトよりダウンロードすることができるが,近年では,各言語の代表的なバージョン,ライブラリ,エディターを一括でインストールするためのソフトウェア「Anaconda(アナコンダ)」とその軽量版「Miniconda(ミニコンダ)」が用意されている.これを実行することで R および Python の主要ライブラリ,主要エディター(RStudio,Spyder,Jupyter)等が一度にインストールすることができる.特に,Jupyter はコードと実行結果をノートブック形式で確認することができ,モデルの検討や結果と処理過程を共有する際に非常に役に立つ.また,深層学習やビッグデータを扱った解析においてクラウドコンピューティングリソースを活用できるよう Jupyter を拡張したさまざまな機械学習支援サービスが Google Cloud,Microsoft Azure,Amazon Web Services などから提供されている.

■ R・Python の記法

　R および Python にはいくつかの基本的な記法の違いがある.まず,Python は基本的にタブを利用して if 文やループ処理,関数などを記述する.ただし,lambda 式の記法や省略系の記法がある.R は {} の記載があれば,1 行で記述することも可能である.また,関数を作成する場合,R では function と記述するが,Python では definition の略である def を用いる.

[**R の場合(if 文**)]

```
if (i > 10){
        print("10 より大きい")
}else{
        print("10 より小さい")
}
```

もしくは

```
if (i > 10){print("10 より大きい")}else{print("10 より小さい")}
```

[**Python の場合(if 文**)]

```
if i > 10:
        print("10 より大きい")
```

```
else:
        print("10 より小さい")
```

もしくは

"10 より大きい" if i > 10 else "10 より小さい"

[R の場合（関数）]

```
<関数名> <- function(text){
        print(text)
}
```

もしくは

```
<関数名> <- function(text){print(text)}
```

[Python の場合（関数）]

```
def <関数名>(text):
        print(text)
```

もしくは

```
<関数名> = lambda text:print(text)
```

R では変数名にドットを含めることが可能であるが，Python では制限されている．例えばキャメルケース規則やスネークケース規則で変数名を表現し可読性を高めるとよい．

[R の場合]
```
my.hobby = "programming"
```
[キャメル表記]
```
myHobby = "programming"
```
[スネーク表記]
```
my_hobby = "programming"
```

次に，個別にライブラリをインストールする方法について比較する．R では R 自体の起動と同時もしくは起動後に行うことができるが，Python では Python 自

体を起動する前にインストールする．今回は，pip という Python 用のライブラリ
マネジャーツールの場合を例示する．

[R の場合（起動と同時）]
```
$ R --slave -e
   "install.packages('ライブラリ名', dependencies=T)"
```

[R の場合（起動後）]
```
$ R
> install.packages("ライブラリ名", dependencies=T)
```

[Python の場合]
```
$ pip install ライブラリ名
```

■ 統計解析コンテスト

　今日では研究を超えて民間企業や行政機関がデータを提供し，オンライン上で
統計解析競技を行う事例がある．2017 年に Google によって買収された「Kaggle
（カグル，ケーグル）」というデータサイエンスコンペティションサイトでは，一
定期間中に主催者が出したデータと分析目標に対し，参加者はチームまたは個
人で統計解析モデルを組み立て，モデル出力結果をオンライン提出し，予測精
度・分類精度で世界中の参加者と順位を競う．各コンテスト上位入賞者は表彰・
報奨金支給などがあり，なかには，企業からスカウトされる事例もあり，データ
サイエンス能力を証明する一指標として用いられていることがある．「Titanic」
（分類問題）https://www.kaggle.com/c/titanic,「House　Prices」（数値予測）
https://www.kaggle.com/c/house-prices-advanced-regression-techniques など
が「Kaggle」の定番的な入門チャレンジである．

　「Kaggle」では，コンペティションに参加するだけでなく，アップロードされて
いる多くのデータ・セットや分析事例を探索参照し，達人のコードからコードの書
き方やデータ処理のノウハウを学習する機会として利用することもある．

　「Kaggle」の他にも，多くのデータサイエンスコンペティションを提供するサー
ビス・機関が多く存在する．例えば，「KDDCup」「DrivenData」「TianChi」
「CrowdAnalytics」等である．また，機械学習の題材となるデータを公開してい
る「the UC Irvine Machine Learning Repository」https://archive.ics.uci.edu/
ml/datasets.php があり，執筆時点で 488 件のデータを探索することができる．

付　　　　表

付表 1　標準正規分布

確率 $P(0 < Z < x) = \displaystyle\int_0^x \frac{1}{\sqrt{2\pi}} e^{-\frac{z^2}{2}}\, dz$

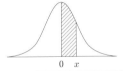

x	0.00	0.01	0.02	0.03	0.04	0.05	0.06	0.07	0.08	0.09
0.0	0.0000	0.0040	0.0080	0.0120	0.0160	0.0199	0.0239	0.0279	0.0319	0.0359
0.1	0.0398	0.0438	0.0478	0.0517	0.0557	0.0596	0.0636	0.0675	0.0714	0.0753
0.2	0.0793	0.0832	0.0871	0.0910	0.0948	0.0987	0.1026	0.1064	0.1103	0.1141
0.3	0.1179	0.1217	0.1255	0.1293	0.1331	0.1368	0.1406	0.1443	0.1480	0.1517
0.4	0.1554	0.1591	0.1628	0.1664	0.1700	0.1736	0.1772	0.1808	0.1844	0.1879
0.5	0.1915	0.1950	0.1985	0.2019	0.2054	0.2088	0.2123	0.2157	0.2190	0.2224
0.6	0.2257	0.2291	0.2324	0.2357	0.2389	0.2422	0.2454	0.2486	0.2517	0.2549
0.7	0.2580	0.2611	0.2642	0.2673	0.2704	0.2734	0.2764	0.2794	0.2823	0.2852
0.8	0.2881	0.2910	0.2939	0.2967	0.2995	0.3023	0.3051	0.3078	0.3106	0.3133
0.9	0.3159	0.3186	0.3212	0.3238	0.3264	0.3289	0.3315	0.3340	0.3365	0.3389
1.0	0.3413	0.3438	0.3461	0.3485	0.3508	0.3531	0.3554	0.3577	0.3599	0.3621
1.1	0.3643	0.3665	0.3686	0.3708	0.3729	0.3749	0.3770	0.3790	0.3810	0.3830
1.2	0.3849	0.3869	0.3888	0.3907	0.3925	0.3944	0.3962	0.3980	0.3997	0.4015
1.3	0.4032	0.4049	0.4066	0.4082	0.4099	0.4115	0.4131	0.4147	0.4162	0.4177
1.4	0.4192	0.4207	0.4222	0.4236	0.4251	0.4265	0.4279	0.4292	0.4306	0.4319
1.5	0.4332	0.4345	0.4357	0.4370	0.4382	0.4394	0.4406	0.4418	0.4429	0.4441
1.6	0.4452	0.4463	0.4474	0.4484	0.4495	0.4505	0.4515	0.4525	0.4535	0.4545
1.7	0.4554	0.4564	0.4573	0.4582	0.4591	0.4599	0.4608	0.4616	0.4625	0.4633
1.8	0.4641	0.4649	0.4656	0.4664	0.4671	0.4678	0.4686	0.4693	0.4699	0.4706
1.9	0.4713	0.4719	0.4726	0.4732	0.4738	0.4744	0.4750	0.4756	0.4761	0.4767
2.0	0.4772	0.4778	0.4783	0.4788	0.4793	0.4798	0.4803	0.4808	0.4812	0.4817
2.1	0.4821	0.4826	0.4830	0.4834	0.4838	0.4842	0.4846	0.4850	0.4854	0.4857
2.2	0.4861	0.4864	0.4868	0.4871	0.4875	0.4878	0.4881	0.4884	0.4887	0.4890
2.3	0.4893	0.4896	0.4898	0.4901	0.4904	0.4906	0.4909	0.4911	0.4913	0.4916
2.4	0.4918	0.4920	0.4922	0.4925	0.4927	0.4929	0.4931	0.4932	0.4934	0.4936
2.5	0.4938	0.4940	0.4941	0.4943	0.4945	0.4946	0.4948	0.4949	0.4951	0.4952
2.6	0.4953	0.4955	0.4956	0.4957	0.4959	0.4960	0.4961	0.4962	0.4963	0.4964
2.7	0.4965	0.4966	0.4967	0.4968	0.4969	0.4970	0.4971	0.4972	0.4973	0.4974
2.8	0.4974	0.4975	0.4976	0.4977	0.4977	0.4978	0.4979	0.4979	0.4980	0.4981
2.9	0.4981	0.4982	0.4982	0.4983	0.4984	0.4984	0.4985	0.4985	0.4986	0.4986
3.0	0.4987	0.4987	0.4987	0.4988	0.4988	0.4989	0.4989	0.4989	0.4990	0.4990

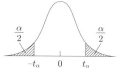

付表 2　t 分布

自由度 m の両側 100α％ 点 t_α

$m \backslash \alpha$	0.4	0.2	0.1	0.05	0.02	0.01	0.005	0.001
1	1.376	3.078	6.314	12.706	31.821	63.657	127.321	636.619
2	1.061	1.886	2.920	4.303	6.965	9.925	14.089	31.599
3	0.978	1.638	2.353	3.182	4.541	5.841	7.453	12.924
4	0.941	1.533	2.132	2.776	3.747	4.604	5.598	8.610
5	0.920	1.476	2.015	2.571	3.365	4.032	4.773	6.869
6	0.906	1.440	1.943	2.447	3.143	3.707	4.317	5.959
7	0.896	1.415	1.895	2.365	2.998	3.499	4.029	5.408
8	0.889	1.397	1.860	2.306	2.896	3.355	3.833	5.041
9	0.883	1.383	1.833	2.262	2.821	3.250	3.690	4.781
10	0.879	1.372	1.812	2.228	2.764	3.169	3.581	4.587
11	0.876	1.363	1.796	2.201	2.718	3.106	3.497	4.437
12	0.873	1.356	1.782	2.179	2.681	3.055	3.428	4.318
13	0.870	1.350	1.771	2.160	2.650	3.012	3.372	4.221
14	0.868	1.345	1.761	2.145	2.624	2.977	3.326	4.140
15	0.866	1.341	1.753	2.131	2.602	2.947	3.286	4.073
16	0.865	1.337	1.746	2.120	2.583	2.921	3.252	4.015
17	0.863	1.333	1.740	2.110	2.567	2.898	3.222	3.965
18	0.862	1.330	1.734	2.101	2.552	2.878	3.197	3.922
19	0.861	1.328	1.729	2.093	2.539	2.861	3.174	3.883
20	0.860	1.325	1.725	2.086	2.528	2.845	3.153	3.850
21	0.859	1.323	1.721	2.080	2.518	2.831	3.135	3.819
22	0.858	1.321	1.717	2.074	2.508	2.819	3.119	3.792
23	0.858	1.319	1.714	2.069	2.500	2.807	3.104	3.768
24	0.857	1.318	1.711	2.064	2.492	2.797	3.091	3.745
25	0.856	1.316	1.708	2.060	2.485	2.787	3.078	3.725
26	0.856	1.315	1.706	2.056	2.479	2.779	3.067	3.707
27	0.855	1.314	1.703	2.052	2.473	2.771	3.057	3.690
28	0.855	1.313	1.701	2.048	2.467	2.763	3.047	3.674
29	0.854	1.311	1.699	2.045	2.462	2.756	3.038	3.659
30	0.854	1.310	1.697	2.042	2.457	2.750	3.030	3.646
40	0.851	1.303	1.684	2.021	2.423	2.704	2.971	3.551
60	0.848	1.296	1.671	2.000	2.390	2.660	2.915	3.460
120	0.845	1.289	1.658	1.980	2.358	2.617	2.860	3.373
∞	0.842	1.282	1.645	1.960	2.326	2.576	2.807	3.291

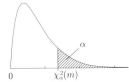

付表 3　χ^2 分布

自由度 m の上側 100α ％ 点 $\chi^2_\alpha(m)$

$m\backslash\alpha$	0.99	0.95	0.3	0.2	0.1	0.05	0.025	0.01	0.005
1	1.57×10^{-4}	3.93×10^{-3}	1.074	1.642	2.706	3.841	5.024	6.635	7.879
2	0.020	0.103	2.408	3.219	4.605	5.991	7.378	9.210	10.597
3	0.115	0.352	3.665	4.642	6.251	7.815	9.348	11.345	12.838
4	0.297	0.711	4.878	5.989	7.779	9.488	11.143	13.277	14.860
5	0.554	1.145	6.064	7.289	9.236	11.070	12.833	15.086	16.750
6	0.872	1.635	7.231	8.558	10.645	12.592	14.449	16.812	18.548
7	1.239	2.167	8.383	9.803	12.017	14.067	16.013	18.475	20.278
8	1.646	2.733	9.524	11.030	13.362	15.507	17.535	20.090	21.955
9	2.088	3.325	10.656	12.242	14.684	16.919	19.023	21.666	23.589
10	2.558	3.940	11.781	13.442	15.987	18.307	20.483	23.209	25.188
11	3.053	4.575	12.899	14.631	17.275	19.675	21.920	24.725	26.757
12	3.571	5.226	14.011	15.812	18.549	21.026	23.337	26.217	28.300
13	4.107	5.892	15.119	16.985	19.812	22.362	24.736	27.688	29.819
14	4.660	6.571	16.222	18.151	21.064	23.685	26.119	29.141	31.319
15	5.229	7.261	17.322	19.311	22.307	24.996	27.488	30.578	32.801
16	5.812	7.962	18.418	20.465	23.542	26.296	28.845	32.000	34.267
17	6.408	8.672	19.511	21.615	24.769	27.587	30.191	33.409	35.718
18	7.015	9.390	20.601	22.760	25.989	28.869	31.526	34.805	37.156
19	7.633	10.117	21.689	23.900	27.204	30.144	32.852	36.191	38.582
20	8.260	10.851	22.775	25.038	28.412	31.410	34.170	37.566	39.997
21	8.897	11.591	23.858	26.171	29.615	32.671	35.479	38.932	41.401
22	9.542	12.338	24.939	27.301	30.813	33.924	36.781	40.289	42.796
23	10.196	13.091	26.018	28.429	32.007	35.172	38.076	41.638	44.181
24	10.856	13.848	27.096	29.553	33.196	36.415	39.364	42.980	45.559
25	11.524	14.611	28.172	30.675	34.382	37.652	40.646	44.314	46.928
26	12.198	15.379	29.246	31.795	35.563	38.885	41.923	45.642	48.290
27	12.879	16.151	30.319	32.912	36.741	40.113	43.195	46.963	49.645
28	13.565	16.928	31.391	34.027	37.916	41.337	44.461	48.278	50.993
29	14.256	17.708	32.461	35.139	39.087	42.557	45.722	49.588	52.336
30	14.953	18.493	33.530	36.250	40.256	43.773	46.979	50.892	53.672
40	22.164	26.509	44.165	47.269	51.805	55.758	59.342	63.691	66.766
50	29.707	34.764	54.723	58.164	63.167	67.505	71.420	76.154	79.490
60	37.485	43.188	65.226	68.972	74.397	79.082	83.298	88.379	91.952
70	45.442	51.739	75.689	79.715	85.527	90.531	95.023	100.425	104.215
80	53.54	60.391	86.120	90.405	96.578	101.879	106.629	112.329	116.321
90	61.754	69.126	96.524	101.054	107.565	113.145	118.136	124.116	128.299

付表 4　F 分布表

自由度 (m_1, m_2) の F 分布の上側 $100\alpha\%$ 点の値. 上段細字は $\alpha = 0.05$, 下段大字は $\alpha = 0.01$.

m_2 \ m_1	1	2	3	4	5	6	7	8	9	10	20	50	100	∞
1	161.5 / 4052	199.5 / 5000	215.7 / 5403	224.6 / 5625	230.2 / 5764	234.0 / 5859	236.8 / 5928	238.9 / 5981	240.5 / 6022	241.9 / 6056	248.0 / 6209	251.8 / 6303	253.0 / 6334	254.3 / 6366
2	18.51 / 98.50	19.00 / 99.00	19.16 / 99.17	19.25 / 99.25	19.30 / 99.30	19.33 / 99.33	19.35 / 99.36	19.37 / 99.37	19.38 / 99.39	19.40 / 99.40	19.45 / 99.45	19.48 / 99.48	19.49 / 99.49	19.50 / 99.50
3	10.13 / 34.12	9.55 / 30.82	9.28 / 29.46	9.12 / 28.71	9.01 / 28.24	8.94 / 27.91	8.89 / 27.67	8.85 / 27.49	8.81 / 27.35	8.79 / 27.23	8.66 / 26.69	8.58 / 26.35	8.55 / 26.24	8.53 / 26.13
4	7.71 / 21.20	6.94 / 18.00	6.59 / 16.69	6.39 / 15.98	6.26 / 15.52	6.16 / 15.21	6.09 / 14.98	6.04 / 14.80	6.00 / 14.66	5.96 / 14.55	5.80 / 14.02	5.70 / 13.69	5.66 / 13.58	5.63 / 13.46
5	6.61 / 16.26	5.79 / 13.27	5.41 / 12.06	5.19 / 11.39	5.05 / 10.97	4.95 / 10.67	4.88 / 10.46	4.82 / 10.29	4.77 / 10.16	4.74 / 10.05	4.56 / 9.55	4.44 / 9.24	4.41 / 9.13	4.36 / 9.02
6	5.99 / 13.75	5.14 / 10.92	4.76 / 9.78	4.53 / 9.15	4.39 / 8.75	4.28 / 8.47	4.21 / 8.26	4.15 / 8.10	4.10 / 7.98	4.06 / 7.87	3.87 / 7.40	3.75 / 7.09	3.71 / 6.99	3.67 / 6.88
7	5.59 / 12.25	4.74 / 9.55	4.35 / 8.45	4.12 / 7.85	3.97 / 7.46	3.87 / 7.19	3.79 / 6.99	3.73 / 6.84	3.68 / 6.72	3.64 / 6.62	3.44 / 6.16	3.32 / 5.86	3.27 / 5.75	3.23 / 5.65
8	5.32 / 11.26	4.46 / 8.65	4.07 / 7.59	3.84 / 7.01	3.69 / 6.63	3.58 / 6.37	3.50 / 6.18	3.44 / 6.03	3.39 / 5.91	3.35 / 5.81	3.15 / 5.36	3.02 / 5.07	2.97 / 4.96	2.93 / 4.86
9	5.12 / 10.56	4.26 / 8.02	3.86 / 6.99	3.63 / 6.42	3.48 / 6.06	3.37 / 5.80	3.29 / 5.61	3.23 / 5.47	3.18 / 5.35	3.14 / 5.26	2.94 / 4.81	2.80 / 4.52	2.76 / 4.41	2.71 / 4.31
10	4.96 / 10.04	4.10 / 7.56	3.71 / 6.55	3.48 / 5.99	3.33 / 5.64	3.22 / 5.39	3.14 / 5.20	3.07 / 5.06	3.02 / 4.94	2.98 / 4.85	2.77 / 4.41	2.64 / 4.12	2.59 / 4.01	2.54 / 3.91
11	4.84 / 9.65	3.98 / 7.21	3.59 / 6.22	3.36 / 5.67	3.20 / 5.32	3.09 / 5.07	3.01 / 4.89	2.95 / 4.74	2.90 / 4.63	2.85 / 4.54	2.65 / 4.10	2.51 / 3.81	2.46 / 3.71	2.40 / 3.60
12	4.75 / 9.33	3.89 / 6.93	3.49 / 5.95	3.26 / 5.41	3.11 / 5.06	3.00 / 4.82	2.91 / 4.64	2.85 / 4.50	2.80 / 4.39	2.75 / 4.30	2.54 / 3.86	2.40 / 3.57	2.35 / 3.47	2.30 / 3.36

m_1 / m_2	1	2	3	4	5	6	7	8	9	10	20	50	100	∞
13	4.67 9.07	3.81 6.70	3.41 5.74	3.18 5.21	3.03 4.86	2.92 4.62	2.83 4.44	2.77 4.30	2.71 4.19	2.67 4.10	2.46 3.66	2.31 3.38	2.26 3.27	2.21 3.17
14	4.60 8.86	3.74 6.51	3.34 5.56	3.11 5.04	2.96 4.69	2.85 4.46	2.76 4.28	2.70 4.14	2.65 4.03	2.60 3.94	2.39 3.51	2.24 3.22	2.19 3.11	2.13 3.00
15	4.54 8.68	3.68 6.36	3.29 5.42	3.06 4.89	2.90 4.56	2.79 4.32	2.71 4.14	2.64 4.00	2.59 3.89	2.54 3.80	2.33 3.37	2.18 3.08	2.12 2.98	2.07 2.87
16	4.49 8.53	3.63 6.23	3.24 5.29	3.01 4.77	2.85 4.44	2.74 4.20	2.66 4.03	2.59 3.89	2.54 3.78	2.49 3.69	2.28 3.26	2.12 2.97	2.07 2.86	2.01 2.75
17	4.45 8.40	3.59 6.11	3.20 5.18	2.96 4.67	2.81 4.34	2.70 4.10	2.61 3.93	2.55 3.79	2.49 3.68	2.45 3.59	2.23 3.16	2.08 2.87	2.02 2.76	1.96 2.65
18	4.41 8.29	3.55 6.01	3.16 5.09	2.93 4.58	2.77 4.25	2.66 4.01	2.58 3.84	2.51 3.71	2.46 3.60	2.41 3.51	2.19 3.08	2.04 2.78	1.98 2.68	1.92 2.57
19	4.38 8.18	3.52 5.93	3.13 5.01	2.90 4.50	2.74 4.17	2.63 3.94	2.54 3.77	2.48 3.63	2.42 3.52	2.38 3.43	2.16 3.00	2.00 2.71	1.94 2.60	1.88 2.49
20	4.35 8.10	3.49 5.85	3.10 4.94	2.87 4.43	2.71 4.10	2.60 3.87	2.51 3.70	2.45 3.56	2.39 3.46	2.35 3.37	2.12 2.94	1.97 2.64	1.91 2.54	1.84 2.42
25	4.24 7.77	3.39 5.57	2.99 4.68	2.76 4.18	2.60 3.85	2.49 3.63	2.40 3.46	2.34 3.32	2.28 3.22	2.24 3.13	2.01 2.70	1.84 2.40	1.78 2.29	1.71 2.17
30	4.17 7.56	3.32 5.39	2.92 4.51	2.69 4.02	2.53 3.70	2.42 3.47	2.33 3.30	2.27 3.17	2.21 3.07	2.16 2.98	1.93 2.55	1.76 2.25	1.70 2.13	1.62 2.01
40	4.08 7.31	3.23 5.18	2.84 4.31	2.61 3.83	2.45 3.51	2.34 3.29	2.25 3.12	2.18 2.99	2.12 2.89	2.08 2.80	1.84 2.37	1.66 2.06	1.59 1.94	1.51 1.80
50	4.03 7.17	3.18 5.06	2.79 4.20	2.56 3.72	2.40 3.41	2.29 3.19	2.20 3.02	2.13 2.89	2.07 2.78	2.03 2.70	1.78 2.27	1.60 1.95	1.52 1.82	1.44 1.68
100	3.94 6.90	3.09 4.82	2.70 3.98	2.46 3.51	2.31 3.21	2.19 2.99	2.10 2.82	2.03 2.69	1.97 2.59	1.93 2.50	1.68 2.07	1.48 1.74	1.39 1.60	1.28 1.43
200	3.89 6.76	3.04 4.71	2.65 3.88	2.42 3.41	2.26 3.11	2.14 2.89	2.06 2.73	1.98 2.60	1.93 2.50	1.88 2.41	1.62 1.97	1.41 1.63	1.32 1.48	1.19 1.28
∞	3.84 6.63	3.00 4.61	2.60 3.78	2.37 3.32	2.21 3.02	2.10 2.80	2.01 2.64	1.94 2.51	1.88 2.41	1.83 2.32	1.57 1.88	1.35 1.52	1.24 1.36	1.00 1.00

索　　引

監修者プロフィール

杉山髙一（すぎやま・たかかず）

中央大学名誉教授，理学博士，元日本統計学会会長．専門は統計学，多変量解析．主な著書に『統計科学入門』(絢文社)，『多変量データ解析』(共著，朝倉書店)・『統計OR活用事典』(共編著，東京書籍)，『統計データ科学事典』(共編著，朝倉書店)などがある．

藤越康祝（ふじこし・やすのり）

広島大学名誉教授，理学博士，元日本統計学会会長．専門は統計学，多変量解析．主な著書に『Multivariate Statistics』(共著，Wiley)，『経時データ解析の数理』(朝倉書店)，『多変量モデルの選択』(共著，朝倉書店)，『統計データ科学事典』(共編著，朝倉書店)などがある．

R・Python による 統計データ科学

2020 年 1 月 31 日　初版発行

監修者　　杉山髙一・藤越康祝

著　者　　塚田真一・西山貴弘・首藤信通・村上秀俊・小椋　透
　　　　　竹田裕一・榎本理恵・櫻井哲朗・土屋高宏・兵頭　昌
　　　　　中村好宏・川崎玉恵・伊谷陽祐・杉山高聖

発行者　　池嶋洋次

発行所　　勉誠出版株式会社
　　　　　〒101-0051　東京都千代田区神田神保町 3-10-2
　　　　　TEL：(03)5215-9021(代)　FAX：(03)5215-9025

〈出版詳細情報〉http://bensei.jp

印刷・製本　大日本法令印刷㈱
組　版

ISBN978-4-585-24011-2　C3041

文化情報学事典

文化現象をデータサイエンスで読み解く総合百科事典。多様な文化資産をデジタル化して、情報の保存・展示やデータ分析を行うための理論と手法を、多面的に解説する。

村上征勝 監修
本体 18,000 円（＋税）

計量文献学の射程

文章を要素に分解し統計的に分析すれば、その作家の文体もクセも計り知れる。文献研究の世界に統計の手法を持ち込んだ「計量文献学」。その先駆者の研究の全貌をここに披露する。

村上征勝・金明哲・土山玄・上阪彩香 著・本体 3,800 円（＋税）

生命科学と現代社会
海の食料資源の科学
持続可能な発展にむけて

マグロ・クジラ・サンマ……、魚は食べ続けられるのか？　変動する水産資源の持続的な利用のために、多様な価値観のなかでの科学のあり方を、「つくる漁業」の実例とともに考察。

佐藤洋一郎・石川智士・黒倉寿 編集・本体 3,400 円（＋税）

入門　デジタルアーカイブ
まなぶ・つくる・つかう

デジタルアーカイブの設計から構築、公開・運用までの全工程・過程を網羅的に説明する、これまでにない実践的テキスト。これを読めば誰でもデジタルアーカイブをつくれる！

柳与志夫 責任編集
本体 2,500 円（＋税）